21世纪高职高专规划教材 电气、自动化、应用电子技术系列

电力拖动自动控制系统
（第2版）

刘 松 主编

清华大学出版社

北京

内 容 简 介

本书详细介绍了直、交流电动机调速系统的理论及应用,强调重点。内容主要包括直流调速系统的静、动态特性分析,晶闸管直流电动机不可逆与可逆调速系统,自动控制系统的工程设计方法,直流脉宽调速系统,交流调压调速系统,绕线式异步电动机串级调速系统,交流电动机变频调速系统,异步电动机矢量变换控制系统和异步电动机直接转矩控制等。对有关直、交流电动机调速的内容进行了筛选,遵循"少而精"的原则,从实际问题出发,侧重完整的系统原理分析与工程设计。每章含有小结和习题,最后给出部分实验的实验指导。

本书可作为工业电气自动化专业、电气工程及自动化专业、自动化专业或其他相近专业高职高专教材,也可供相关工程技术人员参考。

图书在版编目(CIP)数据

电力拖动自动控制系统/刘松主编. —2 版. —北京:清华大学出版社,2014(2024.7重印)
(21 世纪高职高专规划教材. 电气、自动化、应用电子技术系列)
ISBN 978-7-302-33977-9

Ⅰ.①电… Ⅱ.①刘… Ⅲ.①电力传动—自动控制系统—高等职业教育—教材　Ⅳ.①TM921.5

中国版本图书馆 CIP 数据核字(2013)第 227642 号

责任编辑:王剑乔
封面设计:傅瑞学
责任校对:刘　静
责任印制:刘海龙

出版发行:清华大学出版社
　　　　网　　　址:https://www.tup.com.cn,https://www.wqxuetang.com
　　　　地　　　址:北京清华大学学研大厦 A 座　　　　邮　　编:100084
　　　　社 总 机:010-83470000　　　　邮　　购:010-62786544
　　　　投稿与读者服务:010-62776969,c-service@tup.tsinghua.edu.cn
　　　　质量反馈:010-62772015,zhiliang@tup.tsinghua.edu.cn
　　　　课件下载:https://www.tup.com.cn,010-83470410
印 装 者:北京建宏印刷有限公司
经　　销:全国新华书店
开　　本:185mm×260mm　　　印　张:16.75　　　字　数:386 千字
版　　次:2006 年 5 月第 1 版　　2014 年 1 月第 2 版　　印　次:2024 年 7 月第 7 次印刷
定　　价:49.00 元

产品编号:051170-02

第 1 版前言

  《电力拖动自动控制系统》是工业电气及自动化专业的重要课程之一。本书主要依据工业电气及自动化专业对自动控制系统课程的基本要求，结合教育培养目标编写的。在吸收有关教材的长处及本领域新技术内容的基础上，注重课程内容的整合、精选，突出重点，将直流、交流拖动系统整合在一起编写，力图打破"高不成，低不就"的局面。在适当阐述理论的基础上，将重点放在工程应用及实际系统的分析上，以提高处理实际问题的能力。

  本书共分 8 章，第 1、2、3、4、5 章为直流调速系统及其应用，第 6、7、8 章为交流调速系统及其应用。工程设计方法包含在第 3 章讨论，而通用变频器选择与使用则并入第 8 章介绍。

  本书由刘松担任主编。其中第 1 章～第 5 章以及绪论部分由刘松编写，第 6 章和第 7 章由赵双元编写，第 8 章由刘松、赵双元共同编写，教学实验由孙振龙、于会敏编写。

  辽宁科技学院胡学林教授对本书的编写工作提出了许多有益的建议；姜连志副教授参与了本书的提纲拟定和讨论；胡君臣、谷跃文帮助编者做了许多具体工作。在此，谨向上述人员和书后所有参考文献的作者表示衷心的感谢！

  本书的顺利出版，还要感谢辽宁科技学院高玮副教授和白霞副教授给予的大力支持和帮助。

  在本书的编写过程中，力求把握实际的教学特点，遵循"少而精，够用为度"的原则。尝试"讲清楚了多少"，不追求"看到了多少"。但是我们深感这个步伐迈得还不够大。"说得好不如做得好，想得出来未必做得出来"。由于作者的水平所限，书中的错误和不当之处在所难免，恳请读者批评指正。

编　者

2005 年 12 月

前　言

　　"电力拖动自动控制系统"是工业电气及自动化专业的重要专业课程。系统掌握拖动系统的调速知识及其实用技术,对于电气工程类学生是十分重要的。本书第 1 版于 2006 年出版。根据多年教学实践经验基础和更新的科研与技术成果,再次优化"重基础、重应用、内容新"的体系,决定对此书进行修订再版。本书继续强调注重课程内容的整合、精选,突出重点,在适当阐述理论的同时,重点放在工程应用实际系统的分析上,帮助读者理解掌握主要理论,提高处理实际问题的能力。

　　在总体内容上,本书和第 1 版一样,分为直流拖动控制系统和交流拖动控制系统两部分。原直流调速部分由 5 章缩减为 4 章,交流调速部分则由 3 章增加到 5 章,意在跟进技术进步与实际工程需要。全书共分 9 章,第 1、2、3、4 章为直流调速系统及其应用,第 5、6、7、8、9 章为交流调速系统及其应用。矢量变换控制系统单独成为第 8 章,新增第 9 章为直接转矩控制技术。原第 3 章、第 4 章和第 5 章内容基本不变,改为第 2 章、第 3 章和第 4 章,教学实验部分仍然保留。直流调速部分修改了部分内容。交流调速部分则是在教学实践的基础上,结合当前交流调速发展形势,重新编选和改写而成。

　　本书第 6 章和第 7 章由赵双元编写,教学实验由孙振龙、于会敏编写,其他各章及内容全部由刘松编写,有较大部分内容是根据多年的教学讲义讲稿改写而成。

　　在此,谨向参加编写的老师和书后所有参考文献的作者表示衷心的感谢!

　　在这次修订再版过程中,仍然遵循"少而精,够用为度"的原则,重视新技术、新应用。尝试"讲清楚多少",不追求"看到多少"。加强"应用型"人才培养的理论基础和实践能力。

　　由于作者水平和能力有限,错误和不妥在所难免,恳请读者批评指正。

编　者

2013 年 10 月

目 录

绪　论

在现代工业企业中,绝大多数工作机械的运行是由电动机拖动的,因而掌握拖动系统的调速知识,对于从事工程技术工作,特别是电气工程类人员,是十分重要的。电力拖动又被称为电气传动,是以电动机的转矩和转速为控制对象,按生产机械的工艺要求进行电动机转速(或位置)控制的自动化系统。根据在完成电能—机械能的转换过程中所采用的执行部件——直流电动机或交流电动机的不同,工程上通常把电力拖动分为直流传动和交流传动两部分。国际电工委员会将电力拖动归入"运动控制"范畴。电气传动与国民经济、人民生活有着密切的联系并起着重要的作用,广泛用于冶金、机械、轻工、矿山、港口、石化、航空航天等各个行业以及日常生活之中。它既有轧钢机、起重机、泵、风机、精密机床等大型调速系统,也有空调机、电冰箱、洗衣机等小容量调速系统,是国民经济中充满活力的基础技术和高新技术,它的发展和进步已成为更经济地使用材料、能源、提高劳动生产率的合理手段,成为促进国民经济不断发展的重要因素,成为国家现代化的重要标志之一。正确使用电力拖动控制系统并使之进一步向前发展,对国民经济建设具有十分重要的现实意义。

1. 电力拖动发展概况

电力拖动可分为不调速和调速两大类。按照电动机类型的不同,电力拖动又分为直流与交流拖动两大类。直流电力拖动与交流电力拖动在 19 世纪先后诞生,当时的电力拖动系统是不调速系统。随着社会化大生产的不断发展,生产制造技术越来越复杂,对生产工艺的要求也越来越高,这就要求生产机械能够在工作速度、快速启动和制动、正反转运行等方面具有较好的运行性能,从而推动了电动机的调速技术不断向前发展。需要指出的是,电力拖动与自动控制关系密切,用来调速的控制装置主要是各种电力电子变流器,它为电动机提供可控的直流或交流电源,并成为弱电控制强电的媒介。电力电子技术的前身是汞弧整流器、晶闸管变流技术。1957 年,晶闸管(Silicon Controlled Rectifier,SCR)的诞生标志着电力电子技术的问世。1960—1980 年为电力电子技术第 1 代,其特征是以晶闸管及其相控变流技术为代表,人们称第一代为整流器时代。1980 年以后,进入大功率晶体管(Giant Transistor,GTR)、可关断晶闸管(Gate Turn-off Thyristor,GTO)等自关断电力电子器件及逆变技术为代表的第 2 代,有人称其为逆变时代。1990 年以后,进入复合电力电子器件及变频技术为代表的第 3 代,复合器件具有快速关断、工作频率高等特点,其典型代表是绝缘栅双极晶体管(Insulated Gate Bipolar Transistor,IGBT)及其应用。第3代变频技术和变频器得到了空前发展,故称其为变频时代。21世纪将进入电力电子智能化时代,其特点是电力电子器件进一步采用微电子集成电路技术,实现电力电子器件和装置的智能化。电力电子技术的进步有力地推动了电力拖动自动控制系统的发展。

　　直流电动机具有良好的调速性能和转矩控制性能,其直流拖动在工业生产中应用较早并沿用至今。早期直流拖动采用有接点控制,通过开关设备切换直流电动机电枢或磁场回路电阻实现有级调速。1930年以后,出现电机放大器控制的旋转变流机组供电给直流电动机(简称G-M系统),以后又出现了磁放大器和汞弧整流器供电等,实现了直流拖动的无接点控制。其特点是利用直流电动机的转速与输入电压有简单比例关系的原理,通过调节直流发电机的励磁电流或汞弧整流器的触发相位来获得可变的直流电压供给直流电动机,从而方便地实现调速。但这种调速方法被后来的晶闸管可控整流器供电的直流调速系统所取代,至今已不再使用。1957年晶闸管问世后,采用晶闸管相控装置的可变直流电源一直在直流调速系统中占主导地位。由于电力电子技术与器件的进步和晶闸管系统具有的良好动态性能,使直流调速系统的快速性、可靠性和经济性不断提高,在20世纪相当长的一段时间内成为调速传动的主流。今天正在逐步推广应用的微机控制的全数字直流调速系统具有高精度、宽范围的调速控制,代表着直流电力拖动的发展方向。直流调速之所以经历多年发展仍在工业生产中得到广泛应用,关键在于它能以简单的手段达到较高的性能指标。例如高精度稳速系统的稳速精度达数10万分之一,宽调速系统的调速比达1:10000以上,快速响应系统的响应时间已缩短到几毫秒以下。然而由于直流电动机本身带有电刷和换向器,成为限制自身发展的主要缺陷,导致其生产成本高、制造工艺复杂、运行维护工作量大,加之机械换向困难,其最大供电电压与机械强度均有限,所以直流电动机的单机容量、转速的提高以及使用环境都受到限制,很难向高速和大容量方向发展。近年来其发展速度明显滞后于交流调速系统。可以期待,直流调速系统最终将被交流调速系统所取代。

　　交流电动机,特别是鼠笼式异步电动机,因其结构简单、运行可靠、价格低廉、维修方便而被广泛应用。几乎所有不调速的拖动场合都采用交流电动机。尽管从1930年开始,人们就致力于交流调速的研究,然而主要局限于利用开关设备切换主电路,达到控制电动机启动、制动和有级调速的目的。例如丫/△启动器、变极对数调速、电抗或自耦降压启动以及绕线转子异步电动机转子回路串电阻的有级调速。交流调速进展缓慢的主要原因是决定电动机转速调节主要因素的交流电源频率的改变和电动机转矩控制都是极为困难的,使交流调速的稳定性、可靠性、经济性及效率均不能满足生产要求。后来发展起来的调压调频控制只控制了电动机的气隙磁通,而不能调节转矩;转差频率控制能够在一定程度上控制电动机的转矩,但它是以电动机的稳态方程为基础设计的,并不能真正控制动态过程中的转矩。随着电力电子技术、计算机技术的不断发展和电力电子器件的更新换代,变频调速技术获得了飞速发展。今天由全控型高频率开关器件组成的脉宽调制(Pulse Width Modulation,PWM)逆变器取代了晶闸管构成的方波形逆变器,而且正弦波脉宽调制(Sinusoidal PWM,SPWM)逆变器及其芯片也得到了普遍的应用,增强和扩展了变频器的功能和应用范围。与此同时,交流电动机的控制技术也得到了突破性进展,能够有效地控制转矩,使电动机的转速得到快速响应。1971 年德国西门子公司 F. Blaschke 提出的矢量变换控制原理解决了交流电动机的转矩控制问题,实现了交流电动机调速控制理论的第一次质的飞跃。其理论是以转子磁链这一旋转空间矢量为参考坐标,利用坐标变换实现定子电流励磁分量与转矩分量之间的解耦,使交流电动机能像直流电动机一样分别对励磁分量与转矩分量进行独立控制,获得像直流电动机一样良好的动态性能。1985 年德国鲁尔大学 M. Depenbrock 提出直接转矩控制理论,1987 年又把该理论推广到弱磁调速范围。其特点是将电动机与逆变器看做一个整体,采用空间电压矢量分析方法在定子坐标系进行磁通、转矩的计算,通过磁通跟踪型 PWM 逆变器的开关状态直接控制转矩。直接转矩控制去掉了矢量变换的复杂计算,便于实现全数字化,是一种具有较高动、静态性能的交流调速方法。随着现代化控制理论的发展,交流电动机控制技术的发展方兴未艾,非线性控制、自适应控制、智能控制等各种新的控制策略正在不断涌现和完善,展现出更为广阔的应用前景。

　　微处理机引入控制系统,促进了模拟控制系统向数字控制系统的转化。从 8～16 位的单片机,到 16～32 位的数字信号处理器(Digital Signal Processor,DSP),再到 32～64 位的精简指令集计算机(Reduced Instruction Set Computing,RISC),位数增多,运算速度加快,控制能力增强。例如,以 32 位 RISC 芯片为基础的数字控制模板能够实现各种算法,Windows 操作系统的引入将使可自由设计图形编程的控制技术有很大发展。数字化技术使复杂的电动机控制技术得以实现,简化了硬件,降低了成本,提高了控制精度,拓宽了交流调速的应用领域。主要表现在节能调速技术的发展,从根本上改变了风机、水泵等调速系统过去因交流电动机不调速而依赖挡板和阀门来调节流量的状况。这类拖动系统几乎占工业电力拖动控制系统总量的一半,采用交流调速后,每台风机、水泵可节能 20%,其经济效益相当可观。其次对特大容量、极高转速负载的拖动,交流调速弥补了直流调速的不足。可以预计,高性能交流调速系统的发展必将取代直流调速系统,成为电力拖动领域中的主要力量。

　　当前,随着电力电子器件及变频技术发展和控制技术的提高,今后电机的发展动向是:①无换向器电动机代替直流电动机;②某些场合部分双馈电机将代替同步电机;③发挥稀土资源优势,大力发展永磁电机;④发展新型合理结构的异步电动机;⑤发展智能化电机,实现电子—电动机的机电一体化产品。

2. 本教材内容简介和使用说明

　　全书共分 9 章,主要讨论直流调速和交流调速两部分问题。前 4 章为直流调速部分,后 5 章为交流调速部分。基本控制原理与方法以直流调速系统为基础。直流调速部分以控制规律为主线,由单闭环、双闭环、不可逆、可逆及直流斩波技术的顺序论述,内容包括自动控制系统的静、动态特性分析,晶闸管直流电动机系统及工程设计方法;交流部分以转差功率为主线,分别讨论转差功率消耗型系统交流调压、转差功率回馈型系统串级调速(双馈)及转差功率不变型各种系统,重点介绍 SPWM 变频器和矢量变换控制,最后介绍异步电动机直接转矩控制。

　　第 1 章主要讨论直流调速系统特性分析(静态特性和动态特性),重点内容放在基本理论和概念上。第 2 章和第 3 章主要讨论晶闸管直流电动机调速系统,重点内容是转速、电流双闭环直流调速系统的分析和工程设计方法。直流自动调速系统闭环反馈控制的理论及工程设计方法同时也是分析、研究交流自动调速系统的基础,因此论述较为细致。第 4 章主要讨论用恒定直流电源或不控整流电源供电,利用直流斩波器和脉宽调制变换器产生可变平均电压的若干问题,形成直流 PWM 调速系统。第 5 章为交流调压调速系统,该系统的全部转差功率都变成热能形式被消耗,这类调速系统的效率较低,而且它是以增加转差功率的消耗来换取转速的降低(恒转矩负载时),越向下调速,效率越低。但是这类系统结构最简单,也有一定的应用场合。第 6 章为绕线式异步电动机串级调速系统,即转差功率回馈型调速系统,消耗掉转差功率的一部分,大部分通过变流装置回馈电网或转化为机械能予以利用,转速越低时回收的功率也越多。本章主要介绍交流异步电动机的串级调速原理及节能等问题。第 7~9 章为交流电动机变频调速系统、矢量变换控制系统和直接转矩控制系统,其转差功率均不变。本书对这部分内容给予了充分的重视,是由于这类系统有着非常广阔的发展前景,在许多场合正在取代直流调速系统。重点研究 SPWM 和矢量变换控制理论等。

本书的主体内容是:直流调速系统静、动态特性的基本概念;转速、电流双闭环直流调速系统及工程设计;$\alpha=\beta$ 配合控制工作制;直流脉宽调速;交流异步电动机调压调速和串级调速、变压变频调速及 SPWM、矢量变换控制和直接转矩控制概念等。

本教材是在以往教材的基础上,有利于学生自学而编写的。本着“少而精、够用、适度、实用”的原则,突出精而不贪多,突出用而不贪论,突出新而不贪深,以控制规律为主线,由简入繁、由低及高地循序深入,从满足生产工艺要求出发,逐步深入地认识各种系统。

在本书中,基本控制理论始终贯穿于应用系统之中,紧扣重点主线。重新整理了有关问题分析、讨论的文字语言段落,使语言叙述和讲解尽可能照应不同层次的读者,使问题的论述与说明能就简从易和清晰流畅,重点之处尽可能分析得深入和细致。每章含有小结和习题,对全章的要点和重点进行总结和复习,方便教学和自学。

本教材的课内教学为 60~70 学时(包含实验,每项实验 2 学时),课程设置学时较少的院校,课堂教学内容可适当删减。

本课程是工业电气自动化专业的主要专业课课程之一。在学习本课程前,读者应具备电机拖动动力学基础、自动控制原理、电力电子技术和计算机控制等方面的知识。

第 1 章

直流调速系统特性分析

从本章起至第 4 章,重点讨论模拟控制的直流调速系统。这种系统目前已经发展成熟,在设计、调整、运行等方面的经验丰富,系统的快速性、可靠性和经济性都比较好,应用仍然广泛。同时,直流调速系统闭环反馈控制的理论及工程设计方法又是交流调速系统分析、设计的基础,所以首先研究清楚直流调速系统的理论很有意义。

1.1 调速系统的基本概念

1.1.1 转速控制的要求和调速指标

很多生产机械依据生产工艺要求,都需要对速度进行控制,同时对速度的变化有严格的限制。所有这些对生产机电设备的技术要求,都可以转化为电力拖动控制系统的静态或动态性能指标,而这些指标恰好是用来评价调速系统的性能或者作为系统设计时的依据。

1. 对转速控制的要求

归纳起来,对于调速系统转速控制的要求主要有以下三个方面。

(1) 调速

在一定的最高转速和最低转速范围内,有级或无级地调节转速,以便获取各种工作运行速度。

(2) 稳速

以一定的精度在所需转速上稳定运行,应尽可能不受干扰的影响,其目的是保证产品质量。

(3) 加、减速

增加或降低速度时,过渡过程要尽可能短,起、制动过程应尽可能平稳。频繁起、制动的设备过渡过程快,可以提高生产率,而平稳则有利于不宜经受剧烈速度变化的机械。

前两项要求,调速和稳速是静态方面的,而后一项,加、减速则是动态方面的要求。

2. 静态调速指标

为了进行定量分析,针对调速和稳速两项要求,定义了两个静态指标,叫做"调速范围"和"静差率"。这两个指标又合称为调速系统的静态性能指标。

（1）静差率 S（又称静差度或转速变化率）

当系统在某一转速下运行时，负载由理想空载增加到额定值所对应的转速降落 Δn_{N}（额定转速降落又简称额定速降）与理想空载转速 n_0 之比，称作静差率 S，即

$$S = \frac{\Delta n_{\mathrm{N}}}{n_0} \tag{1-1}$$

或用百分数表示为

$$S = \frac{\Delta n_{\mathrm{N}}}{n_0} \times 100\%$$

显然，静差率是用来衡量调速系统在负载变化下转速的稳定度的，它和机械特性的硬度有关，特性越硬，静差率就越小，转速的稳定度就越高。

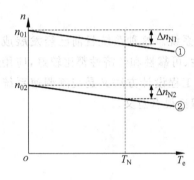

图 1-1　不同转速下的静差率

然而静差率和机械特性硬度又是有区别的。一般调压调速系统在不同转速下的机械特性是互相平行的，如图 1-1 中的特性①和②，两者的硬度相同，额定速降 $\Delta n_{\mathrm{N1}} = \Delta n_{\mathrm{N2}}$，但它们的静差率却不同，因为理想空载转速不一样。根据式(1-1)的定义，由于 $n_{01} > n_{02}$，所以 $S_1 < S_2$。这就是说，对于同样硬度的特性，理想空载转速越低时，静差率越大，转速的相对稳定度也就越差。很显然，静差率愈小愈好。当转速从 1000r/min 降落 10r/min，S 为 1%；从 100r/min 同样降落 10r/min，S 就为 10%；如果 n_0 只有 10r/min，再降落 10r/min，S 就是 100%，这时转速已经降为零，电动机停止转动，稳定度最差。

在生产机械调速时，为了保证转速的稳定性，要求 S 应不大于某一允许值。由于低速时 S 较大，因此最低转速 $n_{\max}$ 受到允许静差率的限制。换句话说，在调速的整个范围内，只有最大的静差率也满足了转速稳定度的要求，系统才是合格的。

（2）调速范围 D

电动机在额定负载下调速时，允许的最高转速 $n_{\max}$ 与最低转速 $n_{\min}$ 之比叫做调速范围，用 D 表示，即

$$D = \frac{n_{\max}}{n_{\min}} \tag{1-2}$$

式中：$n_{\max}$ 受电动机换向条件及机械强度的限制，一般取电动机额定转速 n_{N}，即 $n_{\max} = n_{\mathrm{N}}$；$n_{\min}$ 在上面讨论过，要受相对稳定性也就是受允许静差率（最大静差率）的限制。

调速范围和静差率两项指标不是彼此孤立的。一个调速系统的调速范围，是指在最低速时还能满足所需静差率的转速可调范围。脱离了对静差率的要求，任何调速系统都可以获得极高的调速范围，因为 $n_{\min}$ 可以取很小的值，甚至为 0，但这样没有实际意义；反之，脱离了调速范围，要满足静差率的要求也很容易，因为可以把运行速度尽可能提高，这同样没有意义。

各种生产机械，由于工艺要求不同，对电力传动系统的调速范围和静差率要求也不一样。表 1-1 给出了几种生产机械所要求的 D、S 值。

表 1-1 常见生产机械所需要的 D、S 值

生 产 机 械	调速范围 D	静差率 S
热连轧机	3～10	≤0.01
冷连轧机	≥15	≤0.02
金属切削机床主传动	2～30	≤0.05～0.1
金属切削机床进给传动	5～200	≤0.05～0.1
造纸机	3～20	≤0.01～0.001
精密仪表车床	60	≤0.05

3. 调速范围、静差率和额定速降之间的关系

由上面分析可知,在电力传动调速系统中,同时要求调速范围大,静差率小,它们之间相互矛盾。这是自动控制系统要解决的一个问题。我们通过数学表达式将它们联系起来。

由式(1-2),有

$$D = \frac{n_{max}}{n_{min}} = \frac{n_N}{n_{min}} = \frac{n_N}{n_{0min} - \Delta n_N} \tag{1-3}$$

式中：n_N 为电动机的额定转速；n_{0min} 为最低速时的理想空载转速；Δn_N 为由理想空载增加到额定负载时所对应的转速降落,简称额定速降。

再由式(1-1),最低速时的静差率(对应系统的最大静差率)为

$$S = \frac{\Delta n_N}{n_{0min}}$$

于是

$$n_{0min} = \frac{\Delta n_N}{S}$$

代入式(1-3)并整理,可得

$$D = \frac{n_N S}{\Delta n_N (1 - S)} \tag{1-4}$$

式(1-4)表示调速范围、静差率和额定速降之间所应满足的关系。对于同一个调速系统,它的特性硬度是一定的,即 Δn_N 值一定,额定转速 n_N 又属于常数,由式(1-4)可见,如果对静差率的要求越严,即要求 S 越小时,系统能够允许的调速范围也越小。

关于动态指标,将在后续内容中再行分析。

【例 1-1】 某调速系统电动机额定转速 $n_N = 1430 \text{r/min}$,额定速降 $\Delta n_N = 115 \text{r/min}$,当要求静差率 $S \le 30\%$ 时,允许的调速范围为多少？若要求 $S \le 20\%$,则调速范围又是多少？

解：当要求静差率 $S \le 30\%$ 时,有

$$D = \frac{n_N S}{\Delta n_N (1 - S)} = \frac{1430 \times 0.3}{115(1 - 0.3)} = 5.3$$

如果要求 $S \le 20\%$,则调速范围只有

$$D = \frac{n_N S}{\Delta n_N (1 - S)} = \frac{1430 \times 0.2}{115(1 - 0.2)} = 3.1$$

1.1.2 开环调速系统的性能和存在问题

图 1-2 是开环的晶闸管可控整流器供电的直流调速系统(V-M 系统)原理图。图 1-2

中,V 是晶闸管可控整流器,它的电源可以是单相、三相或更多相数,类型则可以是半波、全波、半控、全控等,通过调节触发装置 GT 的控制电压来移动触发脉冲的相位,即可改变整流电压 U_d,从而实现一定范围内的平滑无级调速。

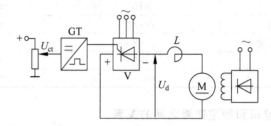

图 1-2   晶闸管可控整流器供电的直流调速系统(V-M 系统)

1. 开环调速系统的性能

改变电源电压 U_d 时的机械特性(连续段)方程式为

$$n = n_0 - \Delta n = \frac{U_d}{C_e \Phi_N} - \frac{R_{\Sigma a}}{C_e C_m \Phi_N^2} T_e \tag{1-5}$$

因为 $T_e = C_m \Phi_N I_a$,再令 $K_e = C_e \Phi_N$,代入式(1-5),机械特性变为

$$n = \frac{U_d}{K_e} - \frac{R_{\Sigma a}}{K_e} I_a = n_0 - \Delta n \tag{1-6}$$

式中:U_d 为晶闸管整流装置不同触发角 α 对应的输出电压;K_e 为电动机电势系数;I_a 为电枢电流;$R_{\Sigma a}$ 为电枢回路总电阻。

式(1-6)是直流电动机调速系统分析与计算的机械特性。

由直流电动机本身参数决定的机械特性叫固有机械特性。下面分析表明,固有机械特性的 Δn 不可能很小,调速系统硬度不会很高。

以 B2012A 型龙门刨床主传动 Z_2—95 型直流电动机为例,已知铭牌数据:$P_N = 60\text{kW}$,$U_N = 220\text{V}$,$I_N = 305\text{A}$,$n_N = 1000\text{r/min}$,电枢电阻 $R_a = 0.0375\Omega$。把已知数据代入固有机械特性中,有

$$n_N = \frac{U_N}{K_e} - \frac{R_a}{K_e} I_N = \frac{U_N - R_a I_N}{K_e}$$

于是

$$K_e = \frac{U_N - R_a I_N}{n_N} = \frac{220 - 0.0375 \times 305}{1000} = 0.2085(\text{V}/(\text{r} \cdot \text{min}^{-1}))$$

可得

$$n_0 = \frac{U_N}{K_e} = \frac{220}{0.2085} = 1055(\text{r/min})$$

$$\Delta n_N = \frac{R_a}{K_e} I_N = \frac{0.0375 \times 305}{0.2085} = 55(\text{r/min}) \tag{1-7}$$

也可以这样计算

$$\Delta n_N = n_0 - n_N = 1055 - 1000 = 55(\text{r/min})$$

若要求调速范围 $D = 20$,其最低工作速度为

$$n_{\min} = \frac{n_{\max}}{D} = \frac{1000}{20} = 50(\text{r/min})$$

这时的静差率为

$$S = \frac{\Delta n_{\mathrm{N}}}{n_{0\min}} \times 100\% = \frac{\Delta n_{\mathrm{N}}}{n_{\min} + \Delta n_{\mathrm{N}}} \times 100\% = \frac{55}{50 + 55} \times 100\% = 52.4\%$$

这样大的静差率很难满足有加工精度的系统要求。注意到式(1-6)和式(1-7)中,转速降落的电阻是不一样的,开环系统中电枢回路总电阻 $R_{\Sigma a}$ 包含电枢电阻 R_a,如果计及电枢回路内其他等效电阻,速降将会更大,更难以达到指标要求。对于龙门刨床,一般要求调速范围 $D=20\sim40$,静差率 $S \leqslant 5\%$。显然,$S=52.4\%$ 的指标相差太远。开环调速系统只适用于对调速精度要求不高的场合。

2. 降低速降的途径

综上所述,调速范围 D 和静差率 S 是一对矛盾,若要求调速范围越大,则静差率也越大。为了同时满足工艺过程对静差率和调速范围的要求,就必须把额定负载下电动机的转速降 Δn_{N} 限制在一定范围之内。

【例 1-2】 某车床主轴电动机的额定转速为 900r/min,最低转速为 100r/min,由晶闸管可控整流器供电(V-M 系统);已知主回路参数决定的额定转速降落 $\Delta n_{\mathrm{N}}=80$r/min,要求低速时的静差率 $S=0.1$,试问 V-M 开环系统能否满足要求?若要满足要求,系统的额定转速降落应该是多少?

解:车床主轴要求的调速范围 $D = \frac{900}{100} = 9$,应用式(1-4),可得

$$D = \frac{n_{\mathrm{N}}S}{\Delta n_{\mathrm{N}}(1-S)} = \frac{900 \times 0.1}{80(1-0.1)} = 1.25 < 9$$

可见,开环系统不能满足调速范围为 9 的要求。其根本原因就是额定转速降落 $\Delta n_{\mathrm{N}}=80$r/min 值太大。若能使 Δn_{N} 减小到

$$\Delta n_{\mathrm{N}} = \frac{n_{\mathrm{N}}S}{D(1-S)} = \frac{900 \times 0.1}{9(1-0.1)} = 11.1(\text{r/min})$$

就可以满足调速范围的要求了。

由此可见,只要设法使系统在额定负载下的转速降落 Δn_{N} 减小,问题方可得到解决。但由于主回路总电阻、电动机电势系数、额定电流都不能改变,故而开环系统无能为力。根据自动控制原理的理论,可采用下面讨论的闭环控制的方式,转速降落 Δn_{N} 能够大幅度下降。

1.2 转速负反馈自动调速系统

1.2.1 闭环调速系统组成及工作原理

1. 系统的组成

组成负反馈控制的闭环调速系统,其原理框图见图1-3。

在电动机轴上安装一台直流测速发电机 TG,作为输出量转速 n 的检测元件,从电位器 R_2 上取得的信号与电位器 R_1 给出的信号叠加,经过放大器 A 和触发装置 GT,由晶闸

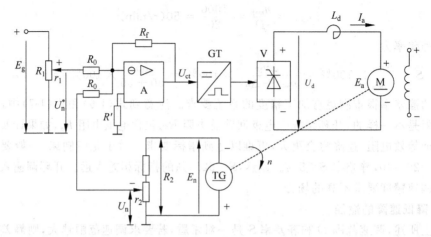

图 1-3　转速负反馈调速系统

管整流装置输出电压 U_d 控制电动机转速。

2. 系统的工作原理

根据自动控制原理,闭环反馈控制系统是按被调量偏差进行控制的系统,只要被调量出现偏差,它就会通过负反馈作用来自动地纠正偏差,以抑制扰动对输出量的影响。图 1-3 所示系统只有一个转速反馈环,故又被称为单环控制调速系统。

对应不同的转速要求,电位器 R_1 中间抽头分压给出相应的给定电压 U_n^*。设负载电流为 I_a,这时给定电压 U_n^* 和从测速发电机引出的与转速 n 成正比的负反馈电压 U_n 作代数和,也就是给定电压 U_n^* 与反馈电压 U_n 作差计算,结果等于偏差电压 ΔU,放大器 A 将 ΔU 放大,输出控制电压为 U_{ct},不同的 U_{ct} 对应不同的晶闸管触发角 α,于是晶闸管整流装置输出一个整流平均电压为 U_d,恰好使电动机产生转速 n,电动机运行于 U_d 决定的特性曲线上,实际输出转速接近于给定转速。改变给定电压,就可以改变输出转速。

当电动机轴上的负载转矩加大时,负载电流增加,电枢主回路的总电阻电压降落 $R_{\Sigma a}I_a$ 便增加,因为此时晶闸管整流装置输出的整流电压还没有变化,于是电动机的反电动势 $E_a = K_e n$ 便减少,电动机转速随之下降。电动机转速下降后,测速的电压 U_n 也下降到 U_{n1},但这时给定电压 U_n^* 并没有改变,而 $\Delta U = U_n^* - U_{n1}$,偏差电压便有所增加,它使晶闸管整流装置的控制角 α 减小,整流电压上升,电动机转速就回升了。

但是,电动机的转速不能回升到原来的数值。因为假如电动机的转速已经回升到原值,那么测速发电机的电压也要回升到原来的数值,由于偏差电压 $\Delta U_n = U_n^* - U_n$,偏差电压又将下降到原来的数值,也就是说偏差电压 ΔU 没有增加,ΔU 不增加,晶闸管整流装置的输出整流电压 $U_{d0}\cos\alpha$ 也不能作相应的增加,以补偿电枢主电路电阻所引起的电压降落,这样,电动机的转速又将重新下降到原来的数值,不能因引入转速负反馈而得到相应的提高。

从上面分析可以看出,引入转速负反馈只能减少静态转速降落,使转速尽可能维持接近恒定,而不可能完全回复到原来数值(即有误差)。这种维持被调节量(转速)近于恒值但又有静差的调节系统,通常称它为有差恒值调节系统,简称有静差系统。

3. 闭环系统能够降低稳态速降的实质

应该指出,闭环调速系统的机械特性,是指给定电压不变时,电动机的转矩(或电枢电流)与转速之间的关系,为区别起见,把它称作系统的静特性。它与电动机的机械特性(开环机械特性)略有不同。开环系统的机械特性是指当电动机的电枢电压(晶闸管整流装置输出电压)恒定时,电动机的转速与转矩(或电流)的关系。

闭环系统能够减少稳态速降(稳态也叫静态)的实质在于它的自动调节作用,在于它能随着负载的变化而相应地改变整流电压。

在开环系统中,若给定电压恒定,当负载电流增大时,电枢压降也增大,转速必然下降。闭环系统装有反馈装置,转速稍有下降,反馈电压就立刻反映出来,通过比较和放大,提高了晶闸管装置的输出电压 U_d,系统又工作在新的机械特性上,使转速有所回升。如图 1-4 所示,设原始工作点为 A,负载电流为 I_{a1},对应输出电压为 U_{d1},当负载电流增大到 I_{a2} 时,开环系统的转速必然降到 A' 点所对应的数值。闭环后,由于反馈控制作用,电压可升高到 U_{d2},使工作点变成 B,稳态速降便比开环系统小得多。这样,在闭环系统中,每增加(或减少)一点负载,就相应地提高(或降低)一点整流电压,因而就改变一条机械特性。闭环系统的静特性就是这样在许多开环机械特性上各取一个相应的工作点,如图 1-4 中的 A、B、C、$D\cdots$,再由这些点连接而成的。显然可以看出,系统静特性比电动机的机械特性要硬得多。这就是为什么采用反馈之后,能减小转速降落的道理。

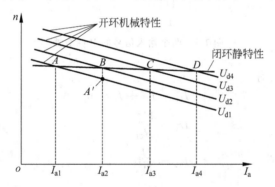

图 1-4　闭环系统静特性和开环系统机械特性的关系

1.2.2　闭环调速系统静特性方程

以上定性地分析了转速负反馈单环控制调速系统的工作原理及静特性。下面将推导系统(图 1-3)的静特性方程。根据静特性方程可定量地讨论调速系统的各项指标。

为了分析方便,假定 V-M 系统工作在机械特性连续段,各环节的输入输出关系都是线性的,电动机的磁场恒定不变。

1. 给定电压 U_n^* 和反馈电压 U_n

给定电压 U_n^* 为

$$U_n^* = \frac{r_1}{R_1}E_g = C_1 E_g$$

式中：$C_1 = \dfrac{r_1}{R_1}$ 为输入回路分压比。

反馈电压 U_n 为

$$U_n = \frac{r_2}{R_2} E_n = C_2 E_n$$

式中：$C_2 = \frac{r_2}{R_2}$ 为反馈回路分压比。

速度偏差电压 ΔU 为

$$\Delta U = U_n^* - U_n \tag{1-8}$$

2. 电压比较放大器

目前在电子线路中,普遍采用集成电路直流运算放大器,在其反馈网络中接入不同阻抗便可组成比例(P)、比例积分(PI)或比例积分微分(PID)等调节器。此处为输入并联迭加的比例(P)调节器,如图1-5所示。

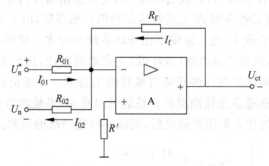

图 1-5 两个输入信号的 P 调节器

根据调节器原理,有

$$I_{01} - I_{02} + I_f = 0 \tag{1-9}$$

$$I_{01} = \frac{U_n^*}{R_{01}} \tag{1-10}$$

$$I_{02} = \frac{U_n}{R_{02}} \tag{1-11}$$

$$I_f = \frac{U_{ct}}{R_f} \tag{1-12}$$

将式(1-10)~式(1-12)代入式(1-9)并整理,得

$$U_{ct} = - K_{P1} U_n^* + K_{P2} U_n$$

式中：$K_{P1} = \frac{R_f}{R_{01}}$；$K_{P2} = \frac{R_f}{R_{02}}$。

为了计算和调整方便,取 $R_{01} = R_{02} = R_0$,则上式变为

$$U_{ct} = - K_P (U_n^* - U_n) = - K_P \Delta U \tag{1-13}$$

式中：$K_P = \frac{R_f}{R_0}$。

从式(1-13)可以看出,调节器的输入和输出电压极性是相反的。如晶闸管触发电路所需控制电压为正电压,则给定电压要取负电压,而负反馈要取正电压。

3. 晶闸管触发和整流装置

通常将晶闸管触发和整流装置看成一个整体。触发电路的输入信号 U_{ct} 和输出平均

整流电压 U_d 之间近似为线性关系：

$$U_d = K_s U_{ct} \tag{1-14}$$

式中：K_s 为晶闸管装置的放大系数，与晶闸管整流装置的电路形式有关。

例如当 U_{ct} 的调节范围是 $0 \sim 10\text{V}$，对应 U_d 的输出范围是 $0 \sim 220\text{V}$ 时，可取 $K_s = 220/10 = 22$。

4．晶闸管-电动机的主回路

$$U_d = E_a + I_a R_{\Sigma a} = K_e n + I_a R_{\Sigma a} \tag{1-15}$$

式中：$K_e = \dfrac{E_a}{n}$ 为电动机的电势系数；$R_{\Sigma a}$ 为主回路中所有电阻之和（它包括晶闸管装置内阻 r_n、电动机电枢电阻 r_a 及主回路中所串外加电阻 r_s）。

5．测速发电机-转速检测环节

$$U_n = C_2 E_n = C_2 K_{sf} n = \alpha n \tag{1-16}$$

式中：K_{sf} 为测速发电机电势常数；α 为速度反馈系数，$\alpha = C_2 K_{sf}$。

6．系统静态结构图与静特性方程

根据上述各环节的稳态关系，即由式(1-8)、式(1-13)～式(1-16)，画出系统的静态结构图，如图 1-6 所示。

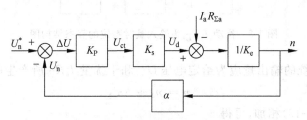

图 1-6　转速负反馈单环控制调速系统静态结构图

假定系统是线性的，可以利用叠加原理分别求出给定电压 U_n^* 和干扰量 $I_a R_{\Sigma a}$ 与被调量 n 的关系，再进行代数相加，便可得到系统的静特性方程。

根据图 1-6，只考虑给定电压 U_n^* 作用，可设 $I_a = 0$，这时的输出速度是理想空载转速 n_0，其静态结构图见图 1-7。显然有

$$\frac{n_0}{U_n^*} = \frac{K_P K_s \dfrac{1}{K_e}}{1 + K_P K_s \alpha \dfrac{1}{K_e}} = \frac{K_A}{K_e(1+K)}$$

$$n_0 = \frac{K_A}{K_e(1+K)} U_n^* \tag{1-17}$$

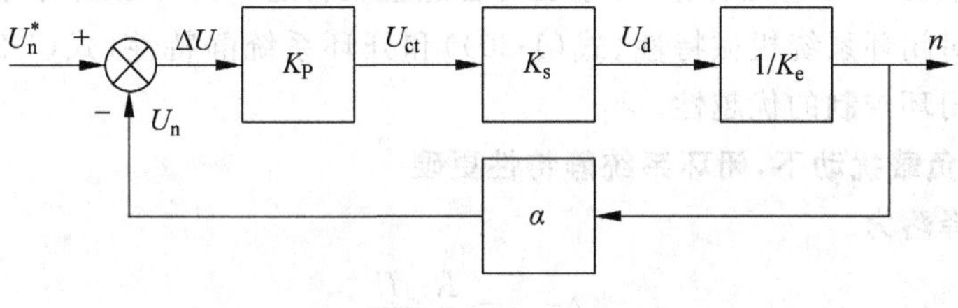

图 1-7　仅考虑给定信号时系统静态结构图

式中：$K_A = K_P K_s$；K 为闭环系统的开环放大系数。K 等于从 U_n 处断开,沿放大器输入到测速发电机输出各环节的放大系数乘积：

$$K = K_A \alpha \frac{1}{K_e} \tag{1-18}$$

再考虑干扰量 $I_a R_{\Sigma a}$ 作用,可设 $U_n^* = 0$,这时的输出量就是转速降落,其静态结构图见图1-8。显然有

$$\begin{cases} \dfrac{\Delta n}{-I_a R_{\Sigma a}} = \dfrac{\dfrac{1}{K_e}}{1 + K_s K_P \alpha \dfrac{1}{K_e}} = \dfrac{1}{K_e(1+K)} \\[4mm] \Delta n = \dfrac{-R_{\Sigma a}}{K_e(1+K)} I_a \end{cases} \tag{1-19}$$

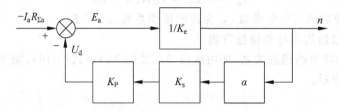

图 1-8   扰动 $I_a R_{\Sigma a}$ 为输入量时系统的静态结构图

应用叠加原理,系统的输出量应为给定电压 U_n^* 和干扰量 $I_a R_{\Sigma a}$ 所产生的输出量之和,即

$$n = n_0 + \Delta n$$

由式(1-17)和式(1-19)相加,可得

$$n = \frac{K_A U_n^*}{K_e(1+K)} - \frac{R_{\Sigma a}}{K_e(1+K)} I_a = n_{0cl} - \Delta n_{cl} \tag{1-20}$$

这里取 $n_0 = n_{0cl}$,$\Delta n = \Delta n_{cl}$,强调闭环系统的理想空载转速和闭环系统的稳态速降。

式(1-20)便是转速负反馈单闭环控制调速系统的静特性方程。

1.2.3   开环系统机械特性和闭环系统静特性的比较

在图1-6中,断开反馈回路,则上述系统的开环机械特性为

$$n = \frac{U_d - I_a R_{\Sigma a}}{K_e} = \frac{K_A U_n^*}{K_e} - \frac{R_{\Sigma a}}{K_e} I_a = n_{0op} - \Delta n_{op}$$

$$n = \frac{K_A U_n^*}{K_e} - \frac{R_{\Sigma a}}{K_e} I_a = n_{0op} - \Delta n_{op} \tag{1-21}$$

这里取 $n_0 = n_{0op}$,$\Delta n = \Delta n_{op}$,强调开环系统的理想空载转速和开环系统的稳态速降。

下面通过对闭环系统机械特性(式(1-20))和开环系统静特性(式(1-21))的比较,进一步了解反馈闭环控制的优越性。

1. 在相同负载扰动下,闭环系统静特性更硬

开环转速降落为

$$\Delta n_{op} = \frac{R_{\Sigma a} I_a}{K_e}$$

而闭环转速降落为

$$\Delta n_{cl} = \frac{R_{\Sigma a} I_a}{K_e(1+K)} = \frac{R_{\Sigma a} I_a}{K_e} \cdot \frac{1}{1+K} = \frac{\Delta n_{op}}{1+K}$$

明确写出它们之间的关系

$$\Delta n_{cl} = \frac{\Delta n_{op}}{1+K} \qquad (1-22)$$

显然,当 K 值较大时,Δn_{cl} 比 Δn_{op} 小,准确地说,Δn_{op} 是 Δn_{cl} 的 $(1+K)$ 倍。所以,闭环系统的静特性可以比开环系统的机械特性硬得多。

2. 当理想空载转速 $n_{0op} = n_{0cl}$ 时,闭环系统的静差率要小得多

闭环系统和开环系统的静差率分别为

$$S_{cl} = \frac{\Delta n_{cl}}{n_{0cl}}$$

$$S_{op} = \frac{\Delta n_{op}}{n_{0op}}$$

当 $n_{0op} = n_{0cl}$ 时

$$\frac{S_{cl}}{S_{op}} = \frac{\Delta n_{cl}}{\Delta n_{op}} = \frac{1}{1+K}$$

闭环系统静特性方程式(1-20)第一项是理想空载转速,如给定电压 U_n^* 不变,则理想空载转速较开环系统的理想空载转速倍数降低了 $(1+K)$。对照式(1-21)第一项,为了获得与开环系统同样的理想空载转速,可以使这里的给定电压 U_n^* 相应倍数提高 $(1+K)$,这样便可实现 $n_{0op} = n_{0cl}$。于是,有

$$S_{cl} = \frac{S_{op}}{1+K} \qquad (1-23)$$

也就是说,开环系统的静差率是闭环系统静差率的 $(1+K)$ 倍。

3. 当要求的静差率相同,最高转速也一致时,闭环系统可以大幅度提高调速范围

设电动机的最高转速都是 n_N,而对最低速静差率的要求相同,根据公式(1-4),得

开环时

$$D_{op} = \frac{n_N S}{\Delta n_{op}(1-S)}$$

闭环时

$$D_{cl} = \frac{n_N S}{\Delta n_{cl}(1-S)}$$

再考虑式(1-22),得

$$D_{cl} = (1+K) D_{op} \qquad (1-24)$$

也就是说,闭环系统的调速范围是开环系统的 $(1+K)$ 倍。

需要指出的是,式(1-24)的条件是开环和闭环系统的 n_N 相同,而式(1-23)的条件是 n_0 相同,在计算时,要注意两者的差别。

【例 1-3】 问在例 1-2 给出的系统闭环后,满足系统要求的闭环系统开环放大倍数应有多大?

解:在例 1-2 中已求解出 $D_{cl} = 9$ 和 $D_{op} = 1.25$,根据式(1-24),有

16

$$K = \frac{D_{cl}}{D_{op}} - 1 = \frac{9}{1.25} - 1 = 6.2$$

也可以依照先求出的

$$\Delta n_{cl} = \frac{n_N S}{D_{cl}(1-S)} = \frac{900 \times 0.1}{9(1-0.1)} = 11.1 (\text{r/min})$$

再根据式(1-22),$\Delta n_{op} = \Delta n_N$,有

$$\frac{\Delta n_{op}}{\Delta n_{cl}} = 1 + K$$

所以

$$K = \frac{\Delta n_{op}}{\Delta n_{cl}} - 1 = \frac{80}{11.1} - 1 = 6.2$$

顺便指出,K 是总的电压放大系数,其值为各环节放大系数的乘积,现将式(1-18)重写为

$$K = K_P K_s \alpha \frac{1}{K_e}$$

实际设计时,要把中间的放大器放大系数 K_P 值计算出来,并在实际取值时,选择不小于计算值(可稍大),即可满足要求。即

$$K_P \geqslant \frac{KK_e}{K_s \alpha} \tag{1-25}$$

1.2.4 反馈控制系统的基本特征

转速反馈闭环调速系统是最基本的反馈控制系统,掌握反馈控制系统的基本性质,是分析调速系统的基础。

1. 设置放大器

闭环系统可以获得比开环系统硬得多的稳态特性,从而在保证一定静差率的要求下,能够提高调速范围。从式(1-22)、式(1-23)和式(1-24)中可以看出,闭环系统的三项优势,都取决于一点,即 K 要足够大。设置放大器,通过改变放大器的放大系数调整 K 值大小。

从另一方面分析,在闭环系统中,引入转速负反馈电压 U_n 后,若要求转速偏差小,$\Delta U = U_n^* - U_n$ 就一定被压得很低,$U_n^* \approx U_n$,所以必须设置放大器,才能获得足够的控制电压 U_{ct}。而在开环系统中,由于 U_n^* 和 U_{ct} 属于同一电压等级,可以把 U_n^* 直接作为 U_{ct} 进行控制,就不需要放大器了。

有一个问题应该在实际运行中注意,就是闭环系统在正常运行中,如果突然失去速度负反馈,比如断线,较大的 U_n^* 代替了 ΔU 施以控制,U_d 升得很高,电动机就要超速运行,可能造成事故。

当然,在闭环系统中除了设置放大器之外,还必须增设检测与反馈装置,这是闭环系统为提高性能所要付出的代价。

2. 比例放大器系统有静差

闭环系统的开环放大系数 K 值对系统的稳态性能影响很大。K 越大,静特性就越硬,稳态速降越小,在一定静差率要求下的调速范围越宽。总而言之,K 越大,稳态性能

就越好。

　　然而,只要所设置的放大器是比例性质(放大器的放大倍数 K_P＝常数),稳态速降就只能减少,却不可能消除。因为闭环系统的稳态速降为

$$\Delta n_{cl} = \frac{R_{\Sigma a} I_a}{K_e(1+K)}$$

只有 $K \to \infty$,才能使 $\Delta n_{cl}=0$,而这是不可能的。ΔU 是控制的基础,只有偏差 ΔU 不为零,经放大器放大后,系统才有输出,这种系统正是依靠被调量的偏差及其变化来实现控制作用的。因此,这样的调速系统又叫做有静差调速系统。

3. 跟随给定与抵抗扰动

(1) 跟随给定

　　见图 1-9,在表示外部作用的箭头中,唯有转速给定信号 U_n^* 与众不同。给定作用的每次微小变化,都会直接造成被调量的变化,而不受反馈的抑制。

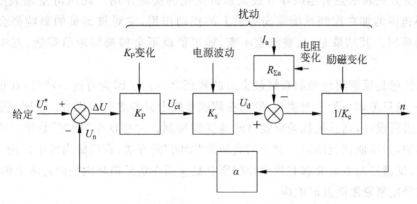

图 1-9　转速负反馈系统的给定作用和扰动作用

　　设系统已在稳定运行,这时改变速度给定电压 U_n^* 大小,比如增大,输出转速 n 当时还没有变化,反馈值 U_n 也没有变化,只有 $\Delta U=U_n^*-U_n$ 增大,经放大后,转速 n 只能加速上升。转速 n 的上升使反馈也同时上升,偏差 ΔU 由已增大的值(最大值)开始回落,输出转速上升的速率受到限制,但当速度不再增加,重新进入稳定时,反馈值不再升高,给定减去反馈等于偏差停在新的数值上,这个数值控制维持这个新速度。ΔU 增大又回落,回落后的数值要比原始值大。用反证法说明,因为假设 ΔU 回到原始值,输出转速和反馈也将回到原始值,给定又比原始值高,所以偏差 ΔU 不可能回到原始值。它是保持在一个比初值小但比原始值大的新值上,结果是转速升高了。同理,给定下降,转速也随之下降。

　　上述分析表明,对给定信号的改变,系统调节的最终结果是使输出严格按照给定信号值大小的变化而跟随变化。这就是系统的跟随作用。

(2) 反馈通道

　　反馈检测装置的误差,尽管也是扰动,但反馈控制系统是无法克服的。因为在反馈通道上,U_n"莫明其妙"发生改变,系统"不晓得"是测速装置出现误差还是被调量转速出现偏差。如果直流测速发电机的励磁发生了变化,反馈电压 U_n 就会发生不应有的变化,使得输入偏差改变,由此引起系统调节,非但没有任何抑制,反而使电动机转速 n 离开了原

应保持的数值。其作用与跟随给定作用一致。

给定和反馈这两个信号通常被认为是在系统闭环之外，可以对输出速度按照需要调节，系统对其没有抑制作用。

（3）抵抗扰动

除给定和反馈信号以外，作用在控制系统上一切能引起被调量变化的因素都叫做"扰动作用"。以前只讨论了负载变化引起转速变化这样一种扰动作用。除此之外，交流电源电压的波动（K_s变化）、电动机励磁的变化（使K_e变化）、放大器输出电压的漂移（使K_P变化）、由温升引起主电路电阻的增大等，所有这些因素都和负载变化一样，要影响到转速变化，出现偏差（速降或速升）。但这些都会被测速装置检测出来，再通过反馈控制的作用，前面分析过，最终将是减小这些干扰对原稳态转速的影响。在图1-9中，所有扰动作用都在稳态结构图上表示出来，其中除负载扰动用代表电流I_a的箭头表示之外，其他指向各方框的箭头分别表示会引起该环节放大系数变化的扰动作用。此图清楚地表明：凡是被反馈环包围的加在控制系统前向通道上的扰动作用，它对被调量的影响都会受到反馈控制的抑制。其结果是，只要给定不变，输出值就不会偏离要求值很远，基本上维持不变。

抗扰性能是反馈闭环控制系统最突出的特征之一。正因为有这一特征，在设计闭环系统时，一般只考虑一种主要扰动，例如在调速系统中只考虑负载扰动。按照克服负载扰动的要求进行设计，则其他扰动也就自然地受到抑制。注意这个"抑制"是指减少扰动对系统的影响，并不能完全消除。对于彻底消除"影响"的方法，在后续内容中讨论。

总之，反馈控制系统能够有效地抑制所有被包围在负反馈环内前向通道上的扰动，而对给定信号则紧紧跟随及时响应。

4. 系统的精度受给定电源和检测装置的影响

上述分析表明，系统对给定和反馈这两个环节上参数的变化没有抑制作用，它们的细微变化都将作为"指令"予以"执行"。即使是无端的变化，系统也只认为是给定改变，系统跟随调节。

如果给定电源发生了不应有的波动，则被调量一定会跟着变化。因为反馈控制系统无法鉴别是给定电压正常的调节还是给定电源的变化。因此，高精度的调速系统需要有更高精度的给定稳压电源。

反馈检测装置的误差也是反馈控制系统无法克服的。对调速系统来说，这种误差就是指测速发电机的误差，除了直流测速发电机励磁发生变化以外，测速发电机电压中的换向纹波、制造或安装不良造成转子的偏心等，都会给系统带来干扰，使反馈电压U_n发生不应有的变化。为此，高精度的控制系统还必须有高精度的反馈检测装置作为保证。

1.3 转速负反馈调速系统的稳态参数计算

用实例详细说明稳态参数的计算方法。参数主要有：系统的开环放大系数；反馈环节的系数；运算放大器的放大系数和参数等。

1.3.1 设定系统数据

调速系统框图见图 1-3。

（1）电动机

$P_N = 10\text{kW}, U_N = 220\text{V}, I_N = 55\text{A}, n_N = 1000\text{r/min}, R_a = 0.5\Omega$。

（2）主变压器

$\curlyvee/\curlyvee$。接线，副边线电压 $U_2 = 230\text{V}$。

（3）晶闸管电动机（V-M）系统主回路总电阻

$R_{\Sigma a} = 1\Omega$。

（4）直流测速发电机为 ZYS231/110 型永磁式测速发电机

$P_N = 0.0231\text{kW}, U_N = 110\text{V}, I_N = 0.21\text{A}, n_N = 1900\text{r/min}$。

（5）晶闸管整流装置

$K_s = 44$。

（6）生产机械要求的调速范围及静差率

$D = 10, S = 0.05$。

1.3.2 稳态参数计算

1. 闭环系统允许的静态转速降落 Δn_{cl}

为了满足生产工艺要求，闭环系统允许的静态转速降落应为

$$\Delta n_{cl} = \frac{n_N S}{D(1-S)} = \frac{1000 \times 0.05}{10(1-0.05)} = 5.3(\text{r/min})$$

电动机电势系数为

$$K_e = \frac{U_N - I_N R_a}{n_N} = \frac{220 - 55 \times 0.5}{1000} = 0.193(\text{V/(r·min}^{-1}))$$

而开环系统的稳态转速降落为

$$\Delta n_{op} = \frac{R_{\Sigma a} I_N}{K_e} = \frac{1 \times 55}{0.193} = 285 \gg 5.3(\text{r/min})$$

显然，开环系统不能满足稳态速降的要求。

2. 系统的开环放大系数 K

根据静态转速降落求出系统应具有的开环放大系数 K。因为

$$\Delta n_{cl} = \frac{R_{\Sigma a} I_a}{K_e(1+K)}$$

所以

$$K = \frac{I_N R_{\Sigma a}}{K_e \Delta n_{cl}} - 1 = \frac{55 \times 1}{0.193 \times 5.3} - 1 = 52.77$$

3. 速度反馈系数 α

测速发电机的电势常数 K_{sf} 为

$$K_{sf} = \frac{U_N}{n_N} = \frac{110}{1900} = 0.058(\text{V/(r·min}^{-1}))$$

分压比 $C_2 = \dfrac{r_2}{R_2}$ 是可以任意改变的。增大这个比值可以增强转速负反馈的强度，但分压比增大后，从测速机取出的反馈电压增高，势必要求提高给定电源电压，这是因为在稳

定工作时,给定电压 U_n^* 近似于反馈电压 U_n,而给定电压是由稳压电源供电的,因此过分地增大反馈电压 U_n,将会增大稳压电源的容量,这在技术上是不合理的。本系统设稳压电源电压为 12V,取分压比

$$C_2 = \frac{r_2}{R_2} = \frac{1}{15}$$

当电动机最高转速为 1000r/min 时,系统反馈电压 U_n 为

$$U_n = \alpha n = C_2 E_n = C_2 K_{sf} n$$

$$= \frac{1}{15} \times 0.058 \times 1000 = 3.87(V)$$

得

$$\alpha = \frac{U_n}{n} = \frac{3.87}{1000} \approx 0.0039$$

下面对 C_2 中的电阻作选择和计算。R_2 不要选得过小,否则会加大测速发电机的电流,而引起过强的电枢反应,从而影响测量精度,同时在低速时测速发电机电刷压降及输出电压因换向器造成的脉动也不可忽视。此外,R_2 太小也必将增大其自身的容量。一般选择此阻值,考虑限制在测速发电机最高电压时,输出电流为额定电流的 $\frac{1}{10} \sim \frac{1}{20}$,即 $(0.1 \sim 0.05) \times 0.21A = 21 \sim 10.5(mA)$,这里选取 $R_2 = 8k\Omega \left(\text{其电流为} \frac{110V}{8k\Omega} = 13.75(mA)\right)$,由

$$C_2 = \frac{r_2}{R_2} = \frac{1}{15}$$

得

$$r_2 = C_2 R_2 = \frac{1}{15} \times 8 = 0.54(k\Omega)$$

最后选取一个 7kΩ 的电阻与一个 1kΩ 的电位器串联,用电位器是为了方便对反馈量进行调节,即改变反馈系数 α 的大小。

4. 比例调节器的放大系数 K_P

根据开环放大系数 K,可求出比例调节器的放大系数 K_P,由

$$K = K_P K_s \alpha \frac{1}{K_e}$$

得

$$K_P = \frac{KK_e}{\alpha K_s} \times \frac{52.77 \times 0.193}{0.0039 \times 44} = 59.35$$

实取 $K_P = 60$。

5. 比例调节器参数

根据 $K_P = \frac{R_f}{R_0}$,这里取 $R_0 = 20k\Omega$,故

$$R_f = R_0 K_P = 20k\Omega \times 60 = 1.2(M\Omega)$$

由于 R_0 的取值范围很宽,对应不同的 R_0 值选取,R_f 可以有多种选择。

1.4 单环控制系统的限流保护——电流截止负反馈

1.4.1 转速负反馈系统的问题

转速负反馈调速系统静态速降小，无论负载轻重，都表现出较硬的静特性。但是，有利则有弊，在下列两类生产机械运行中，还存在过电流问题，需要进一步增加控制措施。

1. 频繁快速启动

这一类系统主要是指要求快速启动和制动的生产机械。为了实现快速启动，调速系统的给定信号大部分采用突加给定方式，而电动机及生产机械因具有较大的机械惯性，不可能使转速立即上升到给定值，因此，速度负反馈电压的变化滞后给定电压的变化。比如在图 1-6 中，突然加上给定电压，由于惯性，电动机转速仍为零，转速负反馈电压也为零，全部的给定电压加在放大器的输入端，放大器和触发器的惯性又较小，结果使晶闸管整流装置的输出电压 U_d 迅速达到最大值，这时因电动机无转速，反电势不存在，故在主电路中产生很大的冲击电流。这个电流值将大大超过一般直流电动机的最大允许电流值。

冲击电流过大对直流电动机的换向十分不利，尤其对过载能力较差的晶闸管来说，更是难能容许。因此必须对启动电流加以限制。

2. 经常在堵转状态下工作

这一类系统指的是经常在堵转状态下工作的生产机械。例如挖土机、轧钢机的推床、压下装置等。此外，电动机由于故障，机械轴被卡住等而堵转时，也属于这种情况。

若不采取措施对电枢电流加以限制，电动机和晶闸管装置就会因过电流而遭受损害。

为解决上述启动和堵转时电流超过允许值的问题，系统中有必要增设限制电枢电流的环节。

1.4.2 带有电流截止环节的电流负反馈

最简单最有效的方法是引入电流截止负反馈装置。当电动机电流在某数值以内时，电流负反馈不起作用，系统运行在转速负反馈时的特性上；当电流超过某数值时，电流负反馈投入工作，迫使整流电压 U_d 迅速下降，导致电动机转速下降，直至堵转。

1. 电流截止负反馈环节的工作原理

带电流截止负反馈的调速系统如图 1-10 所示。电流截止负反馈装置由电流反馈电阻 R_i、截止二极管 VD 和比较电压 U_{bj} 组成。比较电压 U_{bj} 使用独立直流电源 U_b，通过调节电位器可改变 U_{bj} 的大小。

设 I_{bj} 为临界截止电流，当主电路电流 I_a 小于 I_{bj} 时，电流在 R_i 上的压降 $I_aR_i < U_{bj}$，二极管 VD 承受电压为 $I_aR_i - U_{bj} < 0$，反压截止，反馈电压 U_i 消失，电流负反馈电路切断，电流负反馈不起作用。这时，临界截止电流为

$$I_{bj} = \frac{U_{bj}}{R_i} \tag{1-26}$$

当主电路电流 I_a 大于 I_{bj} 后，$I_aR_i > U_{bj}$，二极管承受电压为 $I_aR_i - U_{bj} > 0$，正向导通，电流反馈信号 $U_i = I_aR_i - U_{bj}$ 加至放大器输入端，电流负反馈起作用。随着电流 I_a 的增大，

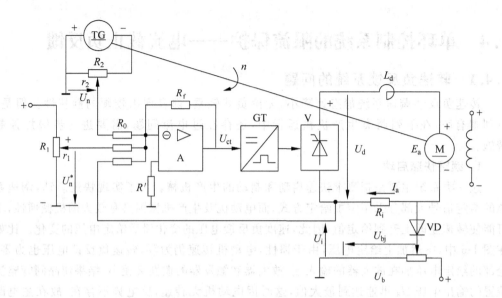

图 1-10　带电流截止负反馈调速系统

U_i 增加,调节器(放大器)输出电压 U_{ct} 下降,晶闸管整流电压下降,电动机转速降低,直到电动机堵转为止。设 I_{du} 和 U_{du} 分别为堵转电流和堵转电压,堵转时,$n=0$,$I_a=I_{du}$,晶闸管整流电压 $U_d=U_{du}=I_{du}R_{\Sigma a}$。

　　系统启动时也一样,突加给定 U_n^*,速度负反馈电压也为零,调节器输入端只有给定信号 U_n^*,整流电压 U_d 突变至最大值直接启动,主电路电流迅速上升,当电流上升到 I_{bj} 后,$I_aR_i>U_{bj}$,电流负反馈起作用,将调节器输出电压降低,整流电压迅速下降至 $U_d=U_{du}=I_{du}R_{\Sigma a}$。于是,主电路电流最大值便被限制在 I_{amax} 上。一般情况下,可取

$$I_{amax}=I_{du}=\frac{U_{du}}{R_{\Sigma a}} \tag{1-27}$$

从而实现限制启动电流的目的。此后,随着转速的上升,电流逐渐下降至小于 I_{bj},电流负反馈被截止,恢复到维持较硬静特性段的速度负反馈控制。

　　为了简化电路,采用稳压管 VST 取得比较电压更为方便,如图 1-11 所示。当反馈信号 I_aR_i 低于稳压管稳压值 U_{bj} 时,只能通过极小的漏电流,电流负反馈被截止;当 $I_aR_i>U_{bj}$ 时,稳压管反向击穿,允许负反馈电流通过,得到下垂特性。选择不同稳压值的稳压管,或者把几个稳压管串联使用,可以获得不同的截止特性。这样的设计虽然线路简单得多,但却不能平滑调节截止电流值。

2. 带电流截止负反馈调速系统的静特性

(1)电流截止负反馈环节输入/输出特性

　　电流截止负反馈环节的输入/输出特性如图 1-12 所示。这是一个两段线性环节。它表明:当输入信号 $I_aR_i-U_{bj}$ 为正值时,输出和输入相等;当 $I_aR_i-U_{bj}$ 为负值时,输出为零。

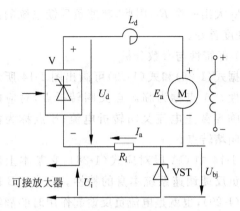

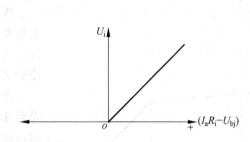

图 1-11　采用稳压管获得比较电压　　　　　图 1-12　电流截止负反馈环节的输入/输出特性

（2）系统静态结构图与静特性方程

把电流截止负反馈的输入/输出特性，即两段式线性环节的图形绘制成一个方框图，再和系统的其他部分连接起来，即得到带电流截止负反馈的闭环直流调速系统静态结构图，如图 1-13 所示。

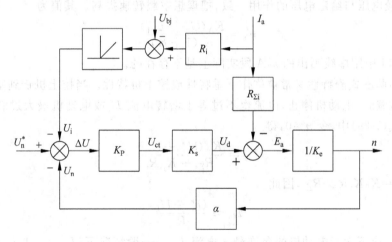

图 1-13　带电流截止负反馈的调速系统静态结构图

由图 1-13 可写出该系统两段静特性的方程式。

当 $I_a \leqslant I_{bj}$ 时，电流负反馈被截止，静特性为

$$n = \frac{K_A U_n^*}{K_e(1+K)} - \frac{R_{\Sigma a}}{K_e(1+K)} I_a \tag{1-28}$$

当 $I_a > I_{bj}$ 时，引入电流负反馈，静特性变成

$$n = \frac{K_A U_n^*}{K_e(1+K)} - \frac{K_A}{K_e(1+K)}(R_i I_a - U_{bj}) - \frac{R_{\Sigma a}}{K_e(1+K)} I_a$$

$$= \frac{K_A(U_n^* + U_{bj})}{K_e(1+K)} - \frac{R_{\Sigma a} + K_A R_i}{K_e(1+K)} I_a \tag{1-29}$$

式（1-28）和只有转速负反馈调速系统的静特性，见式（1-20），形式上完全相同。但 $R_{\Sigma a}$ 的

值不一样,式(1-28)中的 $R_{\Sigma a}$ 比式(1-20)中的 $R_{\Sigma a}$ 大出一个 R_i,因此,转速负反馈系统的静特性硬度较带电流截止负反馈系统的静特性硬度要好。

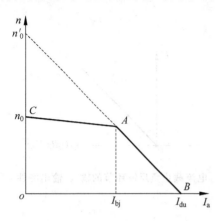

图 1-14 带电流截止负反馈闭环直流
调速系统的静特性

(3) 静特性与参数分析

根据式(1-28)和式(1-29)可画出图 1-14 所示的静特性。A 点称为临界点又叫转折点,对应的 I_{bj} 称为临界截止电流又叫转折电流,B 点称为截止点又叫堵转点。

图 1-14 中 CA 段对应式(1-28),它基本上就是转速负反馈调速系统本身的特性。图中 AB 段对应式(1-29),也就是电流负反馈起作用时的静特性,称为下坠特性。AB 段特性和 CA 段特性相比,有以下两个特点:

① 电流负反馈的作用相当于在主电路中串入一个大电阻 $K_P K_s R_i$,因而稳态速降极大,特性急剧下垂。

② 比较电压与给定电压的作用一致,把理想空载转速提高。其值为

$$n_0' = \frac{K_A(U_n^* + U_{bj})}{K_e(1 + K)} \tag{1-30}$$

当然,图 1-14 中用虚线画出的 $n_0' A$ 段实际上是不存在的。

这样的两段式静特性又常被称作下垂特性或挖土机特性。当挖土机铲到坚硬的土层或石块而过载时,电动机停止,电流也不过等于堵转电流 I_{du} 或电动机最大过载电流 I_{amax} 而已。在式(1-29)中,令 $n=0$,得

$$I_{du} = \frac{K_A(U_n^* + U_{bj})}{R_{\Sigma a} + K_A R_i} \tag{1-31}$$

考虑 $K_A R_i = K_P K_s R_i \gg R_{\Sigma a}$,因此

$$I_{du} \approx \frac{U_n^* + U_{bj}}{R_i} \tag{1-32}$$

堵转电流 I_{du} 应不大于电动机的允许最大电流 I_{amax},一般情况下,$I_{amax} = (1.5 \sim 2) I_N$。另一方面,希望 CA 运行段有足够的运行范围,临界截止电流 I_{bj} 应大于电动机的额定电流,通常可选取 $I_{bj} = (1.1 \sim 1.2) I_N$。这些参数是设计电流截止负反馈环节时的依据。

在设计系统时,对下垂段特性的陡度有一定要求,希望 $\Delta I = I_{du} - I_{bj}$ 越小越好。根据式(1-32)和式(1-26),有

$$\Delta I = I_{du} - I_{bj} = \frac{U_n^* + U_{bj}}{R_i} - \frac{U_{bj}}{R_i} = \frac{U_n^*}{R_i} \tag{1-33}$$

为此,要求 ΔI 小,应将电阻 R_i 加大,但 R_i 过大又会导致静特性中 CA 段工作特性变软,同时增大了主回路的附加损耗,这样,R_i 又不能取得太大,一般仅为零点几欧姆。为解决这个矛盾,必要时可增设电流负反馈信号放大器,将附加电阻 R_i 上取得的电压信号放大若干倍,再反馈到调节器的输入端上。假设 K_T 为附加电流信号放大器的放大倍数,则

$$\Delta I = I_{du} - I_{bj} = \frac{U_n^*}{K_T R_i} \tag{1-34}$$

由式(1-34)可知,加大 K_T,可使电流反馈信号电阻 R_i 选择得尽可能小,从而妥善解决以上矛盾。

3. 带电流截止负反馈调速系统的应用举例

【例 1-4】　有一 V-M 调速系统,电动机为 $P_N = 2.5\text{kW}, U_N = 220\text{V}, I_N = 15\text{A}, n_N = 1500\text{r/min}, R_a = 2\Omega$,整流装置内阻 $R_n = 1\Omega$,晶闸管触发环节的放大系数为 $K_s = 30$,最大给定电压为 30V,调速范围 $D = 20$,静差率为 $S = 10\%$。现增设电流截止环节,要求堵转电流 $I_{du} = 2I_N$,临界截止电流 $I_{bj} \geqslant 1.2 I_N$。

问:应该选用多大的比较电压和电流反馈电阻?若要求新增加的电流反馈电阻值不得超过主回路原总电阻的 1/3,结果能否满足要求?若不能满足要求,请增设电流反馈放大器,试画出其系统的原理图和静态结构图,并计算电流反馈放大器的放大系数,这时反馈电阻和比较电压各为多少?

解:考虑 $K_P K_s R_i \gg R_{\Sigma a}$,根据式(1-32),有

$$I_{du} \approx \frac{U_n^* + U_{bj}}{R_i} = \frac{U_n^*}{R_i} + \frac{U_{bj}}{R_i} = \frac{U_n^*}{R_i} + I_{bj}$$

所以

$$\frac{U_n^*}{R_i} = I_{du} - I_{bj}$$

$$R_i = \frac{U_n^*}{I_{du} - I_{bj}} \geqslant \frac{U_n^*}{2I_N - 1.2 I_N}$$

$$= \frac{30}{0.8 \times 15} = 2.5(\Omega)$$

且

$$U_{bj} = I_{bj} R_i \geqslant 1.2 I_N R_i = 1.2 \times 15 \times 2.5 = 45(\text{V})$$

上述

$$R_i = 2.5 > \frac{1}{3} R_{\Sigma a} = \frac{1}{3}(R_a + R_n) = \frac{1}{3}(2+1) = 1(\Omega)$$

显然不能满足要求,故应增设电流反馈放大器。其系统的原理图和静态结构图如图 1-15 和图 1-16 所示。

因为要求电流反馈电阻不超过主电路总电阻的 1/3,所以 R_i 取 1Ω。这时,比较电压为

$$U_{bj} = I_{bj} R_i = 1.2 I_N R_i = 1.2 \times 15 \times 1 = 18(\text{V})$$

依据式(1-34),则电流反馈放大器的放大系数为

$$K_T \approx \frac{U_n^*}{(I_{du} - I_{bj}) R_i} = \frac{30}{0.8 \times 15 \times 1} = 2.5$$

如果允许,也可以重新调整系统,使 $U_n^* = 12\text{V}$ 时,对应最高转速 $n_N = 1500\text{r/min}$,这时,R_i 计算为 1Ω,就不用增设电流反馈放大器了。

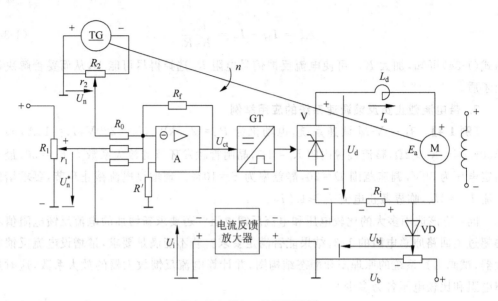

图 1-15　例 1-4 系统原理图

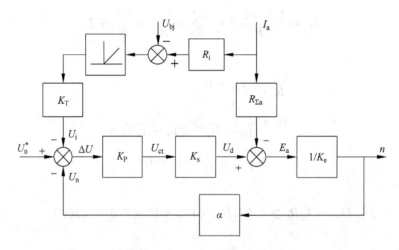

图 1-16　例 1-4 系统静态结构图

【例 1-5】　某调速系统的原理图如图 1-17 所示。已知电动机参数：$P_N = 30\text{kW}$，$U_N = 220\text{V}$，$I_N = 157.8\text{A}$，$n_N = 1000\text{r/min}$，$R_a = 0.1\Omega$；晶闸管整流装置：三相桥式，放大系数 $K_s = 40$，等效内阻 $R_n = 0.3\Omega$；比例调节器采用普通集成运算放大器电路，最大给定电压为 15V；电流检测：当主电路电流最大时，整定电流检测输出电压为 $U_{bm} = 10\text{V}$；系统调速指标：调速范围 $D = 50$，静差率为 $s \leqslant 10\%$，$I_{amax} \leqslant 1.5I_N$，$I_{bj} \geqslant 1.1I_N$。试画出调速系统的静态结构图，并计算：

(1) 反馈系数 α、β；

(2) 调节器放大系数 K_P；

(3) 电阻 R_0、R_1 的数值；

(4) 电阻 R_2 的数值和稳压管 VST 的稳压值。

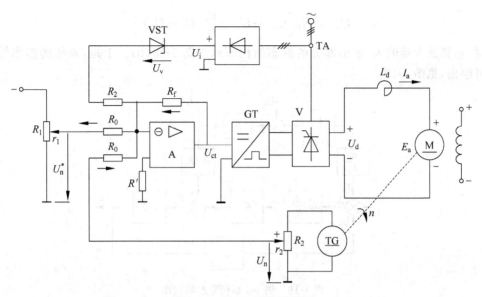

图 1-17　例 1-5 系统原理图

解：先绘制静态结构图。

当电流反馈被截止时，只有转速负反馈，根据反相输入端的 $\sum I = 0$，有

$$\frac{U_n^*}{R_0} = \frac{U_n}{R_0} + \frac{U_{ct}}{R_1}$$

因此

$$U_{ct} = \frac{R_1}{R_0}(U_n^* - U_n) = K_P(U_n^* - U_n)$$

这时，放大器输入、输出部分的静态结构图可以画成图 1-18(a) 的样子。以上公式和结构图中 U_n^*、U_n、U_{ct} 各变量都取正值，它们的极性已在图 1-17 所标明的电流方向上考虑进去了。

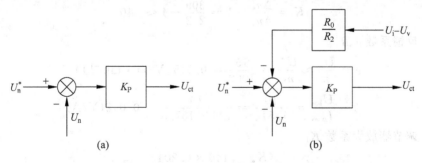

图 1-18　例 1-5 运算放大器输入和输出部分的静态结构图

(a) $U_i \leqslant U_v$ 时；(b) $U_i > U_v$ 时

当主电流超过截止值后，$U_i > U_v$，电流反馈投入，则有

$$\frac{U_n^*}{R_0} = \frac{U_n}{R_0} + \frac{U_i - U_v}{R_2} + \frac{U_{ct}}{R_1}$$

因此

$$U_{ct} = K_P\left[U_n^* - U_n - \frac{R_0}{R_2}(U_i - U_v)\right]$$

这时,运算放大器输入、输出部分的静态结构图示于图 1-18(b)。于是,系统的静态结构图可绘出,见图 1-19。

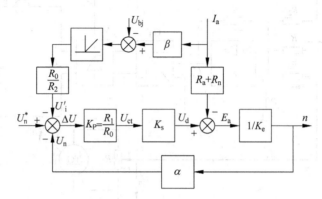

图 1-19　例 1-5 系统静态结构图

预备参数计算。电动机电势系数

$$K_e = \frac{U_N - I_N R_a}{n_N} = \frac{220 - 157.8 \times 0.1}{1000} = 0.204(\text{V}/(\text{r} \cdot \text{min}^{-1}))$$

系统开环静态速降

$$\Delta n_k = \frac{I_N R_{\Sigma a}}{K_e} = \frac{I_N(R_n + R_a)}{K_e} = \frac{157.8 \times (0.3 + 0.1)}{0.204} = 309(\text{r/min})$$

调速要求所允许的静态速降

$$\Delta n_b = \Delta n_N = \frac{n_N s}{D(1-s)} = \frac{1000 \times 0.1}{50(1 - 0.1)} = 2.2(\text{r/min})$$

闭环系统的开环放大系数为

$$K = \frac{\Delta n_k}{\Delta n_b} - 1 = \frac{309}{2.2} - 1 \approx 140$$

(1) 反馈系数 α、β

$$\alpha = \frac{U_n}{n} \approx \frac{U_n^*}{n_N} = \frac{15}{1000} = 0.015(\text{V}/(\text{r} \cdot \text{min}^{-1}))$$

$$\beta = \frac{U_{bm}}{I_{amax}} = \frac{10}{1.5 I_N} = \frac{10}{1.5 \times 157.8} = 0.042(\text{V/A})$$

(2) 调节器放大系数 K_P

$$K_P = \frac{K K_e}{K_s \alpha} = \frac{140 \times 0.204}{40 \times 0.015} = 47.6$$

(3) 电阻 R_0、R_1 的数值

对于一般集成运算放大器,其输入电阻在 0.5～2MΩ 范围,应使 R_0 不大于输入电阻的 1/10,因此这里取 $R_0 = 20\text{k}\Omega$。于是

$$R_1 = K_P R_0 = 47.6 \times 20 = 952(\text{k}\Omega)$$

取 $R_1 = 960\text{k}\Omega$。

（4）比较电压为

$$U_{bj} = U_v = I_{bj}\beta = 1.1 I_N \beta = 1.1 \times 157.8 \times 0.042 \approx 7.3 (V)$$

稳压管 VST 的稳压值应取 $U_v = 7.3V$。

由

$$U_n^* = K_T(U_{bm} - U_{bj}) = \frac{R_0}{R_2}(U_{bm} - U_v)$$

有

$$K_T = \frac{R_0}{R_2} = \frac{U_n^*}{U_{bm} - U_v} = \frac{15}{10 - 7.3} = 5.56$$

可得

$$R_2 = \frac{R_0}{5.56} = \frac{20}{5.56} = 3.6(k\Omega)$$

取 $R_2 = 3.6k\Omega$。

1.5　静态无差调速系统

前面介绍的调速系统都是有静差的，即静态偏差不为零，所以叫做有静差调速系统。采用无静差调节系统（简称无差系统），可以消除偏差。其特点是：系统稳定时，输出信号的反馈量等于给定量，即偏差（误差）等于零。

1.5.1　实现无静差的原理

有静差自动调速系统产生静差的根本原因是放大器的放大倍数 $K_P = R_f/R_0$，放大器的输出等于其输入的 K_P 倍，输入必须有值，输出才能有值，才能控制系统运行。若比例放大器输入为零，则输出也为零，系统便不能控制。放大器的输入是转速给定减去转速反馈等于偏差，即 $\Delta U = U_n^* - U_n$，偏差 ΔU 不为零，系统的静差就不为零。

实现无静差的原则就是设法消除 ΔU，使 $\Delta U = 0$，放大器的输出还能保持有输出电压值，从而使系统保持正常的转速运行。把放大器的比例放大性质改为积分性质，叫积分调节器，可以实现上述目的。

带积分调节器的转速负反馈调速系统如图 1-20 所示。图 1-20（a）是原理框图，图 1-20（b）是其静态结构图。

对于比例（P）调节器，无论在稳定状态下或过渡过程中，其放大倍数均为 $K_P = R_f/R_0$；而对积分（I）调节器，其输出不是输入的比例，而是输入的积分，数学表达式为

$$U_{ct} = \frac{1}{\tau}\int \Delta U_n dt$$

式中：$\tau = R_0 C$ 为积分时间常数。如果 ΔU 是阶跃函数，则 U_{ct} 按线性增长，每一时刻 U_{ct} 的大小和 ΔU 与横轴所包围的面积成正比，如图 1-21（a）所示。如果 $\Delta U = f(t)$ 是如图 1-21（b）所示的那样（负载变化时的偏差电压即为此波形），同样按照 ΔU 与横轴所包围面积成正比的关系可求出相应的 $\Delta U = f(t)$ 曲线。图 1-21 中 ΔU 的最大值对应于 $\Delta U = f(t)$ 的拐点处。

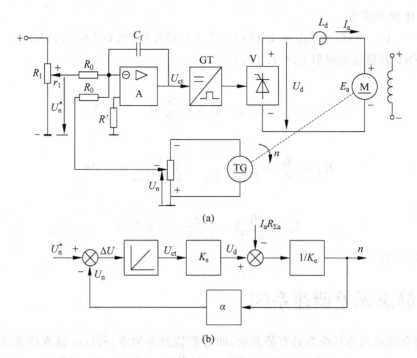

图 1-20 积分调节器在自动调速系统中的应用

(a) 原理图; (b)静态结构图

由图 1-21(b)可见,在动态过程中,由于转速变化而使 ΔU 变化时,只要其极性不变,也就是说,只要仍是 $U_n^* > U_n$,积分调节器输出电压 U_{ct} 便一直增长;只有到达 $\Delta U=0$ 时,U_{ct} 才停止上升;不到 ΔU 变负,U_{ct} 不会下降。在这里,值得特别强调的是,当 $\Delta U=0$ 时,U_{ct} 并不是零,而是一个恒定的终值 U_{ctf},这是积分控制和比例控制的明显区别。正因为这样,积分控制可以使系统在偏差电压为零时保持恒速运行,从而得到无静差调速。由此可见,系统在稳态运行时,偏差电压 ΔU 必为零。因为,若 $\Delta U \neq 0$,则 U_{ct} 将继续变化,就不会稳定运行。假设突加负载引起动态速降时产生 ΔU,达到新的稳态时,ΔU 又恢复到零,但是 U_{ct} 已发生变化,上升到另一个新值。这里的 U_{ct} 改变并非仅仅依靠 ΔU 本身,而是依靠 ΔU 在一段时间内的积累实现的。

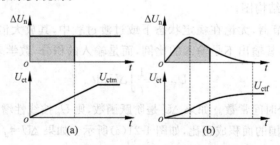

图 1-21 积分调节器的输入和输出动态过程

(a) ΔU_n 为阶跃函数; (b) ΔU_n 为一特定函数

将以上的分析归纳起来,可以得到下面论断:比例调节器的输出只取决于输入偏差量的现状,而积分调节器的输出则包含了输入偏差量的全部历史。虽然现在 $\Delta U = 0$,只要历史上有过 ΔU,其积分就有一定数值,就能产生足够的控制电压 U_{ct},保证新的稳态运行。比例控制规律和积分控制规律的根本区别就在于此。

从另一角度看,在稳定状态下,积分调节器的反馈回路(电容器 C)相当于开路,放大倍数近于开环放大倍数,其数值很大使系统静态偏差极小,因而实现了无差调节。

然而,在过渡状态下,因电容器流过充电电流,相当于短路,调节器等效放大倍数比稳态时大为降低,而且调节器的输出电压对输入电压有明显的滞后作用,开始时没有输出电压,随着时间的增长,输出电压缓慢上升,使调节时间拉长,系统的动态指标变差。为了弥补这种不足,在调速系统工程中一般采用比例积分(PI)调节器。其中比例部分的作用是缩短调节时间,而积分部分的作用是最后消除静态偏差。

1.5.2　无静差系统的调节过程

带比例积分调节器的转速负反馈系统如图 1-22 所示。比例积分调节器的输出电压由两部分组成,一部分是比例部分,另一部分是积分部分。为方便说明,先将这两部分的调节作用分开考虑,然后再叠加起来,获得总效果。

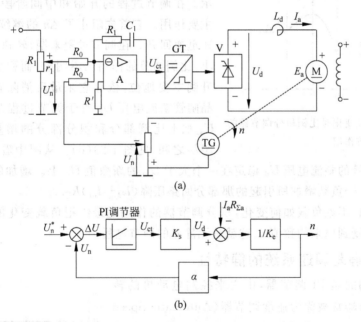

图 1-22　带比例积分调节器的自动调速系统
(a) 原理图;(b) 静态结构图

以负载增加情况为例,如图 1-23 所示。当电动机的负载转矩在 t_1 瞬间突然由 T_1 增加到 T_2 时,见图 1-23(a),电动机转速开始下降,偏离给定值 n 而产生转速降落 Δn。通过测速发电机反馈,PI 调节器输入端的偏差电压 $\Delta U_n = U_n^* - U_n > 0$,于是消除偏差的调节过程开始。

比例输出部分的调节作用。由于比例输出没有惯性,其数值等于 $\Delta U_n K_P = \Delta U_n (R_1/R_0)$,

使晶闸管整流电压增加 ΔU_{d1},见图 1-23(c)曲线 1,这个增量电压使电动机转速迅速回升。ΔU_{d1} 与偏差电压 ΔU_n 成正比,转速偏差 ΔU_n 越大,ΔU_{d1} 也越大,因而它的调节作用越强,电动机转速回升也就越快。当转速升到原值 n 以后,ΔU_{d1} 也减到零。

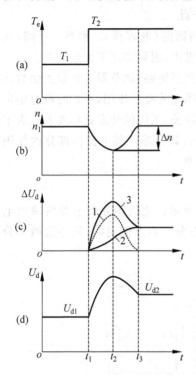

图 1-23　负载变化时比例积分调节器的调节作用

积分部分的调节作用主要是在调节过程的后一段。积分部分的输出电压等于偏差电压 ΔU_n 在一段时间内的积累(积分),因而由于积分作用使晶闸管整流电压增加的那一部分电压 ΔU_{d2} 也是偏差电压 ΔU_n 的积分。$\Delta U_{d2} \equiv \Delta U_n \cdot \Delta t$ 或 $\Delta U_n \equiv \Delta U_{d2}/\Delta t$,就是说 ΔU_{d2} 的增长速度与偏差电压 ΔU_n 成正比。开始时 Δn 很小,ΔU_{d2} 增加得很慢,当 Δn 最大时,ΔU_{d2} 增加得最快,在调节后期 Δn 减少了,ΔU_{d2} 的增加又慢了,ΔU_{d2} 一直到 Δn 完全等于零时才不再继续增加,以后就一直保持这个数值不变,见图 1-23(c)曲线 2。

比例作用与积分作用的综合效果用曲线 3 表示。在调节过程的开始和中间阶段,比例调节起主要作用。它首先阻止了 Δn 的继续增大,并使转速迅速回升。在调节过程末期,转速偏差 Δn 已很小,比例调节的作用已不明显,而积分调节作用上升到主要地位,依靠它来最后消除转速偏差 Δn。晶闸管整流电压 U_d 等于调节过程开始时的数值 U_{d1} 加上比例部分和积分部分的增量电压 ΔU_{d1}、ΔU_{d2} 之和,见图 1-23(d)。从图中看出,调节过程结束时,晶闸管的整流电压 U_d 稳定在一个大于 U_{d1} 的新数值 U_{d2} 上。增加的那一部分电压恰好补偿由于负载增加所引起的那部分回路压降 $(I_{d2}-I_{d1})R_{\Sigma a}$。

可以看出,不论负载如何变化,积分调节器的作用是最终把负载变化的影响完全补偿,使转速恢复到原来的数值 n,这就是无静差的调节过程。

1.5.3　无静差调速系统的静特性

这里使用的是 PI 调节器,由它来控制电动机的转速。这种调节器常被称为速度调节器(Automatic Speed Regulator,ASR)。在调节过程结束后,进入静态,电动机的转速恢复到给定转速 n,速度调节器的输入偏差电压 $\Delta U_n=0$,而速度调节器的输出电压 U_{ct},由于积分的作用,稳定在一个大于 U_{ct1} 的新值 U_{ct2} 上。电动机负载越大,晶闸管装置和速度调节器的输出电压也越增大,最终使速度偏差 Δn 等于零。由此获得的系统静特性是最硬的理想静特性,即一条平行于横轴的直线,如图 1-24

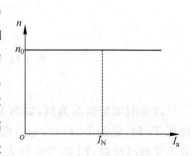

图 1-24　无静差调速系统理想静特性

所示。无论负载如何变化,系统输出的速度只有一个值,就是 $n=n_N=n_0$。

1.5.4　无静差直流调速系统举例

图 1-25 是一个无静差直流调速系统的例子。其中采用比例积分调节器以实现无静差,并采用电流截止负反馈以限制动态过程的冲击电流。TA 为检测电流的交流互感器,经过整流后得到电流反馈信号 U_i。当电流超过截止电流 I_{bj} 时,U_i 高于稳压管 VST 的击穿电压,使晶体管 VT 导通,PI 调节器的输出与输入短路,输出电压 U_{ct} 等于虚地点电位,接近于零,则晶闸管整流装置输出电压急剧下降,达到限制电流的目的。

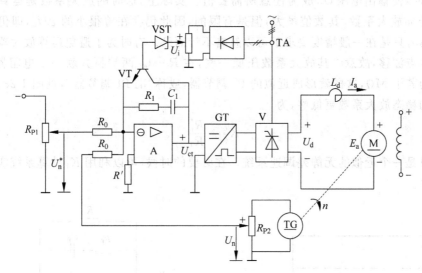

图 1-25　无静差直流调速系统举例

当电动机电流低于其截止值时,上述系统的静态结构图示于图 1-26,其中代表 PI 调节器的方框中无法用放大系数表示,这里画出它的输出特性,以表明是比例积分作用。

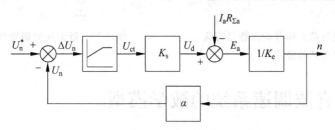

图 1-26　无静差直流调速系统静态结构图($I_a < I_{bj}$)

这种无静差系统的理想静特性如图 1-27 所示。当 $I_a < I_{bj}$ 时,系统无静差,静特性是不同转速的一族水平直线。当 $I_a \geqslant I_{bj}$ 时,电流截止负反馈起作用,静特性急剧下降。整个静特性近似成方形。

由于系统无静差,不能像有静差调速系统那样根据稳态调速指标来计算。根据稳态时 PI 调节器的输入电压,给定电压与反馈电压相等,因此可以按下式计算转速反馈系数:

$$\alpha = \frac{U_{nmax}^*}{n_{max}} \tag{1-35}$$

式中：n_{max} 为电动机运行中的最高转速；U_{nmax}^* 为转速给定电压最大值,根据运算放大器和稳压电源的情况选定。电流截止环节的参数很容易根据其电路和截止电流 I_{bj} 值算出。至于 PI 调节器的参数 K_{PI} 和 τ ,都是按照动态校正的要求计算的。

严格地说,"无静差"只是理论上的,因为积分或比例积分调节器在稳态时电容两端电压不变,相当于开路,这时运算放大器的放大系数理论上为无穷大,所以才能在输入电压 $\Delta U_n = 0$ 时,使输出电压 U_{ct} 成为任意所需要值。实际上,这时的放大系数是运算放大器本身的开环放大系数,其数值虽大,但是有限的,因此仍存在着很小的 ΔU_n,即仍有很小的静差 Δn,只是在一般精度要求下可以忽略不计而已。有时为了避免运算放大器长期工作时的零点漂移,故意将其放大系数压低一些,在 R_f—C_f 两端再并联一个电阻器 R_f',其值一般为若干 MΩ,这样就形成近似的 PI 调节器,或称"准 PI 调节器",见图 1-28。这时,调节器的稳态放大系数更低些,为

$$K_P' = \frac{R_f'}{R_0} \tag{1-36}$$

系统也只是一个近似的无静差调速系统。在必要的时候,可以利用 K_P' 计算系统实际存在的静差率。

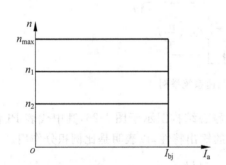

图 1-27 带电流截止环节的无静差直流
调速系统的静特性

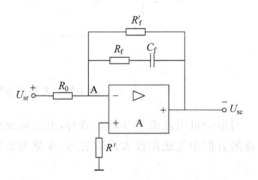

图 1-28 近似比例积分调节器

1.6 闭环直流调速系统的数学模型

前面讨论了反馈控制闭环直流调速系统的稳态性能及分析与设计方法。引入转速负反馈,且放大系数足够大时,就可以满足系统的稳态性能要求。然而,放大系数过大可能会引起闭环系统不稳定,导致系统不能正常工作。因此,还要解决调速系统的稳定性等动态品质(包括加、减速和过渡过程)问题,使系统同时满足各种静、动态指标要求。

显然,研究系统的动态物理过程首先应该建立其数学模型。对于连续的线性定常系统,其数学模型是常微分方程。建立数学模型的基本步骤如下:

① 根据系统中各环节的物理规律,列出描述该环节动态过程的微分(或代数)方程;

② 求出各环节的传递函数;

③ 组成系统的动态结构图并求出系统的传递函数。

1.6.1 额定励磁下直流电动机的传递函数

1. 电动机等效电路

图 1-29 绘出了额定励磁下他励直流电动机的等效电路,其中电枢回路电阻 $R_{\Sigma a}$ 和电感 $L_{\Sigma a}$ 包含整流装置内阻和平波电抗器电阻与电感在内,规定的正方向如图 1-29 所示。

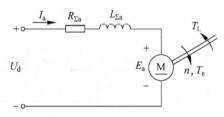

图 1-29　直流电动机等效电路

假定主电路电流连续,可列出微分或代数方程,主电路电压方程为

$$U_d = R_{\Sigma a} I_a + L_{\Sigma a} \frac{di_a}{dt} + E_a \qquad (1\text{-}37)$$

式中:$E_a = K_e n$ 为额定励磁下的感应电势;$R_{\Sigma a}$ 为包含整流装置内阻在内的电枢回路总电阻;L 为电枢回路总电感。当忽略粘性摩擦,其动力学方程为

$$T_e - T_L = \frac{GD^2}{375} \cdot \frac{dn}{dt} \qquad (1\text{-}38)$$

式中:$T_e = K_m I_a$ 为额定励磁下的电磁转矩,N·m;$T_L = K_m I_L$ 为包括电机空载转矩在内的负载转矩,N·m;$K_m = \frac{30}{\pi} K_e$ 为电动机额定励磁下的转矩电流比,(N·m)/A;I_L 为包括电机空载转矩在内的负载电流;GD^2 为电力拖动系统运动部分折算到电机轴上的飞轮惯量,N·m^2。再定义时间常数 $\tau_m = \frac{L_{\Sigma a}}{R_{\Sigma a}}$ 为电枢回路电磁时间常数,s;$\tau_m = \frac{GD^2 \cdot R_{\Sigma a}}{375 K_e K_m}$ 为电力拖动系统的机电时间常数,s。

将诸参数代入微分方程式(1-37)和式(1-38)并整理,得

$$U_d - E_a = R_{\Sigma a}\left(I_a + \tau_a \frac{di_a}{dt}\right) \qquad (1\text{-}39)$$

$$I_a - I_L = \frac{\tau_m}{R_{\Sigma a}} \cdot \frac{dE_a}{dt} \qquad (1\text{-}40)$$

2. 传递函数及动态结构图

在零初始条件下,取等式(1-39)、式(1-40)两侧的拉氏变换,得到电压与电流间的传递函数

$$\frac{I_a(s)}{U_d(s) - E_a(s)} = \frac{1/R_{\Sigma a}}{1 + \tau_a s} \qquad (1\text{-}41)$$

电流与电动势间的传递函数

$$\frac{E_a(s)}{I_a(s) - I_L(s)} = \frac{R_{\Sigma a}}{\tau_m s} \qquad (1\text{-}42)$$

式(1-41)和式(1-42)的动态结构图分别是图 1-30(a)和图 1-30(b)。将两式合并在一起,再考虑到 $n = E_a/K_e$,即得到额定励磁下直流电动机的动态结构图,如图 1-30(c)。由图可知,直流电动机有两个输入量,一个是理想空载整流电压 U_d(或用 U_{d0} 表示),另一个是负载电流 I_L。前者是控制输入量,后者是扰动输入量。如果不需要在结构图中表现出

电流 I_a，可将扰动量 I_L 的综合点前移，再进行等效变换，得到图 1-31(a)。如果是理想空载，则 $I_L=0$，结构图便可简化成图 1-31(b)。

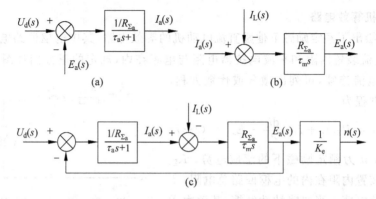

图 1-30　额定励磁下直流电动机的动态结构图

(a) 式(1-41)；(b) 式(1-42)；(c) 直流电动机

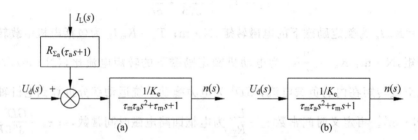

图 1-31　直流电动机动态结构图的变化和简化

(a) $I_L\neq0$；(b) $I_L=0$

由图 1-31(b)可以看出，额定励磁下的直流电动机是一个二阶线性环节，τ_m、τ_a 两个时间常数分别表示机电惯性和电磁惯性。若 $\tau_m>4\tau_a$，则传递函数可以分解成两个惯性环节，突加给定时转速呈单调变化；若 $\tau_m<4\tau_a$，则直流电动机是一个二阶振荡环节，机电和电磁能量在互相转换中使电动机的运动过程带有振荡的性质。

1.6.2　晶闸管触发和整流装置的传递函数

晶闸管整流装置由触发电路控制，在分析系统时把它们处理成一个环节。这一环节的输入量是触发电路的控制电压 U_{ct}，输出量是理想空载整流电压 U_d。如果把它们之间的放大系数 K_s 看成常数，则整个晶闸管触发与整流装置可以看成是一个具有纯滞后的放大环节，其滞后效应由晶闸管的失控时间决定。

1.　晶闸管的失控时间

由晶闸管工作原理可知，晶闸管一旦导通，控制电压的变化在该器件关断以前就不再起作用，直到下一个脉波的触发脉冲到来时才能使输出整流电压发生变化，这是造成整流电压滞后于控制电压的根本原因。以单相全波纯电阻负载整流波形为例，见图 1-32。

假设在 t_1 时刻某一对晶闸管触发导通，控制角 α_1。如果控制电压在 t_2 时刻发生变化，由 U_{ct1} 突降到 U_{ct2}，但由于晶闸管已经导通，U_{ct} 的改变对它已不起作用，平均整流电压 U_{d1} 并不会立即产生反应，只有等到 t_3 时刻该器件关断以后，触发脉冲才有可能控制另外一对晶闸管。设 U_{ct2} 对应的控制角为 α_2，则另一对晶闸管在 t_4 时刻才导通，平均整流电压变成 U_{d2}。假设平均整流电压是在自然换相点变化的，则从 U_{ct} 发生变化到 U_d 发生变化之间的时间 τ_s 便是失控时间。

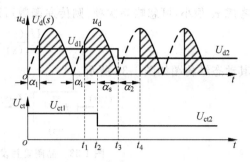

图 1-32　晶闸管触发和整流装置的失控时间

显然，失控时间 τ_s 是随机的，它的大小随 U_{ct} 发生变化的时刻而改变，最大可能的失控时间就是两个自然换相点之间所对应的时间，与交流电源频率和整流电路形式有关，由下式确定：

$$\tau_{smax} = \frac{1}{mf} \tag{1-43}$$

式中：f 为交流电源频率；m 为一个周期内整流电压的脉波数。

从相对整个系统的响应时间来看，τ_s 是不大的，在一般情况下，可取其统计平均值 $\tau_s = \frac{1}{2}\tau_{smax}$，并认为是常数。也可按最严重的情况考虑，取 $\tau_s = \tau_{smax}$。但本书所涉及的讨论均使用平均值。表 1-2 列出了不同整流电路的失控时间。

表 1-2　各种整流电路的失控时间（$f = 50\,\text{Hz}$）　　　　单位：ms

整流电路形式	最大失控时间 τ_{smax}	平均失控时间 τ_s
单相半波	20	10
单相桥式（全波）	10	5
三相半波	6.67	3.33
三相桥式，六相半波	3.33	1.67

2. 等效传递函数

用单位阶跃函数来表示滞后，则晶闸管触发和整流装置的输入/输出关系为

$$U_d = K_s U_{ct} \cdot 1(t - \tau_s)$$

根据拉氏变换的位移定理，晶闸管装置的传递函数为

$$\frac{U_d(s)}{U_{ct}(s)} = K_s e^{-\tau_s s} \tag{1-44}$$

由于式（1-44）中包含指数项 $e^{-\tau_s s}$，使系统成为非最小相位系统，分析和设计都比较麻烦。为了简化，先将 $e^{-\tau_s s}$ 按泰勒级数展开，则式（1-44）变成

$$\frac{U_d(s)}{U_{ct}(s)} = K_s e^{-\tau_s s} = \frac{K_s}{e^{\tau_s s}} = \frac{K_s}{1 + \tau_s s + \frac{1}{2!}\tau_s^2 s^2 + \frac{1}{3!}\tau_s^3 s^3 + \cdots}$$

考虑 τ_s 很小,可忽略高次项,则传递函数可近似成一阶惯性环节,即

$$\frac{U_d(s)}{U_{ct}(s)} \approx \frac{K_s}{1+\tau_s s} \tag{1-45}$$

其动态结构图如图 1-33 所示。

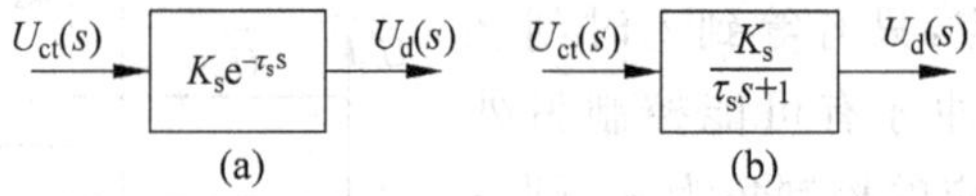

图 1-33　晶闸管触发和整流装置动态结构图
(a) 标准结构图;(b) 近似结构图

在实际工程中,究竟 τ_s 小到什么程度,才可以采用近似式(1-45),是一个应该明确回答的问题。通过式(1-44)的泰勒级数展开式,并把它变换成频率特性,可以证明,将晶闸管触发和整流装置看成一阶惯性环节的工程近似条件是

$$\omega_c \leqslant \frac{1}{3\tau_s} \tag{1-46}$$

式中:ω_c 是反馈控制闭环调速系统开环频率特性的截止频率。

式(1-46)的物理意义是,只要 $1/\tau_s$ 处于调速系统截止频率 ω_c 的 3 倍频率以外,就认为 τ_s 足够小,晶闸管触发和整流装置可以作为一阶惯性环节近似处理。

1.6.3　调节器和测速发电机的传递函数

1. 比例放大器和测速发电机

比例放大器和测速发电机的响应都可以认为是瞬时的,因为它们的放大系数就是它们的传递函数,即

$$\frac{U_{ct}(s)}{\Delta U(s)} = K_P \tag{1-47}$$

$$\frac{U_n(s)}{n(s)} = \alpha \tag{1-48}$$

2. 积分(I)调节器传递函数

在比例调节器的反馈回路中用电容器 C_f 代替 R_f,就构成积分(I)调节器,如图 1-34 所示。由虚地点 A 假设,可以推导出

$$U_{sc} = \frac{1}{C_f}\int I_f dt = -\frac{1}{C_f}\int \frac{U_{sr}}{R_0}dt$$

$$= -\frac{1}{\tau_0}\int U_{sr} dt \tag{1-49}$$

式中:$\tau_0 = R_0 C_f$ 为积分时间常数。拉氏变换后,得到积分调节器的传递函数为

$$W_I(s) = \left|\frac{U_{sc}}{U_{sr}}\right|(s) = \frac{1}{\tau_0 s} \tag{1-50}$$

由式(1-49)可以看出,输出电压 U_{sc} 随时间的增长而增加,当积分时间常数 τ_0 一定时,输入电压 U_{sr} 越大,则输出电压 U_{sc} 的增长速度越快;当输入电压 U_{sr} 一定时,积分时间常数 τ_0 越大,则输出电压 U_{sc} 的增长速度越慢。在积分过程中,如果输入信号 U_{sr} 减小到零,则积分调节器的输出电压保持不变。也就是前面分析过的,它包含了输入偏差量的全部历史,只要存在过偏差量,则积分值必定会保持一定数值,产生一定的输出电压,该性能

称为积分调节器的记忆作用或保持作用。

3. 比例积分(PI)调节器传递函数

比例积分(PI)调节器线路如图 1-35 所示。在运算放大器的反馈回路中串入的是一个电阻和一个电容。

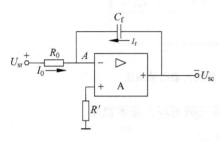

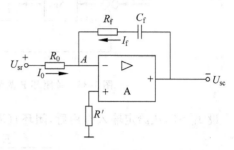

图 1-34　积分调节器(I)原理图　　　　图 1-35　比例积分调节器(PI)原理图

同样由虚地点 A 假设,可推导出

$$U_{sc} = I_f R_f + \frac{1}{C_f}\int I_f \mathrm{d}t = -\left(\frac{U_{sr}}{R_0}R_f + \frac{1}{C_f R_0}\int U_{sr}\mathrm{d}t\right)$$

$$= -\left(K_P U_{sr} + \frac{1}{\tau_0}\int U_{sr}\mathrm{d}t\right) \tag{1-51}$$

式中:$K_P = \dfrac{R_f}{R_0}$ 为比例放大系数;$\tau_0 = C_f R_0$ 为积分时间常数。

对式(1-51)进行拉普拉斯变换,得

$$W_{PI}(s) = \left|\frac{U_{sc}}{U_{sr}}\right|(s) = K_P + \frac{1}{\tau_0 s} = \frac{\tau_0 K_P s + 1}{\tau_0 s} \tag{1-52}$$

也可表示为

$$W_{PI}(s) = \frac{\tau_d s + 1}{\tau_0 s} = K_P\frac{\tau_d s + 1}{\tau_d s} \tag{1-53}$$

式中:$\tau_d = K_P\tau_0 = \dfrac{R_f}{R_0}R_0 C_f = R_f C_f$ 为微分时间常数。

一般 PI 调节器为满足直流调速系统的某些约束条件,在输出端加有不同形式的限幅电路,所以,当输出电压上升到一定数值后会停止上升,并保持在该值上,此值称为限幅值或饱和值。

1.6.4　闭环直流调速系统的数学模型和传递函数

有了各环节的传递函数,按照它们在系统中的相互关系,把它们组合起来,就可以画出系统的动态结构图。仍以 1.2 节中讨论的系统为例,参看图 1-3 和图 1-6。其动态结构图如图 1-36 所示。

由图可知,带比例放大器(P)的闭环直流调速系统是一个三阶线性系统。其开环传递函数是

$$W(s) = \frac{K}{(\tau_s s + 1)(\tau_m \tau_a s^2 + \tau_m s + 1)} \tag{1-54}$$

式中:$K = \dfrac{K_A \alpha}{K_e} = \dfrac{K_P K_s \alpha}{K_e}$。

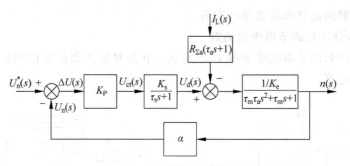

图 1-36　单闭环 P 调节器调速系统的动态结构图

设 $I_L=0$，从给定输入作用看，闭环直流调速系统的闭环传递函数是

$$W_b(s)=\cfrac{\cfrac{K_P K_s / K_e}{(\tau_s s+1)(\tau_m \tau_a s^2 + \tau_m s + 1)}}{1+\cfrac{K_P K_s \alpha / K_e}{(\tau_s s+1)(\tau_m \tau_a s^2 + \tau_m s + 1)}}$$

$$=\cfrac{K_P K_s / K_e}{(\tau_s s+1)(\tau_m \tau_a s^2 + \tau_m s + 1)+K}$$

$$=\cfrac{\cfrac{K_P K_s}{K_e(1+K)}}{\cfrac{\tau_m \tau_a \tau_s}{1+K}s^3 + \cfrac{\tau_m (\tau_a + \tau_s)}{1+K}s^2 + \cfrac{\tau_m + \tau_s}{1+K}s + 1} \qquad (1\text{-}55)$$

若调节器为 I 或 PI 时，可将对应的传递函数替代 K_P，但处理的方法会有所不同。

1.6.5　闭环直流调速系统的稳定条件

1. 比例(P)放大器闭环系统的稳定条件

由式(1-55)可知，转速负反馈单闭环调速系统的特征方程为

$$\frac{\tau_m \tau_a \tau_s}{1+K}s^3 + \frac{\tau_m (\tau_a + \tau_s)}{1+K}s^2 + \frac{\tau_m + \tau_s}{1+K}s + 1 = 0 \qquad (1\text{-}56)$$

它的一般表达式是

$$a_0 s^3 + a_1 s^2 + a_2 s + a_3 = 0$$

根据三阶系统的劳斯-古尔维茨判据，系统稳定的充分必要条件是

$$a_0 > 0, \quad a_1 > 0, \quad a_2 > 0, \quad a_3 > 0, \quad a_1 a_2 - a_0 a_3 > 0$$

显然，式(1-56)的各项系数都是大于零的，因此稳定条件就只有

$$\frac{\tau_m (\tau_a + \tau_s)}{1+K} \cdot \frac{\tau_m + \tau_s}{1+K} - \frac{\tau_m \tau_a \tau_s}{1+K} > 0$$

或

$$(\tau_a + \tau_s)(\tau_m + \tau_s) > (1+K)\tau_a \tau_s$$

整理后，得

$$K < \frac{\tau_m (\tau_a + \tau_s) + \tau_s^2}{\tau_a \tau_s} \qquad (1\text{-}57)$$

式(1-57)的右边部分称作系统的临界放大系数 K_{cr}。当 $K \geqslant K_{cr}$ 时，系统将不稳定。稳定

性是所有控制系统维持其正常工作的首要条件,必须保证。

2. 分析举例

再来研究 1.3 节中稳态参数计算所用的例题。已知 $R_{\Sigma a}=1.0\Omega$, $K_e=0.193\text{V}/(\text{r}\cdot\text{min}^{-1})$, $K_s=44$, $D=10$, $s=0.05$, 系统的开环放大系数应为 $K\geqslant52.77$。又假设已知系统运动部分的飞轮惯量 $GD^2=10\text{N}\cdot\text{m}^2$, 电枢回路总电感 $L_{\Sigma a}=17\text{mH}=0.017\text{H}$。稳定性分析如下。

(1) 计算各时间常数

$$\tau_a=\frac{L_{\Sigma a}}{R_{\Sigma a}}=\frac{0.017}{1.0}=0.017(\text{s})$$

$$\tau_m=\frac{GD^2 R_{\Sigma a}}{375 K_e K_m}=\frac{10\times0.1}{375\times0.193\times0.193\times\dfrac{30}{\pi}}=0.076(\text{s})$$

由表 1-2 查出三相桥式电路的 $\tau_s=0.00167\text{s}$。

(2) 稳定条件判断

开环放大系数应满足式(1-57)的要求,即

$$K<\frac{\tau_m(\tau_a+\tau_s)+\tau_s^2}{\tau_a\tau_s}=\frac{0.076(0.017+0.00167)+0.00167^2}{0.017\times0.00167}=50.1$$

就是说,必须使 $K<50.1$ 才可以保证系统稳定。但这与稳态性能指标要求的 $K\geqslant52.77$ 相互矛盾。

(3) 结果讨论

上述分析表明,反馈控制闭环直流调速系统在满足稳态精度的同时,有可能使系统不稳定。另外在实际上,动态稳定性指标 $K<50.1$ 不仅必须保证,而且还要留有一定裕度,以防参数变化和其他未知因素的影响,也就是说,K 值应该比它的临界值 $K_{cr}=50.1$ 更小一些才行。这样一来,上述矛盾更加突出。

一般采用比例放大器的闭环直流调速系统在稳态精度和动态稳定性之间常常和上例一样是互相矛盾的,系统不易直接使用。

3. 解决方法

根据自动控制原理的理论,解决的方法很多,而且对于同一个系统来说,能够符合要求的方案(校正)也不是唯一的。在电力拖动调速系统中,最常用的方案有串联校正和反馈校正,其中串联校正比较简单,可以很容易地利用现有的 I、PI 等各种调节器来实现,只要动态性能要求不是很高,一般都能达到设计要求。推荐的具体做法详见第 2 章工程设计部分。

1.7　自动调速系统的检测装置

反馈控制虽然可以消除作用在环内一切扰动对输出量的影响,但对检测装置的误差所带来的扰动却无能为力,这就要求检测装置本身尽可能精确。故本节对检测装置做一些讨论。

1.7.1　测速发电机

测速发电机有交流、直流两种。交流测速发电机有结构简单、成本低、无碳刷接触、维

护方便及无碳刷压降造成的误差等优点。但存在相角误差,用于直流控制系统时,还要进行整流变换,影响反馈信号的准确度。因此在大多数情况下,应选用直流测速发电机,而在有些要求不太高的场合,采用一般的直流伺服机也可。

从静态角度看,要求保证测速机输出电压与转速之间有严格的线性关系,其关键是严格保持磁场恒定。直流测速发电机的磁场有两种形式:一种是永磁式的,采用铝镍钴合金做磁极,性能较稳定,但体积稍大些,使用时还要注意所处的环境温度不能太高,不能有剧烈震动,否则永久磁铁的磁性将会很快减弱,甚至消失;另一种是他激式的,体积小,为使激磁电流保持不变,一般采用恒流电源。另外,在测速机使用过程中,要注意负载电流不要过大,否则电枢反应会影响测量精度。当转速很低时,电刷压降和输出电压因换向器造成的脉动也不能忽视。

选用测速机时,一般希望其额定转速与主电动机相适应,否则还要通过齿轮变速,而齿轮间隙会在系统调节过程中引入新的问题。测速机的额定电压要求处于线性范围内,并能满足反馈信号数值的要求。

测速机安装时,对心度要求比较严格。必须使测速发电机与电动机轴有良好的对中,否则输出端就会产生一个周期性的附加信号,这对系统是一个干扰,影响系统稳定运行。为此,最好选用直流电动机-测速发电机的配套机组。为了适应高精度系统的需要,一些微电机厂还可以提供高精度的测速发电机。

在计算机控制系统中,可不使用测速发电机,而采用光电编码等测速装置,直接获得数字信号的速度反馈。

1.7.2　电流检测装置

在 V-M 控制系统中,需要检测主回路电流,并把它变成电压信号,作为电流反馈信号 U_i。对于小容量系统来说,可用串联电阻器的方法,直接从主回路中获取电流反馈信号,如在 1.4 节中讨论的电流截止负反馈系统。但在容量较大的系统中,为了提高系统运行的可靠性,应避免控制回路与主回路之间在电气方面的直接联系。这就需要采用专门的电流检测装置。电流检测可分为直流检测和交流检测两类。所谓直流检测就是直接测量主回路的直流电流,常采用的有直流互感器、霍尔效应电流变换器等;所谓交流检测就是通过测量交流电流来间接反映直流侧的整流电流,交流检测常采用的是交流互感器。由于交流电流检测简便、可靠、能耗小,因此得到了广泛应用。

必须强调指出,对所有电流检测装置的基本要求是输出的低电压不仅一定要与电枢电流成正比关系,而且还要与主回路没有电气上的直接联系。这样,最有效的办法是采用磁耦合的原理进行测量。

1. 交流电流检测装置

在晶闸管全控(不带续流二极管)整流电路中,交流侧电流有效值 I_1(整流变压器副边电流有效值)与直流侧整流电流 I_d 之间,存在着固定的比例关系,即 $I_1 = K_I I_d$,其中比例系数 K_I 因整流电路而异,例如三相桥式整流电路 $I_1 = 0.816 I_d$,$K_I = 0.816$。因此,测量交流电流 I_1,便可间接得到整流电流 I_d 的大小,应用通用标准的交流互感器测量交流电流,既能在一定的准确度下反映主电路电流的大小,又能把控制电路与主电路隔离开来。因此,交流互感器在大、中容量晶闸管系统中得到了普遍应用。为了测量准确,电流互感器的铁芯须用软磁材料,正常工作时应处于不饱和状态。

图 1-37(a)、(b)分别表示了用 3 个互感器和 2 个互感器(按 V 形接法)测量三相桥式整流电路电流的线路。互感器的原边绕组可利用整流变压器副边出线充任,令其先穿过互感器铁心,再接入晶闸管整流电路即可,也就是说,原边匝数为 1。互感器副边绕组接成星形电路,其输出的交变电流 I_2 经二极管三相桥整流后得到直流电流 I_z,经滤波后在电阻 R_z 上输出直流电压 U_i。

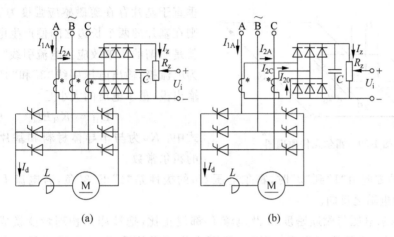

图 1-37　用交流电流互感器检测三相桥式整流电流
(a) 用 3 个交流互感器(丫接); (b) 用 2 个交流互感器(V 接)

V 形接线方式图 1-37(b)为不完全星形接线,比丫形接线省去一个电流互感器,其效果是完全一样的。这是因为在桥式整流线路中,三相电流之和在任一瞬间都为零,所以不完全星形接线(V 接)的电流互感器的零线电流 I_{20},等于星形接线(丫接)电流互感器对应相(即 V 接所缺的 B 相)的副边电流。说明 V 形接线与丫形接线检测电流的效果完全相同。

三相零式整流电路在交流侧含有直流成分,采用图 1-38 曲折接法便可避免直流分量对互感器工作的影响。

在使用交流互感器时,注意不能让其副边开路。因为原边电流决定于直流回路,不像普通变压器那样原边电流由副边负载决定。若副边开路,则电流为零,原副两边安匝平衡关系被破坏,原边电流全部成为激磁电流,将产生变化率极大的磁通并使铁心中磁通猛增,从而在副边绕组中感应出击穿电压,以致危及人身安全和设备安全。在进行控制单元的布线安装时,必须采取相应的安全措施。

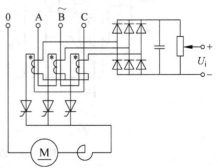

图 1-38　曲折接线检测三相零式电路电流

2. 霍尔效应电流变换器

利用交流互感器间接测量整流电流的方法,只能用在交流侧电流不含直流分量的情况下。当交流侧电流含有直流分量时,就只能直接在直流侧进行电流检测,通常采用由磁放大器所组成的直流互感器或由霍尔元件组成的霍尔变换器。这里只简单介绍霍尔变换器的工作原理和使用方法。

霍尔元件是一种半导体元件,它是半导体电磁效应的应用,图1-39是它的原理图。它的本体是厚度为 d 的半导体基片,如果沿纵长方向通过引线"1"和"2"引入电流 I_c,而

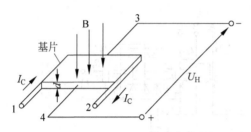

图 1-39 霍尔元件原理图

垂直于基片存在着磁感应强度为 B 的磁场,则在基片的两个长边之间便产生电压 U_H,这就是所谓的霍尔效应。电流引线"1"和"2"称为电流极,输出电压引线"3"和"4"叫做霍尔输出极,霍尔电压的大小是

$$U_H = K_H B I_c$$

式中:K_H 为与半导体材料和基片尺寸有关的霍尔常数。

当 I_c 的方向由"1"到"2"时,霍尔电压 U_H 的极性是"4"正"3"负,若电流 I_c 或磁场反向,U_H 极性也随之反向。

由于霍尔电压与磁通密度 B 及电流 I_c 都成正比,把被测的物理量变换成磁通或电流,都可用霍尔元件检测出来,还可检测两个物理量的乘积,这时可将霍尔元件做成乘法器。

图1-40绘出了用霍尔元件组成直流电流变换器的原理图。绕在 C 型铁心上的绕组流过被检测电流,以产生和被测电流成正比的磁场 B,电流 I_c 则由辅助的恒流电源供给,这样,引出的霍尔电压便是与被测量的电流成正比的信号,而且输出电路与被测电路彼此隔离。霍尔电压是毫伏级的,使用时还须附加电压放大器。由于霍尔元件薄而脆,使用时要注意防护,并应采取措施以屏蔽外界的电磁干扰。

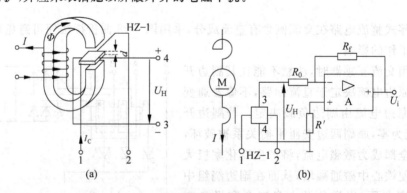

图 1-40 霍尔效应直流电流变换器

(a)结构图;(b)电路图

1.8　小结

本章主要讨论单闭环直流调速系统的若干问题,其目的是对自动调速系统建立全面、完整的认识。

1. 调速系统的基本概念主要有:调速范围 D 和静差率 S 及其关系;开、闭环速降;闭环速降的本质;静特性方程;开、闭环机械特性比较;有静差与无静差等。

2. 由于开环直流调速静态速降大,不能满足具有一定静差率的调速范围的要求,因此引入转速负反馈组成闭环的反馈控制系统。闭环后的基本特征和主要规律是重点理解内容。

3. 解决限流的最有效方法是引入电流截止负反馈装置。为了限制主回路电流,在电流负反馈回路中加入截止装置和比较电压,使得系统在正常工作电流范围内电流负反馈被截止,只有当电流达到一定值 I_{bj} 时,才加入电流负反馈,从而得到由两段特性组成的挖土机特性。

4. 稳态参数的计算方法是本章的另一个重点,包括单环控制系统的开环放大系数 K 和调节器放大系数 K_P,以及限流保护——电流截止负反馈的设计与参数选择等。

5. 比例调节器的输出只取决于输入偏差量的现状,必然有静差;而积分调节器的输出则包含了输入偏差量的全部历史,使 $\Delta U = 0$ 时,积分有一定输出数值,能产生足够的控制电压 U_{ct},保证系统无静差运行。

6. 调速系统各环节的传递函数和动态校正的思路也是本章较为主要的内容。采用比例放大器的闭环直流调速系统在稳态精度和动态稳定性之间常常有相互矛盾,利用调节器兼作校正装置,改造系统的传递函数,从而使静、动态指标均满足要求。

7. 反馈控制虽然可以消除作用在环内一切扰动对输出量的影响,但对检测装置的误差所带来的扰动却无能为力,这就要求检测装置本身应尽可能的精确,故对检测装置进行了讨论。

8. 本章重要的公式有,式(1-4)、式(1-18)、式(1-20)~式(1-24)、式(1-26)~式(1-29)、式(1-32)~式(1-34)、式(1-41)、式(1-42)、式(1-45)、式(1-53)、式(1-57)等。

1.9　习题

1. 什么叫调速范围、静差率? 它们之间有什么关系? 怎样才能扩大调速范围?

2. 某一调速系统,测得的最高速特性为 $n_{0max} = 1500 \text{r/min}$,带额定负载时的速降 $\Delta n_N = 15 \text{r/min}$,最低速特性为 $n_{0min} = 100 \text{r/min}$,额定速降不变,试问系统能达到的调速范围有多大? 系统允许的静差率是多少?

3. 为什么加负载后直流电动机的转速会降低? 它的实质是什么?

4. 某调速系统的调速范围是 $1500 \sim 150 \text{r/min}$,要求静差率为 $s = 2\%$,那么系统允许的静态速降是多少? 如果开环系统的静态速降是 100r/min,则闭环系统的开环放大系数应有多大?

5. 试绘出转速负反馈单闭环调速系统的静态结构图,并写出其静特性方程式。

6. 对于转速单闭环调速系统,改变给定电压能否改变电动机的转速? 为什么? 如果给定电压不变,调整反馈电压的分压比,能不能达到调节转速的目的? 为什么? 如果测速发电机的励磁发生了变化,系统有无克服这种扰动的能力?

7. 某调速系统的开环放大系数为 15 时,额定负载下电动机的速降为 8r/min,如果将开环放大系数提高到 30,它的转速降为多少? 在同样静差率要求下,调速范围可以扩大多少倍?

8. 某调速系统的调速范围 $D=20$,额定转速 $n_N=1500$r/min,开环转速降落 $\Delta n_N = 240$r/min,若要求系统的静差率由 10% 减少到 5%,则系统的开环增益将如何变化?

9. 闭环系统能够降低稳态速降的实质什么?

10. 如果转速闭环调速系统的转速反馈线切断,电动机还能否调速? 如果在电动机运行中,转速反馈线突然断了,会发生什么现象?

11. 在转速负反馈系统中,当电网电压、负载转矩、电动机励磁电流、电枢电阻、测速发电机磁场各量发生变化时,都会引起转速的变化,问系统对上述各量有无调节能力? 为什么?

12. 有一 V-M 调速系统:电动机为 $P_N=3$kW,$U_N=220$V,$I_N=17$A,$n_N=1500$r/min,$R_a=1.5\Omega$;整流装置内阻 $R_{rec}=1\Omega$;触发器-整流环节的放大系数 $K_s=40$。要求系统满足调速范围 $D=25$,静差率 $s\leqslant15\%$。

(1) 计算开环系统的静态速降和调速要求所允许的静态速降。

(2) 采用转速负反馈组成闭环系统,试画出系统的静态结构图。

(3) 调整该系统,使当 $U_n^*=15$V 时,$I=I_N$,$n=n_N$,则转速反馈系数 α 应为多少?

(4) 计算放大器所需放大系数。

13. 在题 12 的转速负反馈系统中增设电流截止环节,要求堵转电流 $I_{du}\leqslant2I_N$,临界截止电流 $I_{bj}\geqslant1.2I_N$,应该选用多大的比较电压和电流反馈电阻? 若要求电流反馈电阻不超过主电路总电阻的 1/4,若做不到,还可以采取什么措施? 试画出系统的原理图和静态结构图,并计算电流反馈放大系数。这时电流反馈电阻和比较电压各为多少?

14. 积分调节器在输入偏差电压 ΔU 为零时,为什么它的输出电压仍能继续保持?

15. 某无静差调速系统稳定运行时,实测参数有:$U_n^*=10$V,$n=1000$r/min。求转速负反馈系数 α。

16. 求额定励磁下直流电动机的传递函数,u_d-E 为输入量,i_a 为输出量。

17. 在无静差调速系统中如果给定电压不稳,测速发电机不精是否会造成系统的偏差?

18. 如何解决调速系统稳态精度和动态稳定性之间的矛盾?

第 2 章

晶闸管直流电动机调速系统及其工程设计

本章以转速、电流双闭环直流调速系统为重点，阐明晶闸管直流电动机调速系统控制的特点、控制规律和设计方法，并用专节叙述"最佳参数设计方法"，即调节器的工程设计方法。这种方法简便，公式表格化，可方便推广到其他各种类型的控制系统上。

转速、电流双闭环调速系统是直流电力拖动最有效的控制方案之一。常用一个电流环再套上转速控制外环的串级结构，也称为电枢区串级控制调速系统。掌握转速、电流双闭环调速系统工作原理和工程设计方法，有非常重要的意义。

2.1 转速、电流双闭环直流调速系统

2.1.1 转速、电流双闭环直流调速系统的形成

1. 单闭环调速系统问题讨论

对于单闭环调速系统，用 PI 调节器可以消除系统的静态误差，同时保证动态的稳定性，可以较好地解决静、动态之间的矛盾。但如果对系统的动态性能要求再高，例如快速起、制动，突加负载动态速降要小，单闭环系统就难以胜任了。这主要是因为在单闭环系统中不能完全按照需要控制动态过程的电流或转矩。

在单闭环直流调速系统中，只有电流截止负反馈环节是专门用来控制电流的，但它只是在超过临界电流 I_{bj} 值以后，靠强烈的负反馈作用限制电流的冲击，不能很理想地控制电流的动态波形。带电流截止负反馈的直流调速系统启动时的电流和转速波形如图 2-1(a)所示。当电流从最大值降下来以后，电流反馈断开。随着转速升高，电动机反电势的增长，转速负反馈也加强，输出电压增加缓慢，电流减小，电机转矩也随之减小，因而加速过程必然增长。

对于某些经常正、反转运行的调速系统，如龙门刨床、可逆轧钢机，缩短启、制动过程时间是提高生产率的重要因素。为此，在电机最大电流（或转矩）受限制的条件下，希望充分利用电机的允许过载能力，在过渡过程中始终保持电流（或转矩）为允许的最大值，使电力拖动系统尽可能获得最大的加速度启动，达到稳态转速后，电流又能立即降低下来，使转矩与负载相平衡，从而转入稳态运行。这样的理想启动过程波形见图 2-1(b)。这时，启动电流波形呈方形波，而转速则是线性增长的。这是在最大电流（或转矩）受限制的条

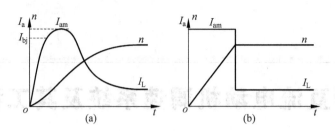

图 2-1   直流调速系统启动过程的电流和转速波形

（a）带电流截止负反馈的单闭环直流调速系统启动过程；（b）理想的快速启动过程

件下调速系统所能得到的理想最快启动过程。

实际上，由于主电路电感的作用，电流不能突变，图 2-1(b)所示的理想波形只能得到近似的逼近，不能完全实现。为了实现在允许条件下最快启动，关键是要获得一段使电流保持为最大值 I_{amax} 的恒流过程。按照反馈控制规律，要想保持一个物理量基本不变，应引入这个物理量的负反馈，采用电流负反馈就能得到近似的恒流过程。问题是希望在启动过程中只有电流负反馈，而不能让它和转速负反馈同时加到一个调节器的输入端；到达稳态转速后，又希望只要转速负反馈，不再让电流负反馈起主要作用。这种既存在转速和电流两种负反馈，又使它们能分别在不同的阶段起作用的系统，对于只有一个调节器的单闭环直流调速系统来说，是很难解决问题的。

2. 转速、电流双闭环直流调速系统的组成原理

为了实现转速和电流两种负反馈分别起作用，在系统中设置两个调节器，分别调节转速和电流，二者之间实行串级连接，如图 2-2 所示，把转速调节器的输出当作电流调节器的输入，再用电流调节器的输出去控制晶闸管整流器的触发装置。这样就形成转速、电流双闭环调速系统。从闭环结构上看，电流调节器在里面的环内，称作内环；转速调节器在外边的环内，称作外环。

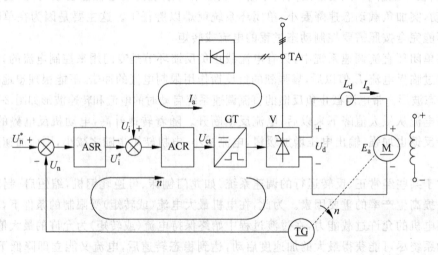

图 2-2   转速、电流双闭环直流调速系统

　　为了获得良好的静、动态性能,转速、电流双闭环调速系统的两个调节器一般都采用 PI 调节器。图 2-3 为双闭环直流调速系统的电路原理图。图中标出了两个调节器输入输出电压的实际极性。因为要求转速给定电压 U_n^* 和转速反馈电压 U_n 的极性相反,电流给定电压 U_i^* 和电流反馈电压 U_i 的极性相反,由晶闸管触发装置 GT 的移相特性要求,可决定电流调节器 ACR 输出电压 U_{ct} 的极性,如系统采用锯齿波移相触发器时,它的移相特性是线性的,要使变流装置工作在整流状态,电动机工作在电动状态,则触发脉冲移相范围要求在 $\alpha = 90° \sim 30°$ 连续变化,如图 2-4 所示。此时触发装置 GT 的控制电压 U_{ct} 的极性为正,且应具有一定的大小。再根据电流调节器和转速调节器输入端的习惯接法,即从反相输入端输入信号,最后按照负反馈的要求,便可确定 U_i^* 为负,U_n^* 为正;U_i 为正,U_n 为负。图 2-3 中还表示出,两个调节器的输出都是带限幅作用的。转速调节器 ASR 的输出限幅电压是 U_{im}^*,它决定了电流给定电压的最大值,这完全取决于电动机的过载能力和系统对最大加速度的需要;电流调节器 ACR 的输出限幅电压是 U_{ctm},主要是限制最小 α 角(α_{min}),从而限制晶闸管整流器输出电压的最大值。

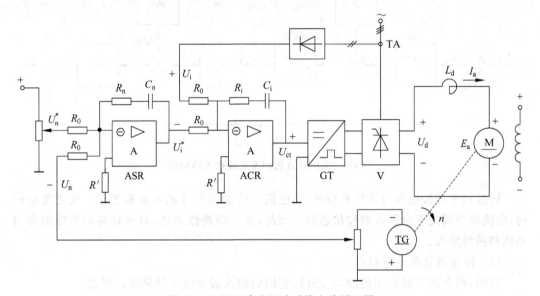

图 2-3　双闭环直流调速系统电路原理图

　　转速给定电压 U_n^* 与转速反馈电压 U_n 比较后,加在转速调节器的输入端,电动机的转速由转速给定电压 U_n^* 确定;ASR 输出电压 U_i^* 作为电流给定电压加在电流调节器的输入端;电流调节器 ACR 的输出电压 U_{ct} 作为控制电压加到晶闸管装置的触发器上,晶闸管装置就在 U_{ct} 作用下输出整流电压 U_d,以保证电动机在给定转速上运转。

　　当系统稳定时,虽然 ΔU_n 和 ΔU_i 都为零,但是由于调节器 ASR 和 ACR 的积分保持作用,使

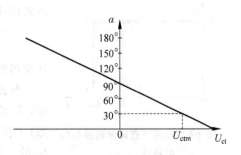

图 2-4　锯齿波触发器的移相特性

ASR 和 ACR 都有恒定的输出值。

2.1.2　双闭环直流调速系统的稳态分析

1. 静态结构图和静特性

为了分析双闭环直流调速系统的静特性,必须先绘出它的静态结构图,如图 2-5 所示。它可根据图 2-3 原理图方便绘出,注意用带限幅的输出特性表示 PI 调节器。分析静特性的关键是 PI 调节器的稳态特征。一般存在两种状况:①调节器饱和,输出达到限幅值;②调节器不饱和,输出未达到限幅值。当调节器饱和时,输出为恒值,输入量的变化不再影响输出,除非有反向的输入信号使调节器退出饱和。换句话说,饱和的调节器暂时隔断了输入和输出之间的联系,相当于使该调节环开环。当调节器不饱和时,正如以前所讨论的那样,PI 作用使输入偏差 ΔU 在稳态时总是为零。

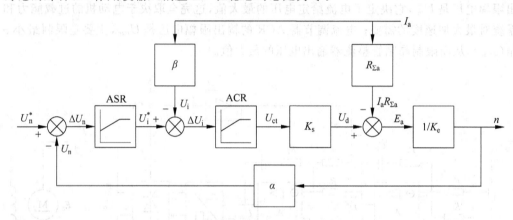

图 2-5　双闭环直流调速系统静态结构图

转速调节器按饱和与不饱和设计,而电流调节器则设计成不饱和状态。在正常运行时,电流调节器是不会进入饱和状态的。因此,对于静特性来说,只有转速调节器饱和与不饱和两种情况。

（1）转速调节器不饱和

这时,两个调节器都不饱和,稳态时,它们的输入偏差电压都是零。因此

$$U_n^* = U_n = \alpha n \tag{2-1}$$

$$U_i^* = U_i = \beta I_a \tag{2-2}$$

由式(2-1)可得

$$n = \frac{U_n^*}{\alpha} = n_0 \tag{2-3}$$

从而得到图 2-6 的 CA 段。

与此同时,由于 ASR 不饱和,$U_i^* < U_{im}^*$,由式(2-2)可知:$I_a < I_{amax}$。这就是说,CA 段特性从 $I_a = 0$(理想空载状态)一直延续到 $I_a = I_{amax}$,而 I_{amax} 一般都是大于额定电流 I_N 的。这就是静特性的运行段。

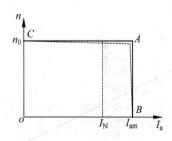

图 2-6　双闭环直流调速系统的
静特性

（2）转速调节器饱和

调节器饱和时，ASR 输出达到限幅值 U_{im}^*，输入量的变化不再影响输出，转速外环呈开环状态。双闭环系统变成一个电流无静差的单闭环系统。稳态时

$$I_a = \frac{U_{im}^*}{\beta} = I_{amax} \tag{2-4}$$

式中：最大电流 I_{amax} 是由设计者选定的，取决于电动机的容许过载能力和拖动系统允许的最大加速度。

式（2-4）所描述的静特性是图 2-6 中的 AB 段。这样的下垂特性只适合于 $n < n_0$ 的情况。因为如果 $n \geqslant n_0$，则 $U_n \geqslant U_n^*$，ASR 输入端偏差电压 ΔU_n 变负，调节器将退出饱和状态。

在正常负载电流时，$I_a < I_{amax}$，转速调节器 ASR 不饱和，依靠 ASR 的调节作用，保证系统具有转速无静差的特性。这时电流调节器只起辅助作用。随着负载电流的增大，ASR 的输出在增大，当负载电流达到 I_{amax} 时，ASR 的输出也进入饱和状态，失去调节作用，转速环呈开环状态。这时在最大给定电流作用下，依靠电流环对电流进行调节，系统由恒转速调节变为恒电流调节。由于电流调节器 ACR 也是一个 PI 调节器，故可实现电流的无静差调节，得到理想的下垂特性，使系统得到保护。这便是采用了两个 PI 调节器分别形成内、外两个闭环的效果。这样的静特性显然比带电流截止负反馈的单闭环调速系统静特性要好。然而实际上运算放大器的开环放大系数并不是无穷大，特别是为了避免零点漂移而采用图 1-28 那样的"准 PI 调节器"时，两段静特性实际上都略有很小的静差，如图 2-6 中虚线所示。

2. 稳态参数计算

由图 2-5 可以看出，当双闭环调速系统工作在稳态时，两个调节器都不饱和，各变量之间有下列关系

$$U_n^* = U_n = \alpha n = \alpha n_0 \tag{2-5}$$

$$U_i^* = U_i = \beta I_a = \beta I_L \tag{2-6}$$

$$U_{ct} = \frac{U_d}{K_s} = \frac{K_e n + I_a R_{\Sigma a}}{K_s} = \frac{K_e U_n^* / \alpha + I_L R_{\Sigma a}}{K_s} \tag{2-7}$$

上述关系表明，在稳态工作点上，转速 n 是由给定电压 U_n^* 决定的，ASR 的输出量 U_i^* 是由负载电流 I_L 决定的，而控制电压 U_{ct} 的大小则同时取决于 n 和 I_a，或者说，同时取决于 U_n^* 和 I_L。这些关系反映了 PI 调节器不同于 P 调节器的特点。比例环节的输出量总是正比于其输入量，而 PI 调节器则不同，其输出量的稳态值与输入无关，而是由它后面环节的参数决定的。好像系统需要 PI 调节器提供多么大的输出值，它就能够提供多少一样，直到饱和为止。其原因很简单，就是因为 U_{ct} 的值，是依靠积分的"历史积累"来平衡给定要求的最终输出值的。

鉴于这一特点，双闭环调速系统的稳态参数计算与单闭环有静差系统完全不同，而是和无静差系统的稳态计算相似，即根据各调节器的给定与反馈值计算有关的反馈系数。转速反馈系数为

$$\alpha = \frac{U_{nm}^*}{n_{max}} \tag{2-8}$$

而电流反馈系数

$$\beta = \frac{U_{im}^*}{I_{amax}} \qquad (2\text{-}9)$$

在设定两个给定电压最大值 U_{nm}^* 和 U_{im}^* 时,要考虑不能超过运算放大器允许的输入电压限制值。

2.2　双闭环直流调速系统的启动过程

2.2.1　双闭环直流调速系统的动态数学模型

　　双闭环调速系统的动态数学模型可在单闭环调速系统动态数学模型的基础上,再考虑双闭环控制的结构绘出。参考图 1-30、图 1-36 和图 2-5,可绘出图 2-7。图 2-7 中 $W_{ASR}(s)$ 和 $W_{ACR}(s)$ 分别表示转速和电流调节器的传递函数。为了引出电流负反馈,在电动机的动态结构图中必须把电流 I_d 表示出来,因此图 1-36 中 U_d 作输入,n 作输出的动态结构取用图 1-30 的传递函数结构。

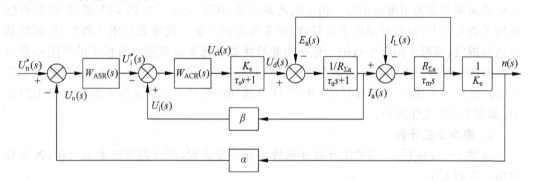

图 2-7　双闭环直流调速系统动态结构图

2.2.2　双闭环直流调速系统的启动过程

　　前文已指出,设置双环控制的一个重要目的就是要获得接近于图 2-1(b)所示的理想启动过程,因此在分析双闭环直流调速系统的动态性能时,有必要首先探讨它的启动过程。通过启动过程的动态分析,可更清楚地了解转速调节器 ASR 及电流调节器 ACR 的调节作用。

　　双闭环直流调速系统突加给定电压 U_n^*,转速 n 由静止状态启动的动态响应波形如图 2-8 所示。给定电压 U_n^* 和转速反馈电压 U_n 波形见图 2-8(a),电流调节器的输出电压 U_{ct}、主回路电流 I_a、转速 n 等的动态响应波形如图 2-8。启动前系统处于静止状态,这时给定信号 $U_n^*=0$,并有 $U_i=0$,$U_{ct}=0$,晶闸管控制角 $\alpha=90°$,整流电压平均值 $U_d=0$,所以电动机停止不动,$n=0$。当输入阶跃信号 U_n^* 时,系统进入启动的动态过程,整个过渡过程按电流波形分为 Ⅰ、Ⅱ、Ⅲ 三个阶段。

1. 电流上升阶段

第 Ⅰ 阶段为电流上升阶段,对应图 2-8 中时间段 $0\sim t_1$。

启动开始,转速调节器 ASR 的输入端突加给定电压 U_n^* 瞬间,由于电动机尚未转动,速度反馈 U_n 为零,所以速度调节器的输入信号很大。由于速度调节器的放大系数大,其输出很快饱和达到限幅值 U_{im}^*。即使在启动过程中,转速负反馈信号 U_n 不断上升,但只要转速未超过给定值,则转速调节器 ASR 的输入偏差电压 $\Delta U_n = U_n^* - U_n$ 的极性将保持为正。因此,其输出将一直处于最大限幅值 U_{im}^* 上,这相当于速度调节环处于开环状态。ASR 对系统的作用仅仅是对电流调节器发出最大电流指令。

在 ASR 的 U_{im}^* 作用下,电流调节器 ACR 的输出 U_{ct} 也有一跃变,只因其比例系数设计得较小,U_{ct} 达不到 ACR 输出限幅值,如图 2-8(c)所示。U_{ct} 的突升,使晶闸管控制角 α 迅速由 90°前移,整流电压 U_d 也突增至某值,强迫电流 I_a 急速由零上升,当 $I_a \geqslant I_L$ 后,电动机开始转动。由于电动机惯性的作用,转速的增长不会很快,当 $I_a \approx I_{amax}$ 时,$U_i \approx U_{im}^*$,电流调节器的作用使 I_a 不再迅猛增长,标志着这一阶段的结束。在这一阶段中,ASR 由不饱和很快达到饱和,其输出值一直保持在最大限幅值 U_{im}^* 上,作为最大电流的给定信号,而 ACR 一般不饱和,以保证电流环的调节作用。

由于电流反馈信号 U_i 随着电流 I_a 的上升而迅速上升,ACR 输入端偏差 $\Delta U_i = U_{im}^* - U_i$ 衰减很快,使其输出电压达不到限幅值。U_{ct} 在这阶段的变化规律如图 2-8(c)所示,由 0 突跳到"1"点,升至"2"点,然后下降至"3"点,形成弧形。当 I_a 达到给定最大值 I_{amax} 时,电流负反馈电压与给定电压相平衡,即

$$U_i = U_{im}^*$$

或

$$\beta I_{amax} = U_{im}^*$$

此时 U_{ct} 值所对应的整流电压为

$$U_d = I_{amax} R_{\Sigma a} + K_e n$$

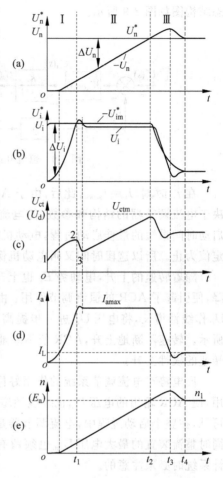

图 2-8　双闭环系统启动过程动态波形

2. 恒流升速阶段

第 II 阶段为恒流升速阶段,对应图 2-8 中时间段 $t_1 \sim t_2$。

从电流升到最大值 I_{amax} 开始,到转速升到给定值 n^*(即静特性上的 n_0)为止,是启动过程中的主要阶段。在这个阶段中,ASR 一直处于饱和状态,转速环相当于开环,系统仅为电流调节单闭环工作,表现为恒值电流给定 U_{im}^* 作用下的电流调节系统,对应的系统动

态结构图如图 2-9 所示。

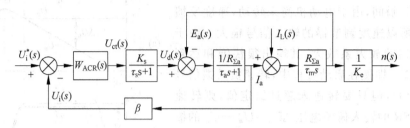

图 2-9　恒流升速阶段调速系统的动态结构图

在 t_1 时刻，$I_a = I_{amax}$，此后，由于 ACR 的调节作用，电流可能超调，也可能不超调，取决于电流调节器的结构和参数，使电流 I_a 一直维持在恒定的最大值 I_{amax} 上，因而获得了启动时间最短的最佳启动过程，电动机的加速度恒定，转速呈线性增长，直到转速达到给定值为止。所以这段时间又叫电动机保持最大电流作等加速启动阶段。

随着转速的上升，电动势 E_a 也上升，使 I_a 略偏离 I_{amax}，而电流反馈信号 U_i 也略为下降，便引起了 ACR 的恒流调节作用：由于 $I_a < I_{amax}$，偏差 ΔU_i 由零增加，使 ACR 的输出 U_{ct} 作线性增长，将电压 U_d 进一步提高，使电流回升至 I_{amax}。U_{ct} 的变化曲线如图 2-8(c)所示。转速不断地上升，ACR 便不断地重复上述的恒流调节，从而维持了电流恒定，保证转速的线性上升。

反电势对电流调节系统的作用好像是一个线性渐增的扰动量，通过电流环的调节作用，使 ACR 输出的电压 U_{ct} 也按线性增长，从而克服反电势的扰动，保持电流恒定。由此可见，在整个启动过程中，电流调节器是不应该饱和的，这就决定了积分时间常数的选择。同时整流装置的最大电压 U_{dm} 也须留有余地，即晶闸管环节也不应饱和。这些都是在设计系统时必须注意的。

3. 转速调节阶段

第Ⅲ阶段为转速调节阶段，对应图 2-8 中时间段 $t_2 \sim t_4$。

这个阶段的特点是，ASR 退出饱和并参与调节作用，系统进入双闭环调节阶段。ASR 起主导作用，ACR 紧跟 ASR 的输出，电流内环成为电流随动系统。

如图 2-8(e)所示，t_2 系统时刻转速达到给定值，速度反馈电压 U_n 等于速度给定电压 U_n^*，AST 输入端偏差信号 $\Delta U_n = 0$，但由于积分作用，其输出仍保持限幅值 U_{im}^*。由于电流仍为最大值 I_{amax}，转速继续上升，出现了速度超调，$U_n > U_n^*$，ΔU_n 改变极性，ASR 的输出 U_{im}^* 被迫迅速下降，ASR 退出饱和参与系统调节，电流 I_a 随之从 I_{amax} 迅速下降。对应时间 $t_2 \to t_3$ 内，由于 $I_a > I_L$，还有动态电流存在，转速仍继续上升。对应时间 $t_3 \to t_4$ 内，$I_a \leqslant I_L$，在 $I_a = I_L$ 时，转矩 $T_e = T_L$，则 $dn/dt = 0$，转速 n 达到峰值($t = t_3$ 时)。此后，在负载阻力矩作用下电动机开始减速，与此相应，电流 I_a 也出现一段小于 I_L 的过程，直到稳定。在 $I_a < I_L(t_3 \to t_4)$ 期间内的调节品质主要取决于 ASR 参数，有时可能要振荡几次才能稳定，如图 2-10 所示。在这最后

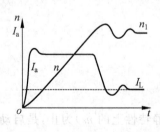

图 2-10　启动末期有振荡的波形图

的转速调节阶段内,ASR 与 ACR 都不饱和,同时起调节作用。由于转速调节在外环,ASR 处于主导地位,而 ACR 的作用则是力图使 I_a 尽快地跟随 ASR 的输出量 U_i^*,或者说,电流内环是一个电流随动子系统。

系统进入稳态后,$I_a = I_L$,$n = n_1$,ASR 和 ACR 的输入偏差均为零,即:$\Delta U_n = U_n^* - U_n = 0$,$\Delta U_i = U_i^* - U_i = 0$,但由于积分作用,它们都有恒定的输出电压。

ASR 的输出电压

$$U_i^* = \beta I_L \tag{2-10}$$

ACR 的输出电压

$$U_{ct} = \frac{K_e n_1 + I_L R_{\Sigma a}}{K_s} \tag{2-11}$$

2.2.3　启动过程的特点

综上所述,双闭环直流调速系统的启动过程有以下三个特点。

1. 饱和非线性控制

随着 ASR 的饱和与不饱和,整个系统处于完全不同的两种状态。当 ASR 饱和时,转速环开环,系统表现为恒值电流调节的单闭环系统;当 ASR 不饱和时,转速环闭环,整个系统是一个无静差调速系统,而电流内环则表现为电流随动系统。在不同情况下表现为不同结构的线性系统,这就是饱和非线性控制的特征。分析和设计这种系统时,不能简单地应用线性控制理论,要采用分段线性化的方法处理。研究过渡过程时,还必须注意初始状态,前一阶段的终了状态是后一阶段的初始状态。如果初始状态不同,即使控制系统的结构和参数都不变,过渡过程也是不一样的。

2. 准时间最优控制

启动过程中主要的阶段是第 Ⅱ 阶段,即恒流升速阶段。其基本特征是电流保持恒定,一般选择为允许的最大值,以便充分发挥电机的过载能力,使启动过程尽可能最快。这个阶段属于电流受限制条件下的最短时间控制,或称"时间最优控制"。但整个启动过程与理想快速启动过程相比还有一些差距,主要表现在第 Ⅰ、Ⅲ 两段电流不是突变。不过这两段的时间只占全部启动时间中很小的一部分,已无碍大局,所以双闭环调速系统的启动过程可以称为"准时间最优控制"过程。

采用饱和非线性控制方法实现准时间最优控制是一种很有实用价值的控制策略,在各种多环控制系统中普遍得到应用。

3. 转速超调

由于采用了饱和非线性控制,启动过程进入第 Ⅲ 阶段即转速调节阶段后,必须使转速调节器退出饱和状态。按照 PI 调节器的特性,只有使转速超调,ASR 的输入偏差电压 ΔU_n 为负值,才能使 ASR 退出饱和。这就是说,采用 PI 调节器的双闭环调速系统的转速动态响应必然有超调。在一般情况下,转速略有超调对实际运行影响不大。如果工艺上不允许超调,就必须采取另外的控制措施,比如转速微分负反馈(详见 2.6 节)。

最后,还应指出以下两点:①上述启动过程只是在突加较大给定信号时发生的,这是一般情形。如果给定信号只在小范围内变化,ASR 来不及饱和,整个过渡过程只有第 Ⅰ、Ⅲ 两个阶段,没有第 Ⅱ 阶段,系统一直是一个线性范围内的串级调速系统,电流内环始终表现为电流的随动系统。②晶闸管整流器的输出电流是单方向的,不可能在制动时产生负的回馈制动转矩。因此,不可逆的双闭环调速系统虽然有很快的启动过程,但在制动时,当电流下降到零以后,就只能自由停车。如果必须加快制动,只能采用电阻能耗制动或电磁抱闸。同样,减速时也有这种情况。

2.2.4　动态性能及调节器的作用

一般来说,双闭环直流调速系统已具备良好的动态性能。

1. 动态跟随性能

如上所述,双闭环直流调速系统在启动和升速过程中,能够在电流受电机过载能力约束的条件下,表现出很快的动态转速跟随性能。在减速过程中,由于主电路电流的不可逆性,跟随性能变差。对于电流内环来说,在设计调节器时应强调有良好的电流跟随性能。

2. 动态抗扰性能

（1）抗负载扰动

从图 2-7 的动态结构图中可以看出,负载扰动作用在电流环之后,只能靠转速调节器来产生抗扰作用。因此,在突加(减)负载时,必然会引起动态速降(升)。为了减少动态速降(升),必须在设计 ASR 时,要求系统具有较好的抗扰性能指标。对于 ACR 的设计来说,只要电流环具有良好的跟随性能就可以了。

（2）抗电网电压扰动

电网电压扰动和负载扰动在系统动态结构图中作用的位置不同,系统对它的动态抗扰效果也不一样。例如图 2-11(a)的单闭环调速系统中,电网电压扰动 ΔU_d 和负载电流

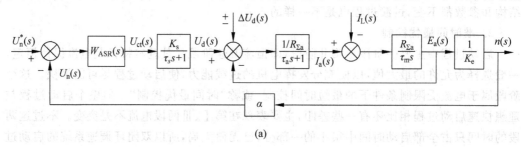

(a)

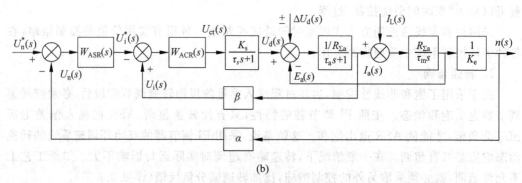

(b)

注：$\pm\Delta U_\mathrm{d}(s)$ 为电网电压波动在整流电压上的反映。

图 2-11　直流调速系统的动态抗扰作用

(a) 单闭环系统；(b) 双闭环系统

扰动 I_L 都作用在被负反馈环包围的前向通道上,仅就静特性而言,系统对它们的抗扰效果是一样的。但是从动态性能上看,由于扰动作用的位置不同,还存在能否及时调节的差别。负载扰动作用仅在被调量 n 的前面,它的变化经积分后被检测出来,经 ASR 得到调节;而电网电压扰动作用点离被调量较远,它的波动最终也要等反映到转速后再由 ASR 起调节作用,时间上不及时。在双闭环调速系统中,由于增设了电流内环,见图 2-11(b),电压波动可以通过电流反馈得到及时调节,不必等它影响到转速以后再调节,抗扰问题大有好转。因此,在双闭环直流调速系统中,由电网电压波动引起的动态速降会比单闭环系统小得多。

3. 两个调节器的作用

综上所述,转速调节器和电流调节器在双闭环直流调速系统中的作用可以分别归纳如下。

(1) 转速调节器的作用

① 使转速 n 跟随给定电压 U_n^* 变化,稳态时无静差;

② 克服由负载变化引起的扰动作用;

③ 输出限幅值就是最大允许电流的限定值。

(2) 电流调节器的作用

① 启动或大幅度升速时,保证在最大电流情况下加速;

② 在转速调节过程中,使电流跟随其给定电压 U_i^* 变化;

③ 克服由电网电压波动引起的扰动作用;

④ 当电机过载甚至堵转时,限制电枢电流的最大值,起到快速保护作用。一旦故障消失,系统能自动恢复正常。

2.3　工程设计方法

现代工程上,对于自动调速系统的设计已有多种工程设计方法。本书仅讨论最佳参数设计方法,又叫调节器的工程设计方法。这种方法特别适用于各种可简化成较低阶的反馈控制系统。经大量的应用与实践,已获得普遍认可。

2.3.1　工程设计方法遵循的原则与步骤

1. 最佳参数设计方法遵循的原则

作为工程设计方法,首先要使问题简化,突出主要矛盾。要概念清楚、易懂,计算公式简明,并指明参数调整趋向,对于饱和非线性控制,也能给出简单的计算公式。尽可能利用现成的公式和图表进行参数计算,设计方法规范,过程简便,工作量小。

如果系统要求具有更精确的动态性能时,再参考"模型系统法"。对于更复杂的系统,本方法不一定适用,可采用高阶系统或多变量系统的计算机辅助分析和设计。

2. 最佳参数设计方法的步骤

首先把系统中对于稳、准、快、抗干扰之间相互交叉的矛盾问题分成两步解决,第一步先解决主要矛盾——动态稳定性和稳态精度,然后在第二步中再进一步满足其他动态性能指标。在选择调节器结构时,只采用少量的典型系统,利用已知的参数和系统性能指标之间的关系,套用现成的公式和表格中的数据,再简单计算一下具体参数则可结束设计。

最佳参数设计方法的具体步骤是:首先根据被控对象和要求,确定预期的典型系统;其次选择调节器的类型;再选择调节器的参数,把系统较正成所确定的典型系统,并使参数符合最佳条件;最后计算系统的电路参数。

3. 关于典型系统

一般来说,控制系统的开环传递函数都可以表示成

$$W(s) = \frac{K(\tau_1 s + 1)(\tau_2 s + 1)\cdots}{s^r(\tau_{g1} s + 1)(\tau_{g2} s + 1)\cdots} \tag{2-12}$$

式中:分子和分母都可能含有复数零点和复数极点诸项。分母中的 s^r 项表示系统在原点处有 r 重极点,或者说系统有 r 个积分环节。根据系统中所含积分环节的个数 r,可将系统分为 0 型、Ⅰ 型、Ⅱ 型、Ⅲ 型等系统。自动控制理论证明:0 型系统在稳态时是有静差的,而 Ⅲ 型或高于 Ⅲ 型的系统不易稳定,实际上很少应用。因此,多采用 Ⅰ 型和 Ⅱ 型系统。

Ⅰ 型和 Ⅱ 型系统的种类繁多,在下面的分析、设计中,只是从其中各选出一种结构作为预期的典型系统。

2.3.2 典型Ⅰ型系统

1. 典型Ⅰ型系统的结构及预期开环对数频率特性

典型Ⅰ型系统的闭环系统结构图如图 2-12 所示。它是由一个积分环节和一个惯性环节串联组成的闭环反馈系统。该系统的开环传递函数为

$$W_{op}(s) = \frac{K}{s(\tau_g s + 1)} \tag{2-13}$$

式中:K 为系统开环放大系数;τ_g 为系统惯性时间常数。

由开环传递函数 $W_{op}(s)$ 确定的开环对数幅频特性和相频特性分别为

$$L(\omega) = 20\lg|W_{op}(j\omega)| = 20\lg K - 20\lg\omega - 20\lg\sqrt{1 + (\omega\tau_g)^2} \tag{2-14}$$

$$\varphi(\omega) = -90° - \arctan(\omega\tau_g) \tag{2-15}$$

根据式(2-14)和式(2-15)可画出对数幅频特性和相频特性曲线,如图 2-13 所示。

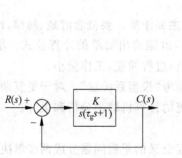

图 2-12 典型Ⅰ型系统的结构

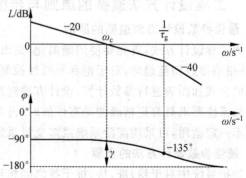

图 2-13 典型Ⅰ型系统开环对数频率特性

　　由图中可见,选择这样的典型系统不仅因为其结构简单,更重要的是可以使对数幅频特性的中频段以-20dB/dec(dec 为十倍频程)的斜率穿越零分贝线,截止频率 ω_c 小于转折频率,即

$$\omega_c < \frac{1}{\tau_g} \tag{2-16}$$

或

$$\omega_c\tau_g < 1$$
$$\arctan(\omega_c\tau_g) < 45°$$

而对数相频特性曲线不穿越$-180°$线,闭环系统总是稳定的。其相角稳定裕量为

$$\gamma(\omega_c) = 180° + \varphi(\omega_c) = 90° - \arctan(\omega_c\tau_g) > 45° \tag{2-17}$$

2. 开环放大系数和动态性能指标的关系

　　在式(2-13)所表示的典型 I 型系统的开环传递函数中,系统的动态性能仅取决于 K 和 τ_g。但通常时间常数 τ_g 实际上是被调节对象的固有参数,不能轻易改变。因此,I 型系统的可调参数只有开环放大系数 K。确定 K 值以后,系统的性能就完全确定了。

　　由图 2-14 可知,在 ω_c 处,对数幅频特性的分贝值为 0,这时 $\omega_c < \frac{1}{\tau_g}$,所以有

$$L(\omega_c) \approx 20\lg K - 20\lg\omega_c = 0$$

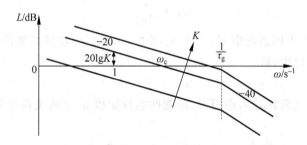

图 2-14　典型 I 型系统开环对数幅频特性与参数 K 值的关系

因此

$$K = \omega_c \tag{2-18}$$

显然,必须使 $\omega_c < \frac{1}{\tau_g}$,即 $K < \frac{1}{\tau_g}$,或 $K\tau_g < 1$,否则伯德图(开环对数频率特性)将以-40dB/dec的斜率穿过零分贝线,对稳定性不利。式(2-18)还说明,开环放大系数 K 越大,截止频率 ω_c 也越大,系统响应越快。由式(2-17)已导出,典型 I 型系统的相角稳定裕量是: $\gamma = 90° - \arctan(\omega_c\tau_g)$,可见,当 ω_c 增大时,γ 将减小,相对稳定性变差,系统的超调量变大。这说明系统的快速性和稳定性是互相矛盾的。图 2-14 表明,典型 I 型系统开环对数幅频特性随着 K 值的变化而上下平移。在具体选择开环系统放大系数 K 时,应综合考虑,以满足各项动态性能指标的要求。

　　(1) 开环放大系数 K 和跟随性能指标的关系

　　典型 I 型系统是二阶系统。二阶系统的动态跟随性能指标和参数之间的数学关系在自动控制原理中已经给出。这种数学关系是以系统的闭环传递函数的标准形式为基础而

给出的。所以首先将典型 I 型系统的闭环传递函数和二阶系统传递函数的标准形式相比较，找出参数 K、τ_g 和二阶系统传递函数标准式中的参数 ω_n、ζ 之间的换算式，再根据跟随性能指标和 ω_n、ζ 的关系，便可得出参数 K、τ_g 和跟随性能指标之间的关系。

典型 I 型系统的闭环传递函数为

$$W_{cl}(s) = \frac{W_{op}(s)}{1 + W_{op}(s)} = \frac{\dfrac{K}{s(\tau_g s + 1)}}{1 + \dfrac{K}{s(\tau_g s + 1)}} = \frac{\dfrac{K}{\tau_g}}{s^2 + \dfrac{1}{\tau_g} s + \dfrac{K}{\tau_g}} \tag{2-19}$$

二阶系统传递函数的标准形式为

$$W_{cl}(s) = \frac{\omega_n^2}{s^2 + 2\zeta\omega_n s + \omega_n^2} \tag{2-20}$$

式中：ζ 为阻尼比；ω_n 为自然振荡频率或称固有频率。

比较式(2-19)式(2-20)，可得到如下参数换算关系：

$$\omega_n = \sqrt{\frac{K}{\tau_g}} \tag{2-21}$$

$$\zeta = \frac{1}{2}\sqrt{\frac{1}{K\tau_g}} \tag{2-22}$$

$$\zeta\omega_n = \frac{1}{2\tau_g} \tag{2-23}$$

前面已指出，在典型 I 型系统中 $K\tau_g < 1$，所以 $\zeta > 0.5$。一般把系统设计成欠阻尼状态，因此在典型 I 型系统中，取

$$0.5 < \zeta < 1 \tag{2-24}$$

在零初始条件及阶跃输入作用下，跟随性能指标和 ω_n、ζ 的关系如下。

上升时间：

$$t_r = \frac{\pi - \arccos\zeta}{\omega_n \sqrt{1-\zeta^2}} \tag{2-25}$$

超调量：

$$\sigma\% = e^{-\left(\zeta\pi/\sqrt{1-\zeta^2}\right)} \times 100\% \tag{2-26}$$

调节时间：

当允许误差带为 $\pm5\%$ 时

$$t_s \approx \frac{3}{\zeta\omega_n} \tag{2-27}$$

当允许误差带为 $\pm2\%$ 时

$$t_s \approx \frac{4}{\zeta\omega_n} \tag{2-28}$$

相角裕量：

$$\gamma(\omega_c) = \arctan\frac{2\zeta}{\left(\sqrt{4\zeta^4+1} - 2\zeta^2\right)^{1/2}} \tag{2-29}$$

典型 I 型系统在不同 K 值下的跟随性能指标如表 2-1 所示。

表 2-1　典型 Ⅰ 型系统不同 K 值下的跟随性能指标

开环放大系数 K	阻尼比 ζ	超调量 $\sigma/\%$	相角裕量 $\gamma(\omega_c)$	上升时间 t_r
$\dfrac{1}{4\tau_g}$	1.0	0	76.3°	∞
$\dfrac{1}{2.56\tau_g}$	0.8	1.5	69.9°	$6.67\tau_g$
$\dfrac{1}{2\tau_g}$	0.707	4.3	65.5°	$4.72\tau_g$
$\dfrac{1}{1.44\tau_g}$	0.6	9.5	59.2°	$3.34\tau_g$
$\dfrac{1}{\tau_g}$	0.5	16.3	51.8°	$2.41\tau_g$

在表 2-1 中,当 $K=\dfrac{1}{2\tau_g}$,$\zeta=0.707$ 时的情况称作"二阶最佳系统"。这时,$\sigma=4.3\%$,是一种比较好的参数选择,可以作为初选参数的依据。如果生产工艺主要要求动态响应快,可取 $\zeta=0.5\sim0.6$,则 $K\tau_g$ 值较大;如果主要要求超调量小,可取 $\zeta=0.8\sim1.0$,则 $K\tau_g$ 值较小;如果要求无超调,可取 $\zeta=1.0$,$K\tau_g=0.25$。也可能会出现另一种情况,那就是无论怎样选择参数,总是不能同时完全满足指标要求,这时典型 Ⅰ 型系统就不能适用了。

（2）参数和抗扰性能指标的关系

抗扰性能指标表示系统在扰动作用下的适应能力,是评价自动控制系统的一项重要指标。动态抗扰性能与控制系统的结构、扰动点以及扰动作用函数的形式有关。

假设系统的调节器参数已按跟随性能选定,并满足二阶最佳条件构成典型 Ⅰ 型系统。扰动作用下的动态结构图如图 2-15(a)所示。在扰动作用点前面的传递函数是 $W_1(s)$,后边一部分是 $W_2(s)$,有

$$W_1(s) \cdot W_2(s) = W_{op}(s) = \frac{K}{s(\tau_g s+1)} \tag{2-30}$$

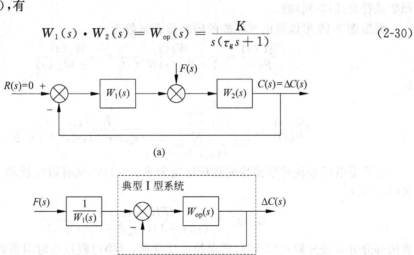

(a)

(b)

图 2-15　扰动作用下的典型 Ⅰ 型系统

因为只讨论抗扰性能,则令输入作用 $R=0$,输出可写成其变化量 ΔC,再将扰动作用 $F(s)$ 前移到输入作用点上,得到图 2-15(b)所示的等效结构图。显然,虚线框中部分就是闭环的典型 I 型系统。由图可以得出该系统的闭环传递函数为

$$\frac{\Delta C(s)}{F(s)} = \frac{1}{W_1(s)} \cdot \frac{W_{op}(s)}{1+W_{op}(s)} \tag{2-31}$$

显然,抗扰性能和跟随性能有相一致的一面。除此之外,抗扰性能还与扰动作用点以前的传递函数 $W_1(s)$ 有关。所以,抗扰性能又有其特殊之处,只靠典型系统总的传递函数并不能像分析跟随性能那样唯一地确定抗扰性能指标。在这里,扰动作用点是一个重要的因素,某种定量的抗扰性能指标只适用于一种特定的扰动作用点。下面通过实例分析一种扰动作用下的情况,掌握了这种情况下的分析方法,其他情况可以仿此处理。

【例 2-1】 某典型 I 型调速系统在一种扰动作用下的动态结构图如图 2-16 所示。已知 $W_1(s)=\dfrac{K_1(\tau_{g2}s+1)}{s(\tau_g s+1)}$,$W_2(s)=\dfrac{K_2}{\tau_{g2}s+1}$。试分析在阶跃扰动下,即 $F(s)=\dfrac{F}{s}$ 时的动态抗扰性能指标与参数的关系。

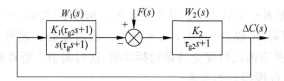

图 2-16 典型 I 型调速系统在一种扰动作用下的动态结构图

解: 由于系统已按跟随性能指标设计为典型 I 型,所以在 $W_1(s)$ 中肯定出现比例微分环节 $(\tau_2 s+1)$,使 $W_1(s) \cdot W_2(s)=\dfrac{K}{s(\tau_g s+1)}=W_{op}(s)$,其中 $K=K_1 K_2$,系统总的传递函数是符合式(2-30)的。

根据图 2-16 可以得出该系统的闭环传递函数为

$$\frac{\Delta C(s)}{F(s)} = \frac{W_2(s)}{1+W_1(s)W_2(s)} = \frac{W_2(s)}{1+W_{op}(s)}$$

即

$$\frac{\Delta C(s)}{F(s)} = \frac{\dfrac{K_2}{\tau_{g2}s+1}}{1+\dfrac{K}{s(\tau_g s+1)}} = \frac{K_2 s(\tau_g s+1)}{(\tau_{g2}s+1)(\tau_g s^2 + s + K)} \tag{2-32}$$

假设参数已经先按跟随性能指标选定为 $K\tau_g=1/2$,又有阶跃扰动 $F(s)=F/s$,代入式(2-32),得

$$\Delta C(s) = \frac{2FK_2\tau_g(\tau_g s+1)}{(\tau_{g2}s+1)(2\tau_g^2 s^2 + 2\tau_g s + 1)} \tag{2-33}$$

利用部分分式法分解式(2-33),再求拉氏反变换,可得过渡过程时间函数如下:

$$\Delta C(t) = \frac{2FK_2 m}{2m^2-2m+1}\left[(1-m)\mathrm{e}^{-\frac{t}{\tau_g}} - (1-m)\mathrm{e}^{-\frac{t}{2\tau_g}}\cos\left(\frac{t}{2\tau_g}\right)\right.$$
$$\left. + m\mathrm{e}^{-\frac{t}{2\tau_g}}\sin\left(\frac{t}{2\tau_g}\right)\right] \tag{2-34}$$

式中：$m = \dfrac{\tau_g}{\tau_{g2}} < 1$，表示调节对象小时间常数和大时间常数的比值。

取不同的 m 值，可计算出相应的 $\Delta C(t)$ 动态过程曲线，从而求得用相对值表示的最大动态降落 ΔC_{max} 和恢复时间 t_f（重新达到 $\pm 95\%$ 稳定值时所需时间），ΔC_{max} 的基值为 $C_{kh} = 0.5FK_2$，t_f 的基值为 τ_g。计算结果列于表 2-2 中。

表 2-2　参数计算结果

m	$\dfrac{\Delta C_{max}}{C_{kh}} / \%$	$\dfrac{t_f}{\tau_g}$
$\dfrac{1}{5}$	55.5	14.7
$\dfrac{1}{10}$	33.2	21.7
$\dfrac{1}{20}$	18.5	28.7
$\dfrac{1}{30}$	12.9	30.4

从表 2-2 中的数据可以看出，当控制对象的两个时间常数比值 m 较小时，动态降落可以减小，但恢复时间却较大。一般情况下，当 $m = \dfrac{\tau_g}{\tau_{g2}} \geqslant \dfrac{1}{10}$，即 $\dfrac{\tau_{g2}}{\tau_g} \leqslant 10$ 时，典型 I 型调速系统的抗扰恢复时间 t_f 还是可以接受的。

2.3.3　典型 II 型系统

1. 典型 II 型系统的结构及预期开环对数频率特性

典型 II 型系统的闭环系统结构图如图 2-17 所示，这是一个三阶系统。它是由两个积分环节和一个惯性环节串联组成的闭环反馈系统。该系统的开环传递函数为

$$W_{op}(s) = \frac{K(\tau_w s + 1)}{s^2(\tau_g s + 1)} \qquad (2\text{-}35)$$

式中：τ_w 为系统微分时间常数；τ_g 为系统惯性时间常数，是被调节对象的固有参数；K 为系统开环放大系数。

由开环传递函数 $W_{op}(s)$ 确定的开环对数幅频特性和相频特性分别为

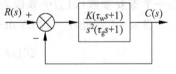

图 2-17　典型 II 型系统的结构

$$L(\omega) = 20\lg |W_{op}(j\omega)|$$
$$= 20\lg K + 20\lg \sqrt{1 + (\omega\tau_w)^2} - 20\lg \omega^2 - 20\lg \sqrt{1 + (\omega\tau_g)^2} \qquad (2\text{-}36)$$
$$\varphi(\omega) = -180° + \arctan(\omega\tau_w) - \arctan(\omega\tau_g) \qquad (2\text{-}37)$$

根据式（2-36）和式（2-37）可画出对数幅频特性和相频特性曲线，如图 2-18 所示。

由图 2-17 中可见

$$\frac{1}{\tau_w} < \omega_c < \frac{1}{\tau_g} \qquad (2\text{-}38)$$

系统的相角稳定裕量为

$$\gamma(\omega_c) = 180° + \varphi(\omega_c) = \arctan(\omega_c\tau_w) - \arctan(\omega_c\tau_g) \qquad (2\text{-}39)$$

只有 $\tau_w > \tau_g$ 时，闭环系统才是稳定的，τ_w 比 τ_g 大得越多，则稳定裕度越大。

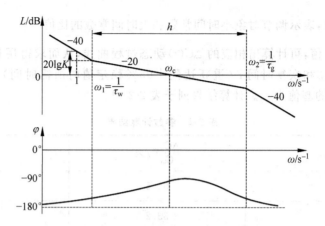

图 2-18　典型 Ⅱ 型系统开环对数频率特性

2. 系数参数和动态性能指标的关系

在式(2-35)所表示的典型 Ⅱ 型系统的开环传递函数中,系统的动态性能取决于 K、τ_g 和 τ_w。与典型 Ⅰ 型系统一样,时间常数 τ_g 是被调节对象的固有参数;系统的可调参数有 K 和 τ_w,这两个参数确定后,系统的动态性能就可以完全确定了。由于有两个待定参数,故比典型 Ⅰ 型系统的参数选择工作要复杂一些。

为了方便分析,特引入一个新变量 h,令

$$h = \frac{\tau_w}{\tau_g} = \frac{\omega_2}{\omega_1} \tag{2-40}$$

式中:$\omega_1 = \frac{1}{\tau_w}$;$\omega_2 = \frac{1}{\tau_g}$。

见图 2-18,h 是斜率为 -20dB/dec 的中频段宽度(对数坐标),称作"中频带宽"。这是一个重要参数,因为中频段的状况对控制系统的动态品质起决定性作用。

设 $\omega = 1$ 点处在 -40dB/dec 特性段,由图 2-18 可以看出

$$20\lg K = 40\lg\omega_1 + 20\lg\frac{\omega_c}{\omega_1} = 20\lg\omega_1\omega_c$$

因此

$$K = \omega_1\omega_c \tag{2-41}$$

若改变开环放大系数 K,则对数幅频特性曲线上下平移,从而改变了截止频率 ω_c。由于 τ_g 一定,改变 τ_w 就等于改变了中频带宽 h,所以确定参数 h、ω_c,就相当于确定参数 τ_w、K。

为了找出 h 和 ω_c 两个参数之间较好的配合关系,可以利用"振荡指标法"中的闭环幅频特性峰值 M_r 为最小的准则。自动控制理论已经证明,如果频率符合下述"最佳频比"关系,则所对应的 M_r 为最小值 M_{rmin}。

$$\frac{\omega_2}{\omega_c} = \frac{2h}{h+1} \tag{2-42}$$

$$\frac{\omega_c}{\omega_1} = \frac{h+1}{2} \tag{2-43}$$

对应的最小值为

$$M_{r\min} = \frac{h+1}{h-1} \tag{2-44}$$

表 2-3 中列出了选定不同 h 值所对应的频比关系及最小值 $M_{r\min}$。

表 2-3　不同 h 值所对应的频比关系及最小值 $M_{r\min}$

h	$M_{\min}$	ω_2/ω_c	ω_c/ω_1	h	$M_{\min}$	ω_2/ω_c	ω_c/ω_1
3	2	1.5	2.0	7	1.33	1.75	4.0
4	1.67	1.6	2.5	8	1.29	1.78	4.5
5	1.5	1.67	3.0	9	1.25	1.80	5.0
6	1.4	1.71	3.5	10	1.22	1.82	5.5

经验证明,当 $M_{r\min}$ 在 $1.2 \sim 1.5$ 时,系统的动态性能较好;$M_{r\min}$ 有时也可达 $1.8 \sim 2.0$。$h > 10$,$M_{r\min}$ 减小效果就不明显了,故 h 可在 $3 \sim 10$ 选择。

由式(2-42)和式(2-43)可得

$$\omega_1 + \omega_2 = \frac{2\omega_c}{h+1} + \frac{2h\omega_c}{h+1} = 2\omega_c$$

所以

$$\omega_c = \frac{1}{2}(\omega_1 + \omega_2) = \frac{1}{2}\left(\frac{1}{\tau_w} + \frac{1}{\tau_g}\right) \tag{2-45}$$

或者由

$$2\omega_c = \omega_1 + \omega_2 = \frac{2\omega_c}{h+1} + \omega_2$$

得

$$\omega_c = \frac{h+1}{2h}\omega_2 = \frac{h+1}{2h\tau_g} \tag{2-46}$$

确定了 h 和 ω_c 之后,便可方便地计算 τ_w 和 K。由 h 的定义可知

$$\tau_w = h\tau_g \tag{2-47}$$

再由式(2-41)和式(2-43)可得

$$K = \omega_1\omega_c = \omega_1^2\frac{\omega_c}{\omega_1} = \left(\frac{1}{\tau_w}\right)^2\frac{h+1}{2} = \left(\frac{1}{h\tau_g}\right)^2\frac{h+1}{2}$$

$$K = \frac{h+1}{2h^2\tau_g^2} \tag{2-48}$$

式(2-47)和式(2-48)是工程设计方法中计算典型 Ⅱ 型系统参数的公式。只要按动态性能指标的要求确定了 h 值,就可以代入这两个公式计算调节器参数。

下面分别讨论跟随性能指标和抗扰性能指标与 h 值的关系。

(1) h 参数与动态跟随性能指标的关系

将式(2-47)和式(2-48)代入典型 Ⅱ 型系统的开环传递函数式(2-35),可得

$$W_{op}(s) = \frac{K(\tau_w s + 1)}{s^2(\tau_g s + 1)} = \frac{h+1}{2h^2\tau_g^2} \cdot \frac{h\tau_g s + 1}{s^2(\tau_g s + 1)}$$

然后求出系统的闭环传递函数为

$$W_{cl}(s) = \frac{W_{op}(s)}{1+W_{op}(s)} = \frac{\dfrac{h+1}{2h^2\tau_g^2} \cdot \dfrac{h\tau_g s+1}{s^2(\tau_g s+1)}}{1+\dfrac{h+1}{2h^2\tau_g^2} \cdot \dfrac{h\tau_g s+1}{s^2(\tau_g s+1)}}$$

$$= \frac{h\tau_g s+1}{\dfrac{2h^2\tau_g^3}{h+1}s^3 + \dfrac{2h^2\tau_g^2}{h+1}s^2 + h\tau_g s+1}$$

而 $W_{cl}(s) = \dfrac{C(s)}{R(s)}$。单位阶跃输入时，$R(s) = \dfrac{1}{s}$，因此

$$C(s) = \frac{h\tau_g s+1}{s\left(\dfrac{2h^2\tau_g^3}{h+1}s^3 + \dfrac{2h^2\tau_g^2}{h+1}s^2 + h\tau_g s+1\right)} \tag{2-49}$$

以 τ_g 为时间基准，对于具体的 h 值，可根据式(2-49)求出单位阶跃响应函数 $C(t/\tau_g)$，从而计算出超调量 $\sigma\%$、上升时间 t_r、调节时间 t_s 和振荡次数 N。采用数字仿真计算的结果列于表 2-4。

表 2-4   不同 h 值所对应各项的值

h	$\sigma/\%$	t_r/τ_g	t_s/τ_g	N	h	$\sigma/\%$	t_r/τ_g	t_s/τ_g	N
3	52.6	2.4	12.15	3	7	29.8	3.1	11.30	1
4	43.6	2.65	11.65	2	8	27.2	3.2	12.25	1
5	37.6	2.85	9.55	2	9	25.0	3.3	13.25	1
6	33.2	3.0	10.45	1	10	23.3	3.35	14.20	1

从表 2-4 中可看出，调节时间 t_s 随 h 的变化不是单调的，而是呈现衰减振荡的性质，在 $h=5$ 时的调节时间为最短。此外，h 越大，则超调量越小，但中频宽过大会引起另外的问题发生，即会使扰动作用下的恢复时间延长(下面讨论)，所以 h 的选择应根据工艺要求综合考虑。总体上说，典型 II 型系统的超调量比典型 I 型系统大。

(2) h 参数与抗扰性能指标的关系

如前所述，控制系统的动态抗扰性能指标是因系统的结构、扰动作用点以及扰动作用函数的不同而不同的。下面仍以例题的形式，对抗扰性能指标与参数的关系进行分析。

【例 2-2】 某典型 II 型调速系统在一种扰动作用下的动态结构图如图 2-19 所示。已知 $W_1(s) = \dfrac{K_1(\tau_w s+1)}{s(\tau_g s+1)}$，$W_2(s) = \dfrac{K_2}{s}$。试分析在阶跃扰动下，即 $F(s) = \dfrac{F}{s}$ 时的动态抗扰性能指标与参数的关系。

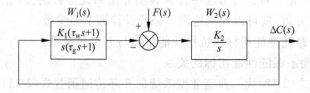

图 2-19   典型 II 型调速系统在一种扰动作用下的动态结构图

解： 由于系统已按跟随性能指标设计为典型 II 型，按照 M_r 最小准则确定了参数关

系，有 $\tau_w = h\tau_g$，$K = K_1K_2 = \dfrac{h+1}{2h^2\tau_g^2}$，这时系统的抗扰动闭环传递函数为

$$\frac{\Delta C(s)}{F(s)} = \frac{\dfrac{K_2}{s}}{1 + \dfrac{K_1K_2(h\tau_g s + 1)}{s^2(\tau_g s + 1)}} = \frac{K_2 s(\tau_g s + 1)}{s^2(\tau_g s + 1) + K_1K_2(h\tau_g s + 1)}$$

$$= \frac{\dfrac{2h^2\tau_g^2}{h+1}K_2 s(\tau_g s + 1)}{\dfrac{2h^2}{h+1}\tau_g^3 s^3 + \dfrac{2h^2}{h+1}\tau_g^2 s^2 + h\tau_g s + 1}$$

又 $F(s) = \dfrac{F}{s}$，所以

$$\Delta C(s) = \frac{\dfrac{2h^2\tau_g^2}{h+1}K_2 F(\tau_g s + 1)}{\dfrac{2h^2}{h+1}\tau_g^3 s^3 + \dfrac{2h^2}{h+1}\tau_g^2 s^2 + h\tau_g s + 1} \tag{2-50}$$

由式(2-50)求出对应于不同 h 值的动态抗扰过程曲线 $\Delta C(t)$，从而计算出最大动态降落和恢复时间的数据，如表 2-5 所示。注意表 2-5 中的输出量动态降落的基准值为

$$C_{kh} = 2FK_2\tau_g \tag{2-51}$$

恢复时间 t_f 的基值为 τ_g。设计时根据所要求的性能指标可从表 2-5 中查出应选择的 h 值。

表 2-5　不同 h 值对应的最大动态降落和恢复时间

h	$\dfrac{\Delta C_{max}}{C_{kh}} \times 100\%$	t_f/τ_g	h	$\dfrac{\Delta C_{max}}{C_{kh}} \times 100\%$	t_f/τ_g
3	72.2	13.60	7	86.3	16.85
4	77.5	10.45	8	88.1	19.80
5	81.2	8.80	9	89.6	22.80
6	84.0	12.95	10	90.8	25.85

从表 2-5 中可以看出，h 越小，则输出量的动态降落 ΔC_{max} 也越小，恢复时间 t_f 也越短（$h > 5$ 范围内），所以抗扰性能越好。这个趋势与跟随性能中的超调量变化规律恰好相反，这也反映出快速性和稳定性是矛盾的。但是，当 $h < 5$ 以后，恢复时间 t_f 反而加长了，这主要是由于振荡次数增多的结果。因此，就抗扰性能中缩短恢复时间 t_f 而言，是以 $h = 5$ 为最好，这和跟随性能中缩短调节时间 t_s 的要求是一致的。把典型 Ⅱ 型系统跟随性能指标与抗扰性能指标综合起来看，$h = 5$ 是一个较好的选择。

2.3.4　非典型系统的典型化

上面讨论的是两类典型系统及其参数与性能指标的关系。然而实际应用的电力拖动自动控制系统与典型系统之间通常存在一定的差异。工程设计的办法是先对这些非典型系统的传递函数进行近似处理，然后再选择合适的调节器作串联校正，使之变成为典型系统。

1. 工程设计上的近似处理

（1）高频段小惯性环节的近似处理

实际系统中往往有一些小时间常数的惯性环节，例如晶闸管整流装置的滞后时间常

数、电流和转速检测的滤波时间常数等。它们对应的频率都处于频率特性的高频段,对它们作近似处理不会使系统的动态性能有多大影响。例如,若系统的开环传递函数为

$$W(s) = \frac{K(\tau_w s + 1)}{s(\tau_{g1} s + 1)(\tau_{g2} s + 1)(\tau_{g3} s + 1)} \qquad (2\text{-}52)$$

式中:τ_{g2}、τ_{g3} 都是小时间常数,即 $\tau_{g1} \gg \tau_{g2}$,$\tau_{g1} \gg \tau_{g3}$,而且 $\tau_{g1} > \tau_w$,则系统的伯德图如图 2-20 所示。

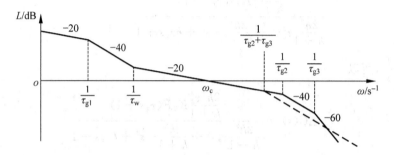

图 2-20　高频段小惯性环节近似处理对频率特性的影响

小惯性环节的频率特性为

$$\frac{1}{(j\omega\tau_{g2}+1)(j\omega\tau_{g3}+1)} = \frac{1}{(1-\tau_{g2}\tau_{g3}\omega^2)+j\omega(\tau_{g2}+\tau_{g3})} \approx \frac{1}{1+j\omega(\tau_{g2}+\tau_{g3})}$$

近似条件是

$$\tau_{g2}\tau_{g3}\omega^2 \ll 1$$

工程计算中一般允许 10% 以内的误差,因此近似条件可以写成

$$\tau_{g2}\tau_{g3}\omega^2 \leqslant \frac{1}{10}$$

可以近似认为处理的条件是

$$\omega_c \leqslant \frac{1}{3}\sqrt{\frac{1}{\tau_{g2}\tau_{g3}}} \qquad (2\text{-}53)$$

在此条件下

$$\frac{1}{(\tau_{g2}s+1)(\tau_{g3}s+1)} \approx \frac{1}{(\tau_{g2}+\tau_{g3})s+1} \qquad (2\text{-}54)$$

简化后的对数频率特性如图 2-20 中虚线所示。

同理,如果有三个小惯性环节,可以证明,近似处理的办法是

$$\frac{1}{(\tau_{g2}s+1)(\tau_{g3}s+1)(\tau_{g4}s+1)} \approx \frac{1}{\sum\limits_{i=2}^{4}\tau_{gi}s+1} \qquad (2\text{-}55)$$

由此可得下述结论:当系统有多个小惯性环节时,在一定的条件下,可以将它们近似地看成是一个小惯性环节,其时间常数等于原系统各小时间常数之和。

(2) 高阶系统的降阶处理

一般情况下,要想忽略特征方程的高次项,从原则上说,只有当高次项的系数小到一定程度才可以忽略不计。现以三阶系统为例,设

$$W(s) = \frac{K}{as^3 + bs^2 + cs + 1} \tag{2-56}$$

式中：a、b、c 都是正的系数，且 $bc > a$，即系统是稳定的。若能忽略高次项，可以近似成一阶传递函数

$$W(s) \approx \frac{K}{cs + 1} \tag{2-57}$$

相应的近似条件也可以从频率特性导出。近似条件为

$$\begin{cases} \omega_c \leqslant \dfrac{1}{3} \min\left[\sqrt{\dfrac{1}{b}}, \sqrt{\dfrac{c}{a}}\,\right] \\ bc > a \end{cases}$$

（3）低频段大惯性环节的近似处理

如果系统中存在时间常数很大的惯性环节 $\dfrac{1}{\tau_g s + 1}$ 时，可以近似地把它当作积分环节 $\dfrac{1}{\tau_g s}$ 处理。下面分析这种近似对动态性能的影响。

设原系统的开环传递函数为

$$W_a(s) = \frac{K(\tau_w s + 1)}{s(\tau_{g1} s + 1)(\tau_{g2} s + 1)} \tag{2-58}$$

式中：$\tau_{g1} > \tau_w > \tau_{g2}$，且 $\dfrac{1}{\tau_{g1} s}$ 远低于截止频率 ω_c，处于频率特性的低频段，见图 2-21 中曲线 a。

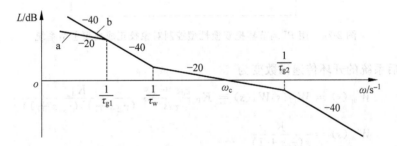

图 2-21　低频段大惯性环节近似处理对频率特性的影响

如果把大惯性环节改换成积分环节，则开环传递函数变为

$$W_b(s) = \frac{K(\tau_w s + 1)}{\tau_{g1} s^2 (\tau_{g2} s + 1)}$$

对应的开环对数幅频特性示于图 2-21 中曲线 b。比较两系统的开环对数幅频特性曲线，发现它们之间的差别仅在低频段，系统由 I 型变为 II 型，这样的近似处理对系统的动态性能影响不大。实际上，将这个惯性环节近似成积分环节后，相角滞后得更多，相当于稳定裕度更小。这就是说，实际系统的稳定裕度比近似系统更大，按近似系统设计好以后，实际系统的稳定性应该更强，不必对这种近似处理再作任何修正。

2. 调速系统的串联校正

这里的串联校正就是选择调节器。当调速系统经过近似处理之后，应根据控制系统的需要，确定应校正成典型系统的类型。典型系统的类型确定后，调节器的结构及其参数

也就随之确定了。

(1) 校正为典型 I 型系统时调节器的选择

【例 2-3】 设控制对象是双惯性的,其传递函数为

$$W_d(s) = \frac{K_d}{(\tau_{g1}s+1)(\tau_{g2}s+1)}$$

式中：$\tau_{g1} > \tau_{g2}$，K_d 为控制对象的放大系数。

若要校正成典型 I 型系统,试选择调节器的结构。

解：比较典型 I 型系统的开环传递函数

$$W_{op}(s) = \frac{K}{s(\tau_g s+1)}$$

可知,调节器必须补充一个积分环节,并带有一个比例微分环节,以便抵消调节对象中的一个惯性环节。为使校正后的系统动态响应快些,抵消时间常数较大的惯性环节较好。这样,就应选择 PI 调节器,其传递函数为

$$W_{PI}(s) = \frac{\tau_d s+1}{\tau_0 s} = K_P \frac{\tau_d s+1}{\tau_d s}$$

串联校正后其系统的闭环结构图如图 2-22 所示。

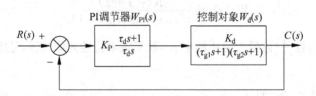

图 2-22 用 PI 调节器把双惯性型控制对象校正成典型 I 型系统

校正后系统的开环传递函数变为

$$W_{op}(s) = W_{PI}(s)W_d(s) = K_P \frac{\tau_d s+1}{\tau_d s} \cdot \frac{K_d}{(\tau_{g1}s+1)(\tau_{g2}s+1)}$$

$$W_{op}(s) = \frac{K}{s(\tau_g s+1)}$$

显然,这就是典型 I 型系统。

在该系统中,调节器的参数为

$$\tau_d = \tau_{g1}, \quad K_P = \frac{\tau_{g1}}{K_d}K$$

而 K 可以通过给定的性能指标确定 ζ 值后取得。例如,需要把系统校正成"二阶最佳系统",则 $\zeta = 0.707$,根据表 2-1,选 $K = \frac{1}{2\tau_g}$。

如果调节对象是一个惯性环节,一个惯性环节加一个积分环节,两个大惯性环节加一个小惯性环节,则应分别选用 I 调节器,P 调节器,PID 调节器,校正的方法同上。

(2) 校正为典型 II 型系统时调节器的选择

【例 2-4】 设控制对象为一个积分环节和一个小惯性群环节组成,其传递函数为

$$W_d(s) = \frac{K_d}{s(\tau_{g\Sigma}s+1)}$$

若要校正成典型 Ⅱ 型系统,试选择调节器的结构。

解:直接采用 PI 调节器进行串联校正,其传递函数为

$$W_{PI}(s) = K_P \frac{\tau_d s + 1}{\tau_d s}$$

校正后系统的开环传递函数为

$$W_{op}(s) = W_{PI}(s)W_d(s) = K_P \frac{\tau_d s + 1}{\tau_d s} \cdot \frac{K_d}{s(\tau_{g\Sigma} s + 1)}$$

$$= \frac{K_P K_d}{\tau_d} \cdot \frac{\tau_d s + 1}{s^2(\tau_{g\Sigma} s + 1)} = K \frac{\tau_d s + 1}{s^2(\tau_g s + 1)}$$

式中:$K = \dfrac{K_P K_d}{\tau_d}$;$\tau_g = \tau_{g\Sigma}$。显然,这就是典型 Ⅱ 型系统。

按 M_r 最小准则,可确定调节器的参数:

$$\tau_d = h\tau_g \tag{2-59}$$

再由式(2-48)有

$$K = \frac{h+1}{2h^2\tau_g^2} = \frac{K_P K_d}{\tau_d}$$

$$K_P = \frac{h+1}{2h^2\tau_g^2} \cdot \frac{h\tau_g}{K_d} = \frac{h+1}{2h\tau_g K_d} \tag{2-60}$$

如果调节对象是由两个惯性相仿环节和一个积分环节组成,则应选用 PID 调节器进行串联校正,使系统成为典型 Ⅱ 型系统;如果调节器对象是由一个大惯性环节和一个小惯性群组成,则可将大惯性环节近似为积分环节,再选择 PI 调节器进行串联校正,便可使系统成为典型 Ⅱ 型系统。

采用工程设计方法选择调节器时,首先应根据具体的控制要求,确定将系统校正成哪种典型系统。一般考虑的原则是:如果主要考虑跟随性能好、超调量小时,则应选择典型 Ⅰ 型系统,但缺点是电磁惯性的时间常数较大,抗扰性能较差,恢复时间较长;如果主要考虑抗扰性能较好时,则应选择典型 Ⅱ 型系统,但缺点是阶跃响应超调量较大。

2.4　双闭环直流调速系统的工程设计

设计双闭环调速系统是应用前述的工程设计方法设计两个调节器,即电流调节器和转速调节器。这与设计多环控制系统的方法相同,先设计内环,后设计外环。在双闭环直流调速系统中,首先从电流环入手,设计好电流调节器,然后化简电流环的闭环传递函数,把它当作转速调节系统中的一个环节,再设计转速调节器。

图 2-23 所示为双闭环直流调速系统的动态结构图。它与图 2-7 的区别是增加了滤波环节,包括电流反馈滤波、转速反馈滤波和两个给定滤波环节。增加电流滤波和转速滤波环节是因为电流检测信号和转速反馈电压中含有交流分量,须加低通滤波,其滤波时间常数按需要选定。滤波环节虽然可以抑制反馈信号中的交流分量,但是滤波环节本身是惯性环节,同时给反馈信号带来延滞。为了平衡这种延滞作用,在给定信号通道中同样加

入相同时间常数的惯性环节,称作给定滤波环节。其意义在于:让给定信号和反馈信号经过同样的延滞,使二者在时间上得到恰当的配合,从而带来设计上的方便。

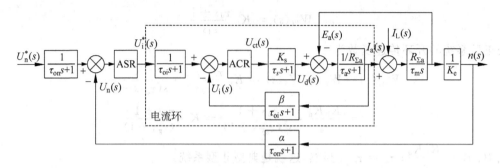

图 2-23　双闭环直流调速系统的动态结构图

电流反馈滤波时间常数用 τ_{oi} 表示,转速反馈滤波时间常数用 τ_{on} 表示。

2.4.1　电流调节器设计

1. 电流环动态结构图的简化

图 2-23 虚线框内就是电流环的结构图。从图 2-23 中可看出,电动势反馈和电枢电流反馈产生交叉作用,它代表转速环输出量对电流环的影响。由于实际系统中的电磁时间常数 τ_a 远小于机电时间常数 τ_m,电流调节的过程比转速的变化快得多,也就是说,比反电动势的变化快得多。反电动势对电流环来说只是一个变化缓慢的扰动作用,在电流调节器的调节过程中可以近似地认为 E 基本不变,即 $\Delta E \approx 0$。这样,在设计电流环时,可以暂不考虑反电动势变化的动态作用,而将电动势反馈线断开,忽略它的作用。关于忽略反电动势影响的理论分析可参阅有关文献。

忽略反电动势动态影响后的电流环近似结构图如图 2-24(a)所示。再把给定滤波和反馈滤波两个环节等效地移到环内,使非单位负反馈系统等效成单位负反馈系统,得到图 2-24(b),从这里可以看出两个滤波时间常数取值相等的方便之处。最后,由于 τ_s 和 τ_{oi} 一般都比 τ_a 小得多,可以当作两个小惯性处理,取

$$\tau_{\Sigma i} = \tau_s + \tau_{oi}$$

则电流环结构图最终简化成图 2-24(c)。

2. 电流调节器结构和参数设计

首先要确定电流环最终被校正成哪一类典型系统。电流环的一项重要作用就是保持电枢电流在动态过程中不超过允许值,因而在突加控制作用时不希望有超调,或者超调量越小越好。从这个观点出发,应该把电流环校正成典型 I 型系统。可是电流环还有另一个对电网电压波动及时调节的作用,为了提高其抗扰性能,又希望把电流环校正成典型 II 型系统。下面分别讨论这两种情况。

(1) 按典型 I 型系统设计

图 2-24(c)表明,电流环的控制对象是双惯性型的。要校正成典型 I 型系统,显然应该采用 PI 调节器,其传递函数可以写成

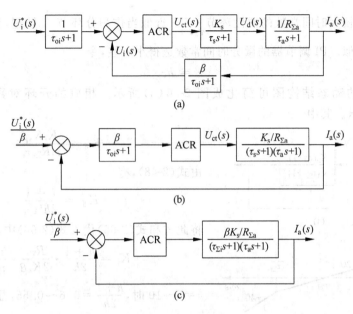

图 2-24　电流环动态结构图及其化简

$$W_{ACR}(s) = K_i \frac{\tau_i s + 1}{\tau_i s} \tag{2-61}$$

式中：K_i 为电流调节器的比例系数；τ_i 为电流调节器的超前微分时间常数。

为了让调节器的零点抵消控制对象的大时间常数极点,选择

$$\tau_i = \tau_a \tag{2-62}$$

则电流环的动态结构图成为图 2-25(a)所示的典型形式,其中电流环开环增益

$$K_I = \frac{K_i K_s \beta}{\tau_i R_{\Sigma a}} \tag{2-63}$$

电流环的开环对数幅频特性如图 2-25(b)所示。

比例放大系数 K_i 的选择主要根据动态性能指标。如果要求 $\sigma\% < 5\%$ 时,由表 2-1 可取 $\zeta = 0.707$,$K_I = \dfrac{1}{2\tau_{\Sigma i}}$。再利用式(2-62)和式(2-63),便可得

$$K_i = \frac{R_{\Sigma a}}{2K_s \beta} \cdot \frac{\tau_a}{\tau_{\Sigma i}} \tag{2-64}$$

如果对电流环抗扰性能有具体要求,需进一步校验抗扰性能。由表 2-2 的数据可以看出,若 $\dfrac{\tau_a}{\tau_{\Sigma i}} \leqslant$

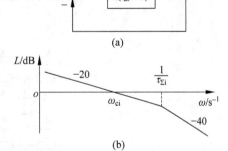

图 2-25　校正成典型 I 型系统的电流环

10 时,抗扰恢复时间尚可接受。这时,把电流环校正成典型 I 型系统是合适的。

(2) 按典型 II 型系统设计

把电流环校正成典型 II 型系统时,仍可采用 PI 调节器,其参数的选择可按 M_r 最小

准则。把具有较大时间常数的惯性环节 $\dfrac{1}{\tau_a s+1}$ 近似当作积分环节 $\dfrac{1}{\tau_a s}$ 处理，只要 $\tau_a > h\tau_{\Sigma i}$，就可以这样近似。PI 调节器的微分时间常数选得小一些，令

$$\tau_i = h\tau_{\Sigma i} \tag{2-65}$$

因此，电流环的动态结构图可简化成图 2-26(a)所示。相应的开环对数幅频特性如图 2-26(b)所示。其中

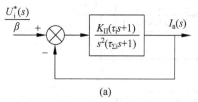

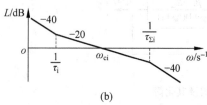

(b)

图 2-26　校正成典型Ⅱ型系统的电流环

$$K_{\text{Ⅱ}} = \frac{K_i K_s \beta}{\tau_i R_{\Sigma a} \tau_a} \tag{2-66}$$

由式(2-48)，有

$$K_{\text{Ⅱ}} = \frac{h+1}{2h^2 \tau_{\Sigma i}^2}$$

将此式和式(2-65)代入式(2-66)中，可得

$$K_i = \frac{h+1}{2h} \cdot \frac{R_{\Sigma a}}{2K_s \beta} \cdot \frac{\tau_a}{\tau_{\Sigma i}} \tag{2-67}$$

$h=5\sim10$ 时，$\dfrac{h+1}{2h}=0.6\sim0.55$，显然，$h$ 值的变化对 K_i 的影响不大。

由以上分析可以看出，不论是按典型Ⅰ型系统还是按典型Ⅱ型系统设计电流调节器，都可采用 PI 调节器。区别仅为参数的大小不同，主要是微分时间常数的大小不同，比例放大系数 K_i 差别不大。

3. 电流调节器的实现

图 2-27 为含有给定滤波和反馈滤波的 PI 型电流调节器原理图。图 2-27 中，U_i^* 是转速调节器的输出电压，表示电流调节器的给定电压；$-\beta I_a$ 表示电流负反馈电压；U_{ct} 表示调节器的输出电压，即为触发装置的控制电压。

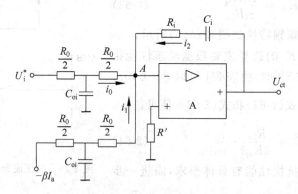

图 2-27　含有给定滤波和反馈滤波的 PI 型电流调节器原理图

根据图 2-27 中 A 点虚地的概念，调节器的滤波时间常数 τ_{oi} 以及参数 K_i 和 τ_i 可推导如下：

$$i_0(s) = \frac{U_i^*(s)}{\dfrac{R_0}{2} + \dfrac{\dfrac{R_0}{2} \cdot \dfrac{1}{sC_{oi}}}{\dfrac{R_0}{2} + \dfrac{1}{sC_{oi}}}} \cdot \frac{\dfrac{1}{sC_{oi}}}{\dfrac{R_0}{2} + \dfrac{1}{sC_{oi}}} = \frac{U_i^*(s)}{R_0\left(\dfrac{R_0 C_{oi}}{4}s + 1\right)} = \frac{U_i^*(s)}{R_0(\tau_{oi}s + 1)}$$

其中

$$\tau_{oi} = \frac{1}{4}R_0 C_{oi} \tag{2-68}$$

为滤波时间常数。

又由 A 点的电流平衡方程式 $i_0(s) + i_1(s) + i_2(s) = 0$，有

$$\frac{U_i^*(s)}{R_0(\tau_{oi}s + 1)} - \frac{\beta I_a(s)}{R_0(\tau_{oi}s + 1)} = -\frac{U_{ct}(s)}{R_i + \dfrac{1}{sC_i}}$$

整理后，得

$$\frac{U_i^*(s)}{\tau_{oi}s + 1} - \frac{\beta I_a(s)}{\tau_{oi}s + 1} = -\frac{U_{ct}(s)}{K_i \dfrac{\tau_i s + 1}{\tau_i s}}$$

其中

$$K_i = \frac{R_i}{R_0} \tag{2-69}$$

为 PI 调节器的比例放大系数。

$$\tau_i = R_i C_i \tag{2-70}$$

为 PI 调节器的微分时间常数。

2.4.2　转速调节器设计

在设计转速调节器时，可以把已设计结束的电流环当作是转速调节系统中的一个内环节，求出其等效传递函数，再用与设计电流环相同的方法进行设计。

1. 电流环等效闭环传递函数

将电流调节器 ACR 的 PI 传递函数代入图 2-24(c)，其闭环传递函数为

$$\begin{aligned}
\frac{\beta I_a(s)}{U_i^*(s)} &= \frac{\dfrac{K_i K_s \beta}{\tau_i R_{\Sigma a}}(\tau_i s + 1)}{s(\tau_a s + 1)(\tau_{\Sigma i}s + 1) + \dfrac{K_i K_s \beta}{\tau_i R_{\Sigma a}}(\tau_i s + 1)} \\
&= \frac{\tau_i s + 1}{\dfrac{\tau_i R_{\Sigma a}}{K_i K_s \beta}s(\tau_a s + 1)(\tau_{\Sigma i}s + 1) + (\tau_i s + 1)}
\end{aligned} \tag{2-71}$$

这是 PI 调节器原始参数的电流环等效闭环传递函数。

① 如果电流环按典型 I 型系统设计，则将相应的参数表达式式(2-62)和式(2-64)代入式(2-71)并化简后，可得

$$\frac{\beta I_a(s)}{U_i^*(s)} = \frac{1}{2\tau_{\Sigma i}^2 s^2 + 2\tau_{\Sigma i}s + 1} \tag{2-72}$$

或

$$\frac{I_a(s)}{U_i^*(s)} = \frac{1/\beta}{2\tau_{\Sigma i}^2 s^2 + 2\tau_{\Sigma i}s + 1} \tag{2-73}$$

式(2-73)表明,电流环相当于一个二阶振荡环节,其自然振荡频率为 $\omega_n = \frac{1}{\sqrt{2}\,\tau_{\Sigma i}}$,阻尼比为

$\zeta = 0.707$。如果转速环的载止频率 ω_c 很低,即远小于 $\omega_n = \frac{1}{\sqrt{2}\,\tau_{\Sigma i}}$ 时,则可忽略高次项降

阶,有

$$\frac{I_a(s)}{U_i^*(s)} = \frac{1/\beta}{2\tau_{\Sigma i}s + 1} \tag{2-74}$$

即用一阶惯性环节近似代替式(2-73)所表示的二阶振荡环节。式(2-73)和式(2-74)所对应的对数幅频特性如图 2-28 中 A 线和 B 线所示。

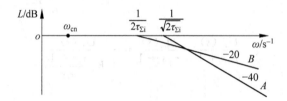

图 2-28　电流环及其近似的对数幅频特性

由图 2-28 可见,原系统和近似系统只在高频段有些区别,而对中频段不会产生太大的影响。所以电流环按典型 I 型系统设计时,其等效闭环传递函数可用式(2-74)表示。

② 如果电流环按典型 II 型系统设计,则可将相应的参数表达式式(2-65)和式(2-67)

代入式(2-71),并考虑 $m = \dfrac{\tau_{\Sigma i}}{\tau_a}$,则可得

$$\frac{\beta I_a(s)}{U_i^*(s)} = \frac{h\tau_{\Sigma i}s + 1}{\dfrac{2h^2}{h+1}\tau_{\Sigma i}^2 s^2 + \dfrac{2h^2}{h+1}(1+m)\tau_{\Sigma i}^2 s^2 + \left(\dfrac{2h^2}{h+1}m + h\right)\tau_{\Sigma i}s + 1}$$

和前述分析相同,忽略高次项,并取电流环传递函数的近似式为

$$\frac{\beta I_a(s)}{U_i^*(s)} \approx \frac{h\tau_{\Sigma i}s + 1}{\left(\dfrac{2h^2}{h+1}m + h\right)\tau_{\Sigma i}s + 1} \approx \frac{1}{\dfrac{2h^2}{h+1}m\tau_{\Sigma i}s + 1}$$

或

$$\frac{I_a(s)}{U_i^*(s)} = \frac{1/\beta}{\dfrac{2h^2}{h+1}m\tau_{\Sigma i}s + 1} \tag{2-75}$$

这就是电流环按典型 II 型系统设计时其等效的闭环传递函数。

③ 综合式(2-74)和式(2-75),可将电流环的等效闭环传递函数表示为

$$\frac{I_a(s)}{U_i^*(s)} = \frac{1/\beta}{\mu\tau_{\Sigma i}s + 1} \tag{2-76}$$

式中：$\mu = 2$ 为电流环按典型 I 型系统设计；$\mu = \dfrac{2h^2}{h+1}m$ 为对应电流环按典型 II 型系统

设计。

比较式(2-76)和图 2-24(c)可见,原来电流环的调节对象近似是双惯性环节,其时间常数分别为 τ_a 和 $\tau_{\Sigma i}$;闭环后等效为单惯性环节,其时间常数为 $\mu\tau_{\Sigma i}$(小时间常数),显然改造了调节对象,加快了电流的跟随作用。这也是多环系统中局部闭环(内环)的一个重要功能。

2. 转速环的动态结构图

用等效传递函数表示电流环以后,整个转速调节系统的动态结构图如图 2-29(a)所示。图 2-29 中,α 为转速反馈系数,τ_{0n} 是转速反馈滤波时间常数。为了补偿反馈通道的惯性作用,引入同样时间常数的转速给定滤波环节,这和电流环的处理方法相同。

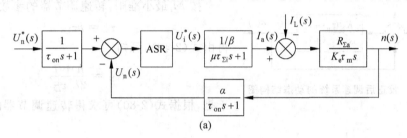

(a)

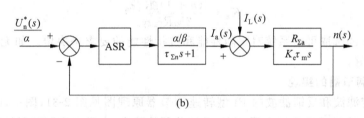

(b)

图 2-29　转速环的动态结构图及近似处理

把反馈滤波和给定滤波环节等效地移至环内,同时将给定信号改为 $\dfrac{U_n^*}{\alpha}$,并用时间常数之和 $\tau_{\Sigma n}$ 代替 τ_{on} 和 $\mu\tau_{\Sigma i}$,即

$$\tau_{\Sigma n} = \tau_{on} + \mu\tau_{\Sigma i} \tag{2-77}$$

则转速调节系统的动态结构图可进一步简化成图 2-29(b)。

3. 转速调节器结构选择和参数计算

生产工艺一般要求转速调节系统稳态时无静差,动态性能应具有良好的抗扰性能。由图 2-29(b)可以看出,在负载扰动作用点以后已经有了一个积分环节。为了实现转速无静差,还必须在扰动作用点以前设置一个积分环节,因此需要 Ⅱ 型系统。再从动态性能上看,调速系统首先需要有较好的抗扰性能,典型 Ⅱ 型系统恰好能满足这个要求。所以,大多数调速系统的转速环都按典型 Ⅱ 型系统进行设计。

由图 2-29(b)可以明显地看出,要把转速环校正成典型 Ⅱ 型系统,转速调节器 ASR应该采用 PI 调节器其传递函数为

$$W_{\mathrm{ASR}}(s) = K_n \frac{\tau_n s + 1}{\tau_n s} \tag{2-78}$$

式中：K_n 为转速调节器的比例系数；τ_n 为转速调节器的超前微分时间常数。

调速系统的开环传递函数为

$$W_n(s) = \frac{K_n \alpha R_{\Sigma a}(\tau_n s + 1)}{\tau_n \beta K_e \tau_m s^2(\tau_{\Sigma n} s + 1)} = \frac{K_N(\tau_n s + 1)}{s^2(\tau_{\Sigma n} s + 1)} \tag{2-79}$$

$$K_N = \frac{K_n \alpha R_{\Sigma a}}{\tau_n \beta K_e \tau_m} \tag{2-80}$$

为转速环的开环放大系数。

当不考虑负载扰动时，校正后的调速系统如图 2-30 所示。

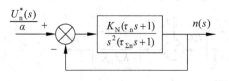

图 2-30 校正后调速系统的动态结构图

按 M_r 最小准则，转速调节器的参数应为

$$\tau_n = h\tau_{\Sigma n} \tag{2-81}$$

再由式(2-48)，可知

$$K_N = \frac{h+1}{2h^2 \tau_{\Sigma n}^2} \tag{2-82}$$

于是，根据式(2-80)可求得转速调节器的比例系数为

$$K_n = \frac{(h+1)\beta K_e \tau_m}{2h\alpha R_{\Sigma a} \tau_{\Sigma n}} \tag{2-83}$$

中频带 h 的选取可由系统对跟随性能和抗扰性能的要求来决定。如无特殊要求，一般以 $h=5$ 为好。

4. 转速调节器的实现

含有给定滤波和反馈滤波的 PI 型转速调节器原理图见图 2-31，图中，U_n^* 为转速给定电压；$-\alpha n$ 为转速负反馈电压；U_i^* 是调节器的输出，也是电流调节器的给定值。

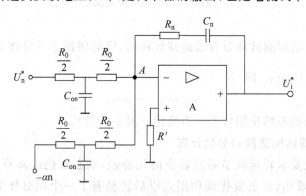

图 2-31 含有给定滤波和反馈滤波的 PI 型转速调节器原理图

与电流调节器相似，转速调节器参数与电阻、电容的关系为

$$K_n = \frac{R_n}{R_0} \tag{2-84}$$

$$\tau_n = R_n C_n \tag{2-85}$$

$$\tau_{on} = \frac{1}{4} R_0 C_{on} \tag{2-86}$$

2.4.3 转速调节器退饱和时的转速超调量

1. 退饱和超调

如果转速调节器在很大范围内线性工作而没有饱和限幅的约束,双闭环调速系统启动时的转速过渡过程如图 2-32(a)所示。从表 2-4 中可以看到,超调量 $\sigma\%$ 的大小随 h 的不同而不同,典型Ⅱ型系统的超调量是不会太小的。实际上,转速调节器在突加给定电压后,很快进入饱和限幅状态,输出电压恒定为电流调节器的最大给定电压 U_{im}^* ,使电动机在最大允许电流条件下恒流启动,启动电流 $I_a \approx I_{amax} = U_{im}^* / \beta$,而转速 n 则按线性规律增长,如图 2-32(b)所示。

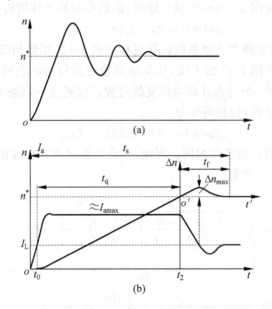

图 2-32　转速环按典型Ⅱ型系统设计的双闭环调速系统启动过程

转速调节器饱和以后,只有转速上升越过给定转速,使转速偏差开始出现负值,才能使 PI 调节器退出饱和,恢复线性控制。ASR 刚退出饱和后,由于电动机电流 I_a 仍大于负载电流 I_L ,电动机仍继续加速,直到 $I_a \leqslant I_L$ 时,转速才能降下来。因此,启动过程中转速必然有超调,但这已经不是按线性系统规律的超调,而是经历了饱和非线性区域之后产生的超调,特别称作"退饱和超调"。退饱和超调量的大小计算,表 2-4 已不再适用,需另外寻找途径。

2. 退饱和超调量计算

退饱和超调的超调量明显地小于线性系统的超调量。在转速调节器退饱和以后,调速系统恢复到线性范围运行,其结构图如图 2-29(b)所示。因此,描述系统的微分方程和前述分析跟随性能时完全一样,仅仅是初始条件不同。分析跟随性能时,初始条件为

$$n(o) = 0, \quad I_a(o) = 0$$

现在讨论退饱和超调,其初始状态就是饱和阶段的终了状态,把时间坐标原点移到开始退饱和的时刻,即图 2-32(b)中的 t_2 处,则初始条件变为

$$n(o) = n^*, \quad I_a(o) = I_{amax}$$

虽然退饱和阶段与线性跟随时的结构图与微分方程完全相同,但初始条件不同,其过渡过程也不一样。也就是说,退饱和的超调量并不等于典型Ⅱ型系统跟随性能指标中的超调量。

计算退饱和时的超调量,应该在新的初始条件下求解系统的过渡过程。然而,对比一下同一系统在负载扰动作用下的过渡过程,便找到了一条更简便的计算途径。

当 ASR 选用 PI 调节器时,先把图 2-29(b)所示的调速系统结构图绘成图 2-33(a)。由于现在研究的是退饱和时的超调量,即稳态转速 n^* 以上的超调部分,故可把时间坐标轴的原点移至图 2-32(b)中的 o' 点处,即只考虑实际转速与给定转速的差值 $\Delta n = n - n^*$,相应的动态结构图变为图 2-33(b)所示。这时,退饱和初始条件则转化为

$$\Delta n(o') = 0, \quad I_a(o') = I_{amax}$$

将图 2-33(b)和讨论典型Ⅱ型系统抗扰过程的例 2-2 所用结构图(见图 2-19)对比,发现二者完全相当。对于图 2-19 的系统,如果原来稳定运行时的负载为 I_{amax},现突然将其降到 I_L,则转速会产生一个动态升高与恢复的过程。描述这一动态速升过程的微分方程仍然是该系统的微分方程,初始条件为

$$\Delta n(o) = 0, \quad I_a(o) = I_{amax}$$

这和退饱和超调过程的初始条件相同。因此,突降负载转速升高过程 $\Delta n = f(t)$ 和退饱和超调过程 $\Delta n = f(t')$ 完全等效。

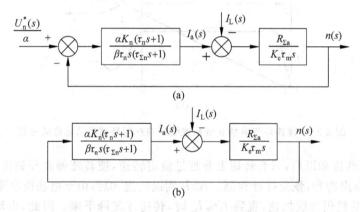

图 2-33 转速环的等效动态结构图

计算突加负载时的动态速降可用表 2-5 所给出的抗扰性能指标。同样,也完全可以用它来计算退饱和超调过程,所不同的仅仅是基准值而已。在抗扰指标中,ΔC(即 Δn)的基准值是

$$C_{kh} = 2FK_2\tau_g$$

现在突降负载的变化量是扰动量

$$F = I_{amax} - I_L$$

在这里,对比图 2-19 和图 2-33(b)可知

$$K_2 = \frac{R_{\Sigma a}}{K_e\tau_m}, \quad \tau_g = \tau_{\Sigma n}$$

所以动态速升 Δn 的基准值为

$$C_{kh} = \frac{2R_{\Sigma a}\tau_{\Sigma n}(I_{amax} - I_L)}{K_e\tau_m} \tag{2-87}$$

设 λ 为电机允许过载倍数，$I_{amax} = \lambda I_N$；z 为负载系数，$I_L = z I_N$；Δn_N 为调速系统开环机械特性的额定稳态速降，$\Delta n_N = I_N R_{\Sigma a}/K_e$。则

$$C_{kh} = 2(\lambda - z)\Delta n_N \frac{\tau_{\Sigma n}}{\tau_m} \tag{2-88}$$

而超调量 $\sigma_n\%$ 的基值为 n^*，查表 2-5 取得 $\Delta C_{max}/C_{kh}$ 的数据，经过基准值换算之后，便可以求出退饱和超调量，其值为

$$\sigma_n\% = \frac{\Delta C_{max}}{C_{kh}} \cdot \frac{C_{kh}}{n^*} = \frac{\Delta C_{max}}{C_{kh}} \cdot 2(\lambda - z) \frac{\Delta n_N}{n^*} \cdot \frac{\tau_{\Sigma n}}{\tau_m} \tag{2-89}$$

【例 2-5】 在上述按典型 Ⅱ 型系统的设计中，h 取 5。若空载启动，$z = 0$，过载倍数 $\lambda = 1.5$，时间常数比 $\tau_{\Sigma n}/\tau_m = 0.1$，$\Delta n_N = 30\% n_N$。分别计算启动到额定转速 n_N 和启动到 $0.1 n_N$ 时的超调量 $\sigma_n\%$。

解： 查表 2-5，得到 $h = 5$ 时的 $\Delta C_{max}/C_{kh}$ 数据为 81.2%，根据公式(2-89)，当稳态转速为 n_N 时，得

$$\begin{aligned}
\sigma_n\% &= \frac{\Delta C_{max}}{C_{kh}} \cdot 2(\lambda - z) \frac{\Delta n_N}{n^*} \cdot \frac{\tau_{\Sigma n}}{\tau_m} \\
&= 81.2\% \times 2(1.5 - 0) \times \frac{0.3 \times n_N}{n_N} \times 0.1 \\
&= 7.3\%
\end{aligned}$$

当稳态转速为 $0.1 n_N$ 时，得

$$\begin{aligned}
\sigma_n\% &= \frac{\Delta C_{max}}{C_{kh}} \cdot 2(\lambda - z) \frac{\Delta n_N}{n^*} \cdot \frac{\tau_{\Sigma n}}{\tau_m} \\
&= 81.2\% \times 2(1.5 - 0) \times \frac{0.3 \times n_N}{0.1 n_N} \times 0.1 \\
&= 73\%
\end{aligned}$$

参见表 2-4，h 等于 5 时的 $\sigma_n\%$ 是 37.6%。显然，启动到额定转速 n_N 时的退饱和超调量远小于线性系统时的超调量。但是，随着稳态转速的降低，退饱和超调量开始增大。而在线性系统中，只要 h 值选定后，不论稳态转速高或低，其超调量不变。这是二者的主要区别。

通过上面的分析和计算可以得到下述重要结论：退饱和超调量的大小与动态速降的大小是一致的。也就是说，考虑 ASR 的饱和非线性后，系统的跟随性能和抗扰性能是一致的。

顺便指出，一般情况下，当 $h = 5$ 时，系统的跟随性能和抗扰性能都比较好。

3. 系统的启动时间

从图 2-32(b)可以看出，系统的启动时间 t_s 应该等于 t_2 和退饱和超调的过渡过程时间 t_f 之和。其中 t_2 主要是恒流启动的那段上升时间 t_q，启动延迟时间 t_0 很小，常可忽略。于是

$$t_s = t_0 + t_q + t_f$$

式中：t_f 可根据选定的 h 值，查表 2-5 获得。例如 $h = 5$ 时，$t_f = 8.8\tau_{\Sigma n}$。如果忽略启动延迟时间 t_0 这个电流上升阶段短暂过程，认为一开始就按恒加速启动，其斜率，即加速度为

$$\frac{\mathrm{d}n}{\mathrm{d}t} = \frac{n^*}{t_q}$$

又由图 2-33 可知

$$\frac{n(s)}{I_{\mathrm{amax}}(s) - I_{\mathrm{L}}(s)} = \frac{R_{\Sigma n}}{K_e \tau_m s}$$

$$sn(s) = \frac{R_{\Sigma n}}{K_e \tau_m}\left[I_{\mathrm{amax}}(s) - I_{\mathrm{L}}(s)\right]$$

逆变换后，有

$$\frac{\mathrm{d}n}{\mathrm{d}t} = (I_{\mathrm{amax}} - I_{\mathrm{L}})\frac{R_{\Sigma n}}{K_e \tau_m}$$

所以

$$\frac{n^*}{t_q} = (I_{\mathrm{amax}} - I_{\mathrm{L}})\frac{R_{\Sigma n}}{K_e \tau_m}$$

于是，上升时间为

$$t_q = \frac{K_e \tau_m n^*}{R_{\Sigma n}(I_{\mathrm{amax}} - I_{\mathrm{L}})} = \frac{K_e \tau_m n^*}{R_{\Sigma n}(\lambda I_N - z I_N)} \tag{2-90}$$

若考虑式(2-83)和 $U_n^* = \alpha n^*$，$U_{im}^* = \beta I_{\mathrm{amax}}$，整理有

$$t_q = \frac{2h}{h+1} \cdot \frac{K_n U_n^*}{(U_{im}^* - \beta I_{\mathrm{L}})} \tau_{\Sigma n} \tag{2-91}$$

系统启动时间 t_s 的计算公式为

$$\begin{aligned}
t_s &= t_f + t_q \\
&= t_f + \frac{2h}{h+1} \cdot \frac{K_n U_n^*}{(U_{im}^* - \beta I_{\mathrm{L}})} \tau_{\Sigma n} \\
&= t_f + \frac{K_e \tau_m n^*}{R_{\Sigma n}(\lambda I_N - z I_N)}
\end{aligned} \tag{2-92}$$

【例 2-6】 某双闭环直流调速系统，已知：$U_N = 220\mathrm{V}$，$I_N = 136\mathrm{A}$，$n_N = 1500\mathrm{r/min}$，$K_e = 0.132\mathrm{V/(r \cdot min^{-1})}$，$\lambda = 1.5$，$R_{\Sigma a} = 0.5\Omega$，$\tau_m = 0.18\mathrm{s}$，$\tau_{\Sigma n} = 0.018\mathrm{s}$，选 $h = 5$。试计算空载启动到额定转速 n_N 的上升时间 t_q 及过渡过程时间 t_s。

解： 根据系统是空载启动到额定转速 n_N，则 $z = 0$，$n^* = n_N$。代入式(2-90)，得

$$\begin{aligned}
t_q &= \frac{K_e \tau_m n^*}{R_{\Sigma n}(\lambda I_N - z I_N)} = \frac{K_e \tau_m n_N}{R_{\Sigma n} \lambda I_N} \\
&= \frac{0.132 \times 0.18 \times 1500}{0.5 \times 1.5 \times 136} \\
&= 0.35(\mathrm{s})
\end{aligned}$$

再查表 2-5，得到 $h = 5$ 时的 $t_f = 8.8\tau_{\Sigma n}$，即

$$t_f = 8.8\tau_{\Sigma n} = 8.8 \times 0.018 = 0.16(\mathrm{s})$$

所以

$$t_s = t_f + t_q = 0.35\mathrm{s} + 0.16 = 0.51(\mathrm{s})$$

2.5　设计举例

2.5.1　设计实例

【例 2-7】　某晶闸管供电的双闭环直流调速系统,整流装置采用三相桥式线路,基本数据如下。

直流电动机:

$$U_N = 220V, \quad I_N = 136A, \quad n_N = 1500r/min$$
$$K_e = 0.228(V/(r \cdot min^{-1})), \quad \lambda = 1.5$$

晶闸管装置放大系数:

$$K_s = 62.5$$

电枢回路总电阻:

$$R_{\Sigma a} = 0.863(\Omega)$$

电磁和机电时间常数:

$$\tau_a = 0.028s, \quad \tau_m = 0.383s$$

电流反馈系数:

$$\beta = 0.025(V/A)$$

转速反馈系数:

$$\alpha = 0.0041(V/(r \cdot min^{-1}))$$

反馈滤波时间常数:

$$\tau_{oi} = 0.005s, \quad \tau_{on} = 0.005s$$

设计要求为稳态指标:无静差;动态指标:电流超调量 $\sigma_i\% \leqslant 5\%$,空载启动到额定转速时的转速超调量 $\sigma_n\% \leqslant 10\%$。

设计过程如下。

1. 电流环设计

(1) 确定时间常数

三相桥式晶闸管装置的滞后时间常数 τ_s,由表 2-1 查得

$$\tau_s = 0.0017s$$

电流环小时间常数 $\tau_{\Sigma i}$,按小惯性环节近似处理,可取

$$\tau_{\Sigma i} = \tau_s + \tau_{oi} = (0.0017 + 0.005) = 0.0067(s)$$

(2) 选择电流调节器结构

电磁时间常数与电流环等效小时间常数的比值为

$$\frac{\tau_a}{\tau_{\Sigma i}} = \frac{0.028s}{0.0067s} = 4.18 < 10$$

说明两惯性环节时间常数相仿,即相差不大。故在调节器中考虑因子相抵,而不把 τ_a 项按积分处理(大惯性)。若比值 >10 时,再考虑是否按大惯性变积分处理。这里主要根据设计要求 $\sigma_i\% \leqslant 5\%$,且对抗扰性能指标并无具体的要求,从表 2-2 可知,其抗扰时间可以接受,因此选择按典型 I 型系统设计。电流调节器选用 PI 调节器,其传递函数为

$$W_{\mathrm{ACR}}(s) = K_{\mathrm{i}} \frac{\tau_{\mathrm{i}} s + 1}{\tau_{\mathrm{i}} s}$$

(3) 选择电流调节器参数

电流调节器时间常数 τ_{i} 由式(2-62)确定

$$\tau_{\mathrm{i}} = \tau_{\mathrm{a}} = 0.028\mathrm{s}$$

从表 2-1 中选取 $\sigma_{\mathrm{i}}\% \leqslant 5\%$ 的电流环开环放大系数 K_{I},为

$$K_{\mathrm{I}} = \frac{1}{2\tau_{\Sigma\mathrm{i}}} = \frac{1}{2 \times 0.0067} = 74.63(\mathrm{s}^{-1})$$

由式(2-63)可知,电流调节器的比例放大系数 K_{i} 为

$$K_{\mathrm{i}} = K_{\mathrm{I}} \frac{\tau_{\mathrm{i}} R_{\Sigma\mathrm{a}}}{\beta K_{\mathrm{s}}} = 74.63 \times \frac{0.028 \times 0.863}{0.025 \times 62.5} = 1.15$$

(4) 确定调节器的电阻、电容器值

电流调节器原理线路图如图 2-27 所示,按所用运算放大器,取 $R_0 = 20\mathrm{k}\Omega$,则各电阻和电容值为

$$R_{\mathrm{i}} = K_{\mathrm{i}} R_0 = 1.15 \times 20\mathrm{k}\Omega = 23(\mathrm{k}\Omega)$$

取 $R_{\mathrm{i}} = 23\mathrm{k}\Omega$

$$C_{\mathrm{i}} = \frac{\tau_{\mathrm{i}}}{R_{\mathrm{i}}} = \frac{0.028\mathrm{s}}{23 \times 10^3\,\Omega} = 1.22(\mu\mathrm{F})$$

取 $C_{\mathrm{i}} = 1.22\mu\mathrm{F}$

$$C_{\mathrm{oi}} = \frac{4\tau_{0\mathrm{i}}}{R_0} = \frac{4 \times 0.005\mathrm{s}}{20 \times 10^3\,\Omega} = 1(\mu\mathrm{F})$$

取 $C_{\mathrm{oi}} = 1\mu\mathrm{F}$。

按照上述参数,可以达到的动态指标为 $\sigma_{\mathrm{i}}\% = 4.3\% \leqslant 5\%$,所以能够满足设计要求。

2. 转速环的设计

(1) 确定时间常数

电流环的等效时间常数由式(2-76)或式(2-74)可知,得到

$$2\tau_{\Sigma\mathrm{i}} = 2 \times 0.0067 = 0.0134(\mathrm{s})$$

转速环小时间常数 $\tau_{\Sigma\mathrm{n}}$,按小惯性环节时间常数近似处理,取

$$\tau_{\Sigma\mathrm{n}} = 2\tau_{\Sigma\mathrm{i}} + \tau_{\mathrm{on}} = 0.0134 + 0.005 = 0.0184(\mathrm{s})$$

(2) 选择转速调节器结构

由于设计要求稳态时无静差,转速调节器必须含有积分环节;而又考虑调速系统一般应具有较好的抗扰性能,应按典型 II 型系统设计转速环。故 ASR 选用 PI 调节器,其传递函数为

$$W_{\mathrm{ASR}}(s) = K_{\mathrm{n}} \frac{\tau_{\mathrm{n}} s + 1}{\tau_{\mathrm{n}} s}$$

(3) 选择转速调节器参数

按照跟随性能和抗扰性能都较好的原则,取 $h = 5$。则由式(2-81),ASR 的时间常数 τ_{n} 为

$$\tau_{\mathrm{n}} = h\tau_{\Sigma\mathrm{n}} = 5 \times 0.0184 = 0.092(\mathrm{s})$$

由式(2-82),可知转速开环放大系数 K_N 为

$$K_N = \frac{h+1}{2h^2 \tau_{\Sigma n}^2} = \frac{5+1}{2 \times 5^2 \times 0.0184^2} = 354.44(\text{s}^{-2})$$

ASR 的比例放大系数 K_n 可由式(2-80)整理得出

$$K_n = K_N \frac{\tau_n \beta K_e \tau_m}{\alpha R_{\Sigma a}} = \frac{354.44 \times 0.092 \times 0.025 \times 0.228 \times 0.383}{0.0041 \times 0.863} = 20.12$$

（4）确定调节器的电阻、电容器值

转速调节器原理线路图如图 2-31 所示。取 $R_0 = 20\text{k}\Omega$,则各电阻和电容值为

$$R_n = K_n R_0 = 20.12 \times 20 = 402.4(\text{k}\Omega)$$

取 $R_n = 402\text{k}\Omega$

$$C_n = \frac{\tau_n}{R_n} = \frac{0.092}{402.4 \times 10^3} \times 10^6 = 0.229(\mu\text{F})$$

取 $C_n = 0.22\mu\text{F}$

$$C_{on} = \frac{4\tau_{on}}{R_0} = \frac{4 \times 0.005}{20 \times 10^3} = 1(\mu\text{F})$$

取 $C_{on} = 1\mu\text{F}$。

（5）核算转速调节器退饱和超调量

根据题意,空载启动到额定转速,则有 $z = 0, n^* = n_N$。由式(2-89),有

$$\sigma_n\% = \frac{\Delta C_{max}}{C_{kh}} \cdot 2(\lambda - z) \frac{\Delta n_N}{n^*} \cdot \frac{\tau_{\Sigma n}}{\tau_m} = \frac{\Delta C_{max}}{C_{kh}} \cdot 2\lambda \cdot \frac{\Delta n_N}{n_N} \cdot \frac{\tau_{\Sigma n}}{\tau_m}$$

$$\Delta n_N = \frac{I_N R_{\Sigma a}}{K_e} = \frac{136 \times 0.863}{0.228} = 515(\text{r/min})$$

查表 2-5,得 $h = 5$ 时

$$\frac{\Delta C_{max}}{C_{kh}} \times 100\% = 81.2\%$$

所以

$$\sigma_n\% = 81.2\% \times 2 \times 1.5 \times \frac{515}{1500} \times \frac{0.0184}{0.383} = 4\% < 10\%$$

满足设计要求。

2.5.2　调速系统的并联微分校正

例 2-7 表明,串联校正的双闭环调速系统具有结构简单、设计方便的优点。但是转速肯定要有超调,这是其动态跟随性能方面的不足之处。在对动态性能要求更高的场合,可以在串联校正的基础上,为双闭环系统的转速调节器引入一个转速微分负反馈。这样,便可以进一步减小超调量直到无超调,抑制振荡和改善抗扰性能。

1. 带转速微分负反馈双闭环系统的基本原理

带转速微分负反馈的双闭环系统与普通双闭环系统的区别仅在转速调节器上,这时转速调节器的原理图见图 2-34。在转速负反馈的基础上,并联增加了一个电容与电阻串联的反馈支路,其流过的电流 i_{dn} 为

$$i_{dn}(s) = \frac{\alpha n(s)}{R_{dn} + \frac{1}{C_{dn}s}}$$

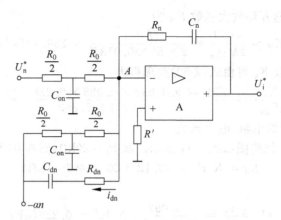

图 2-34 带微分负反馈的转速调节器

虚地点 A 的电流平衡方程式为

$$\frac{U_n^*(s)}{R_0(\tau_{on}s+1)} - \frac{\alpha n(s)}{R_0(\tau_{on}s+1)} - \frac{\alpha n(s)}{R_{dn}+\dfrac{1}{C_{dn}s}} = -\frac{U_i^*(s)}{R_n+\dfrac{1}{C_n s}}$$

整理后,得

$$\frac{U_n^*(s)}{\tau_{on}s+1} - \frac{\alpha n(s)}{\tau_{on}s+1} - \frac{\alpha\tau_{dn}sn(s)}{\tau_{odn}s+1} = -\frac{U_i^*(s)}{K_n\dfrac{\tau_n s+1}{\tau_n s}} \tag{2-93}$$

式中:$\tau_{dn}=R_0 C_{dn}$ 为转速微分时间常数,$\tau_{odn}=R_{dn}C_{dn}$ 为转速微分滤波时间常数。

　　根据式(2-93),绘出带转速微分负反馈的转速环动态结构图,如图 2-35(a)所示。可以看出,C_{dn} 的作用主要是对转速信号进行微分,因此称作微分电容;而 R_{dn} 的作用主要是滤去微分后带来的高频噪声,又叫滤波电阻。

　　为了分析方便,取 $\tau_{odn}=\tau_{dn}$,再将滤波环节移入环内,并按小惯性近似方法,令 $\tau_{\sum n}=\tau_{on}+\mu\tau_{\sum i}$,得到简化后的结构图如图 2-35(b)所示。与图 2-29(b)所示的普通双闭环系统相比,只是在反馈通道中增加了微分项 $\tau_{dn}s$。即在转速变化过程中,增加的该转速微分负反馈信号和原转速负反馈信号同时与给定信号相抵,特别是微分的超前控制能力,可以使转速上升的变化率,即趋势信号提前反馈给输入端,使系统比普通双闭环系统在较早的时刻退饱和。如在图 2-36 中,普通双闭环系统的退饱和点是 o',而该系统的退饱和点提前到 T 点。T 点所对应的转速 n_t 比 n^* 低,因而有可能在进入线性闭环系统工作之后没有超调就趋于稳定,至少超调量要下降许多,如图 2-36 中曲线 2 所示。

2. 系统的抗扰性能

　　带转速微分负反馈双闭环直流调速系统在负载扰动时的动态结构图如图 2-37 所示。其传递函数为

$$\frac{\Delta n(s)}{\Delta I_L(s)} = \frac{\dfrac{R_{\sum a}}{K_e\tau_m s}}{1+W_{ASR}(s)\dfrac{\alpha/\beta}{\tau_{\sum n}s+1}(1+\tau_{on}s)\dfrac{R_{\sum a}}{K_e\tau_m s}} \tag{2-94}$$

设阶跃干扰

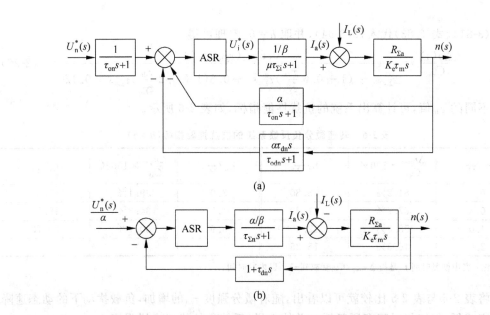

(a)

(b)

图 2-35　带转速微分负反馈的转速环动态结构图

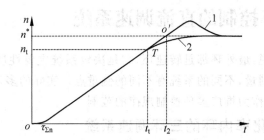

图 2-36　转速微分负反馈对启动波形的影响

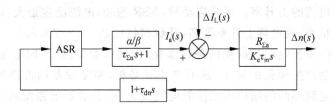

图 2-37　带转速微分负反馈双闭环直流调速系统在负载扰动下的结构图

$$\Delta I_{\mathrm{L}}(s) = \frac{\Delta I_{\mathrm{L}}}{s}$$

令

$$C_{\mathrm{kh}} = 2\frac{R_{\Sigma\mathrm{a}}}{K_{\mathrm{e}}\tau_{\mathrm{m}}s}\tau_{\Sigma\mathrm{n}}\Delta I_{\mathrm{L}} \tag{2-95}$$

并将

$$W_{\mathrm{ASR}}(s) = K_{\mathrm{n}}\frac{\tau_{\mathrm{n}}s + 1}{\tau_{\mathrm{n}}s}$$

和式(3-81)、式(3-83)代入式(3-94),并取 $h=5$,整理可得

$$\frac{\Delta n(s)}{C_{kh}} = \frac{0.5\tau_{\Sigma n}(\tau_{\Sigma n}s+1)}{\tau_{\Sigma n}^3 s^3 + (1+0.6\frac{\tau_{dn}}{\tau_{\Sigma n}})\tau_{\Sigma n}^2 s^2 + 0.6(1+0.2\frac{\tau_{dn}}{\tau_{\Sigma n}})\tau_{\Sigma n}s + 0.12}$$

(2-96)

对于不同的 τ_{dn} 值,可计算出系统的抗扰性能指标,如表 2-6 所示。

表 2-6　转速微分负反馈系统的抗扰性能指标($h=5$)

$\tau_{dn}/\tau_{\Sigma n}$	$\dfrac{\Delta n_{max}}{C_{kh}}\times100\%$	$t_f/\tau_{\Sigma n}$	$\tau_{dn}/\tau_{\Sigma n}$	$\dfrac{\Delta n_{max}}{C_{kh}}\times100\%$	$t_f/\tau_{\Sigma n}$
0	81.2%	8.80	3.0	39.1%	17.30
0.5	67.7%	11.20	4.0	34.3%	19.10
1.0	58.3%	12.80	5.0	30.7%	20.70
2.0	46.3%	15.25			

注:表中恢复时间 t_f 是指 $\Delta n_{max}/C_{kh}$ 衰减到 ±5% 以内的时间。

将表 2-6 与表 2-5 比较就可以看出,随着微分强度 τ_{dn} 的增加,负载扰动下的动态速降大幅度减低,但恢复时间有所延缓。总体上说,系统的抗扰能力增强了。

2.6　其他多环控制的直流调速系统

对于调速系统来说,最外环都是转速环,它是决定系统主要性质的基本控制环,而内环则可以有不同的控制量,不同的系统有不同的侧重点。实际的多环控制系统种类繁多,本节只介绍其中两种,作为推广多环控制规律的范例。

2.6.1　带电流变化率内环的三环调速系统

转速电流双闭环调速系统在启动过程中,依靠电流环的恒流调节作用,可保持启动电流为最大允许电流值,使系统以最大加速度上升,实现系统的快速性。但是,获得快速性的同时却忽视了电流的上升率。系统启动时,ASR 饱和,电流给定最大,而晶闸管整流装置本身的惯性又很小,故电流上升率很高,其瞬时值可达 $100\sim200I_N(s^{-1})$ 以上。这样高的电流变化率会使直流电动机的换向条件恶化,电动机容量越大,问题越严重;此外,对机械传动机构也会产生很强的冲击,从而加快其磨损,缩短设备的检修周期甚至使用寿命。如果用延缓电流环的跟随作用来压低电流变化率,又会影响系统的快速性。解决该问题的方法就是在电流环内再设置一个电流变化率环,构成转速、电流、电流变化率三环调速系统,使系统在最大允许电流和最大允许电流变化率的条件下实现最快控制。其系统框图如图 2-38 所示。

在带电流变化率内环的三环调速系统中,ASR 的输出仍是 ACR 的给定信号,并用其限幅值 U_{im}^* 限制最大电流;ACR 的输出不接控制触发电路,而是作为电流变化率调节器 ADR 的给定输入,ADR 的负反馈信号由检测电流通过微分环节 CD 得到,ACR 的输出限幅值 U_{dim}^* 则限制最大的电流变化率。最后,由第三个调节器 ADR 的输出限幅值 U_{ctm} 决定触发脉冲的最小控制角 α_{min}。

简单的电流变化率调节器示于图 2-39。采用积分调节器,C_d 是调节器的积分电容,

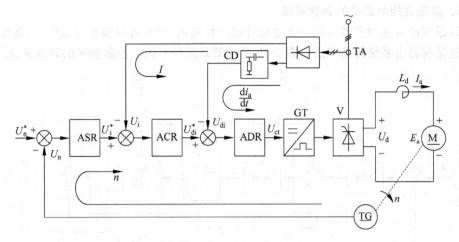

图 2-38 带电流变化率内环的三环直流调速系统

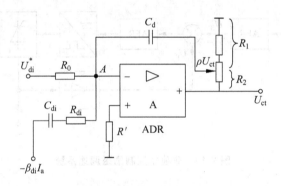

图 2-39 电流变化率调节器

积分时间常数的大小靠分压比 ρ 来调节。电流检测信号 $\beta_{di} I_a$ 通过微分电容 C_{di} 和微分反馈滤波电阻 R_{di} 的作用为 ADR 提高电流变化率反馈信号，反馈系数 β_{di} 与电流反馈系数 β 可以不同。

2.6.2 弱磁控制的直流调速系统

1. 电枢电压与励磁配合控制

调节他励电动机的转速，除了调节电枢电压以外，还可以调节励磁磁通，通过改变励磁电流获得平滑无级调速。调节电枢电压调速只能从额定转速往下调节，在不同转速下容许的输出转矩恒定，实现恒转矩调速。在保持电枢电压为额定电压的情况下，减弱磁通只能从额定转速往上调节，不同转速时容许输出功率基本相同，称作恒功率调速，这时转速越高容许转矩越小。弱磁调速的允许范围有限，一般不能超过一倍。当负载要求的调速范围较宽时，通常采用电枢电压与励磁配合控制，即调压和弱磁联合调速的方案。

这种系统在启动时，为了得到足够大的启动转矩，应在额定励磁下升压启动，之后一直保持额定磁通不变，只调节电枢电压调节转速。当电压达到额定值以后，再保持电压为额定值，靠减弱磁通升速。

2. 非独立控制励磁的调速系统

该系统的调压和调磁是用一个电位计统一控制的,操作者只负责速度给定,系统应该调压还是弱磁由系统自动完成。图 2-40 所示就是这种非独立控制励磁的调速系统。

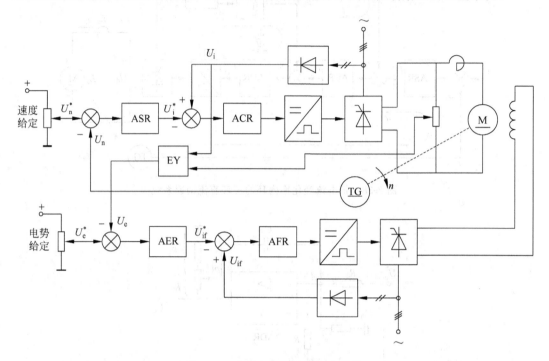

图 2-40　非独立控制励磁调速系统

电枢电压控制仍采用典型的转速、电流双闭环调节方式,用 ASR 和 ACR 两个调节器。在励磁控制回路中按串级连接方式也有两个控制环,电动势环和励磁电流环,采用电动势调节器 AER 和励磁电流调节器 AFR。励磁电流环是内环,电动势环是外环。为实现电动势和励磁电流的无静差调节,两个调节器皆采用 PI 调节器。在图 2-40 中,速度给定电位器负责全部调速范围内的转速给定 U_n^*,电动势给定电位器提供 U_e^*,它是一个固定的基速值,通常整定在正比于电动机额定电压 U_N 值的 90%~95%,并且固定下来。它只负责设定弱磁基速的电动势信号,不参与调速。电动势反馈信号 U_e 则正比于动态的反电动势 E_a。根据关系式 $E_\mathrm{a}=U_\mathrm{d}-I_\mathrm{a}R_{\Sigma\mathrm{a}}$,分别测出 U_d 和 I_a 之后,再通过电动势运算器 EY 进行减法运算,便可获得电动势反馈信号 U_e。电动势调节器 AER 的输出电压作为励磁电流调节器 AFR 的给定电压 U_if^*,其反馈量 U_if 是由交流电流互感器测得的正比于励磁电流的电压信号。

下面是调速过程分析。

(1) 基速以下调速

电动势给定值 U_e^* 整定后,调节速度给定电位计就能改变电动机转速。只要转速小于 90%~95% 额定转速(具体值由调试决定),则电动势反馈信号 U_e 就小于电动势给定值 U_e^*。电动势调节器 AER 总是处于饱和限幅值,相当于电动势环开环。此时 AER 的输出限幅值就是励磁电流调节器 AFR 的满磁给定值,依靠 AFR 的调节,保证额定励磁电流不变,所以额定转速以下励磁回路是恒流调节状态。而电枢回路电压随速度给定电压 U_n^* 的改变而改变,转速调节过程和一般双闭环系统一样。

(2) 基速以上调速

当速度给定电压继续升高,使转速升高到接近额定转速以上时,电动势反馈电压 U_e 就超过了 U_e^* 值。这时 AER 的输入偏差电压变负,AER 退出饱和而使输出 U_{if}^* 减小,同时励磁电流调节器 AFR 的输出也减小,开始弱磁调速。在弱磁调速阶段内,电动势环也起调节作用。只要转速给定信号 U_n^* 高于额定转速所对应的反馈信号 U_n,实际转速还没有达到给定值,总是 $U_n < U_n^*$,电枢电压一直处于 U_{ctm} 所决定的最大值,电动势信号 U_e 总是企图上升,经过 AER 和 AFR,使励磁电流继续减小,因而转速继续升高,直到 $U_n = U_n^*$ 为止,达到所需转速稳定运行。稳态时,$U_e = U_e^*$,使反电动势维持恒定。在弱磁升速过程中,电动势调节器 AER 的输出已减少到与弱磁电流相应的电压值。

综上所述,在额定转速以下调速时,保持励磁电流不变;在额定转速以上调速时,则保持反电势 E_a 恒定。

3. 采用最大值选择器的励磁控制系统

上述励磁回路是控制反电势和磁通(励磁电流)两个参数,采用了两个调节器,故也称为双闭环非独立励磁控制系统。该控制系统的优点是调试方便,缺点是用的器材较多。图 2-41 所介绍的系统是一种用一个调节器进行控制的系统。

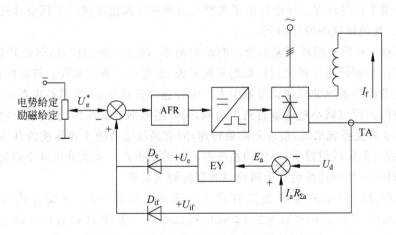

图 2-41　采用最大值选择器的励磁控制系统

图 2-41 仅画出系统的励磁控制部分。电势调节和励磁电流调节共用一个调节器 AFR,励磁电流反馈信号和电动势反馈信号作用在同一个调节器上。而用两支二极管 D_{if}、D_e 组成的最大值选择器将两个环的调节作用分开。用同一个电位计给出电动势给定电压 U_e^* 和励磁电流给定电压 U_{if}^*。当电动机转速小于额定转速(基速)时,由于励磁电流反馈电压 U_{if} 大于反电动势反馈信号 U_e,所以二极管 D_e 和 D_{if} 比较,则 D_{if} 导通,D_e 截止。即励磁电流反馈构成闭环,反电动势回路被切断,维持励磁电流恒定,系统进行调压调速。当电动机转速大于基速时,则 $U_e > U_{if}$,所以 D_{if} 截止,而 D_e 导通,反电动势反馈构

成闭环,维持反电势恒定,系统进行弱磁调速。这种系统的基本工作原理与双闭环非独立励磁控制系统类似,故不再重复。

2.7　小结

本章主要内容包括两部分:一是转速、电流双闭环直流调速系统;二是工程设计。同时这两部分内容又是本书直流调速部分的重点。

1. 转速、电流双闭环直流调速系统的组成原理见图 2-2 和图 2-3。稳态参数计算则要使用到式(2-5)～式(2-9) 5 个计算公式。

2. 转速、电流双闭环直流调速系统的重点是启动过程的波形分析。依据 ASR 和 ACR 的饱和与不饱和设计,使整个启动过程按电流波形分为 3 个阶段,即电流上升阶段、恒流升速阶段和转速调节阶段。应着重掌握。

3. 为帮助理解系统,又对启动过程的特点和动态性能及调节器的作用等进一步展开讨论。

4. 工程设计方法一节先介绍或复习了典型Ⅰ型系统和典型Ⅱ型系统的有关对数频率特性和动态性能指标等基本概念。尽管抗扰性能的分析过程仅以例题的形式出现,但是非常切合调速系统的实际,得出的结论具有普遍意义。非典型系统传递函数的工程近似处理,方便于调速系统的典型校正。

5. 应用工程设计方法详细讨论了典型双闭环直流调速系统的工程设计过程,并给出设计实例。要熟练这些设计步骤。

6. 串联校正的双闭环调速系统具有结构简单、设计方便的优点,但是转速必然有超调,对于要求低超调量或者无超调量的系统来说,这种设计难以胜任。解决的办法也很简单,就是为双闭环系统的转速调节器引入一个转速微分负反馈,构成调速系统的并联微分校正。这样,便可以减小超调量直到无超调,同时还能抑制振荡和改善抗扰性能。

7. 对于调速系统来说,最外环都是转速环,它是决定系统主要性质的基本控制环,而内环则可以有不同的控制量,不同的系统有不同的侧重点。本文介绍其中两种,即带电流变化率内环的三环调速系统和弱磁控制的直流调速系统。

8. 工程设计使用的参考表格有表 2-1、表 2-2 和表 2-5。主要公式有式(2-47)、式(2-48)、式(2-51)、式(2-62)～式(2-64)、式(2-66)～式(2-70)、式(2-74)、式(2-80)～式(2-86)、式(2-87)～式(2-92)等。

2.8　习题

1. 若要改变双闭环系统的转速,应调节什么参数? 改变转速调节器的放大系数 K_n 行不行? 改变晶闸管装置的放大系数 K_s 行不行? 改变转速反馈系数 α 行不行? 若要改变电动机的堵转电流,应调节系统中的什么参数?

2. 当转速、电流双闭环调速系统稳态运行时,两个调节器的输入偏差是多少? 写出它们各自的输出电压值。

3. 如果双闭环调速系统的转速调节器不是 PI 调节器,而改用 P 调节器,对系统的静、动态性能会有什么影响?

4. 双闭环调速系统中 ASR、ACR 均采用 PI 调节器,在带额定负载运行时,转速反馈线突然断线,当系统重新进入稳定运行时电流调节器的输入偏差信号 ΔU_i 是否为零?

5. 双闭环调速系统中已知数据为:电动机:$U_N = 220V$,$I_N = 20A$,$n_N = 1000r/min$,电枢回路总电阻 $R_{\Sigma a} = 1.5\Omega$。设 $U_{nm}^* = U_{im}^* = U_{ctm} = 8V$,电枢回路最大电流 $I_{dm} = 40A$,$K_s = 40$,ASR 与 ACR 均采用 PI 调节器。试求:

(1) 电流反馈系数 β 和转速反馈系数 α。

(2) 当电动机在最高转速发生堵转时的 U_d、U_i^*、U_i 和 U_{ct} 值。

6. ASR 和 ACR 均采用 PI 调节器的双闭环调速系统,$U_{im}^* = 7V$,主电路最大电流 $I_{dm} = 70A$。当负载电流由 30A 增加到 50A 时,U_i^* 应如何变化?

7. 在转速、电流双闭环调速系统中,当出现电网电压波动与负载扰动时,哪个调节器起主要调节作用?

8. 采用 PI 调节器的双闭环系统的转速稳态精度受下述哪些因素波动的影响? 运算放大器的放大系数 K_n、K_i;负载电流 I_L;电网电压 U_2;反馈系数 α、β 及给定电压 U_n^*。

9. 设控制对象的传递函数为

$$W_{obj}(s) = \frac{K_1}{(\tau_1 s + 1)(\tau_2 s + 1)(\tau_3 s + 1)(\tau_4 s + 1)}$$

式中:$K_1 = 2$;$\tau_1 = 0.4s$;$\tau_2 = 0.08s$;$\tau_3 = 0.015s$;$\tau_4 = 0.005s$。要求阶跃输入时系统超调量 $\sigma < 5\%$。

分别用 I、PI 和 PID 调节器校正成典型 I 型系统,试设计各调节器参数并计算调节时间 t_s。

10. 一个由三相半波晶闸管装置供电的转速、电流双闭环调速系统,其额定数据如下。直流电动机:$P_N = 60kW$,$U_N = 220V$,$I_N = 305A$,$n_N = 1000r/min$,$K_e = 0.2V \cdot min/r$;主回路总电阻 $R_{\Sigma a} = 0.18\Omega$;晶闸管装置放大系数 $K_s = 30$;电磁时间常数 $\tau_a = 0.012s$;机电时间常数 $\tau_m = 0.12s$;反馈滤波时间常数 $\tau_{oi} = 0.0025s$;$\tau_{on} = 0.014s$;额定转速时的给定电压 $(U_n^*)_N = 10V$;调节器 ASR、ACR 的饱和输出电压 $U_{im}^* = 8V$,$U_{ctm} = 8V$;系统的调速范围 $D = 10$。

系统的静、动态指标为:系统要求稳态无静差,电流超调量 $\sigma_i \leqslant 5\%$,启动到额定转速时转速超调量 $\sigma_n \leqslant 10\%$。

(1) 确定电流反馈系数 β 和转速反馈系数 α,假设启动电流限制在 336A 以内。

(2) 试设计电流调节器 ACR,计算其参数 R_i、C_i 和 C_{oi},画出其电路图。调节器输入回路电阻 $R_0 = 40k\Omega$。当电动机在最高转速发生堵转时的 U_{d0}、U_i^*、U_i 和 U_{ct} 值。

(3) 试设计转速调节器 ASR 参数 R_n、C_n、C_{on}。

(4) 计算最低速启动时的转速超调量 σ_{nmin}。

(5) 计算空载启动到额定转速的时间 t_2。

11. 转速、电流双闭环晶闸管-直流电动机系统,转速调节器 ASR 和电流调节器 ACR 均采用 PI 调节器。

(1) 在此系统中,当转速给定信号最大值 $U_{nm}^* = 15V$ 时,$n = n_N = 1000r/min$,电流给定信号最大值 $U_{im}^* = 10V$,允许最大电流 $I_{amax} = 30A$,电枢回路总电阻 $R_{\Sigma a} = 2\Omega$,晶闸管装置放大系数 $K_s = 30$,电动机额定电流 $I_N = 20A$,电势系数 $K_e = 0.127V \cdot min/r$,现系统在 $U_n^* = 5V$,$I_L = 20A$ 时稳定运行。求此时的稳态转速 n 和 ACR 的输出电压 U_{ct}。

(2) 当系统在上述情况下运行时,电动机突然失磁($\Phi = 0$),系统将会发生什么现象?试分析说明之。若系统能够稳定下来,求稳定后下列各量的值:n;U_n;U_i^*;U_i;I_a;U_{ct}。

(3) 该系统转速环按典型 II 型系统设计且按 M_{rmin} 准则选择参数,取中频宽 $h = 5$,已知转速环小时间常数之和 $\tau_{\Sigma n} = 0.05s$,求转速环在跟随给定作用下的开环传递函数,并计算出放大系数及各时间常数。

(4) 该系统由空载($I_L = 0$)突加额定负载时,电流 I_a 和转速 n 的动态过程波形是怎样的?已知机电时间常数 $\tau_m = 0.5s$,计算其最大动态速降 Δn_{max} 和恢复时间 t_f。

12. 某双闭环调速系统,主电路采用三相桥式整流电路,已知电动机参数为:$P_N = 550kW$,$U_N = 750V$,$I_N = 780A$,$n_N = 375r/min$,$K_e = 1.92V \cdot min/r$,允许电流过载倍数 $\lambda = 1.5$,主电路总电阻 $R_{\Sigma a} = 0.1\Omega$,触发整流环节放大系数 $K_s = 75$;时间常数 $\tau_a = 0.03s$,$\tau_m = 0.084s$,$\tau_{oi} = 0.002s$,$\tau_{on} = 0.02s$,调节器输入输出电压 $U_{nm}^* = U_{im}^* = U_{ctm} = 12V$,调节器输入电阻 $R_0 = 40k\Omega$。设计指标:稳态无静差,电流超调量 $\sigma_i \leqslant 5\%$,空载启动到额定转速时的转速超调量 $\sigma_n \leqslant 10\%$,电流调节器已按典型 I 型系统设计,并取 $K_I \tau_a = 0.5$。

(1) 选择调节器结构,并计算其参数。

(2) 计算电流环和转速环截止频率 ω_{ci} 和 ω_{cn},并考虑它们是否合理。

13. 在具有电流变化率调节器的三环调速系统中,采用电流变化率环的目的是什么?在 I_a 从零上升到最大值之前,ASR、ACR、ADR 分别工作在线性状态还是限幅状态?

14. 试简述保持电势恒定的弱磁调速过程。为什么说保持电势恒定就是保持功率恒定?

第 3 章

$\alpha=\beta$ 配合控制的有环流可逆直流调速系统

本章主要讨论 $\alpha=\beta$ 配合控制的有环流可逆直流调速系统,也叫自然环流系统。由此展开,研究几个可逆调速系统的有关问题,如可逆线路、两组晶闸管变流装置中的环流等。最后简要介绍其他可逆直流调速系统。

3.1 晶闸管-电动机系统的可逆线路

生产实践中许多生产机械要求电动机能够可逆运行,如可逆轧机的来回轧制,龙门刨床工作台往返运动,矿井卷扬机和电梯的提升和下降,电气机车的前进和后退等。有些生产机械虽不要求可逆运行,但却要求快速电气制动。因此,这些生产机械都要求电动机的电磁转矩能够自由地改变方向,统称此类系统为可逆调速系统。

对于晶闸管供电的直流调速系统,由于晶闸管的单向导电性,电流不能反向,要实现可逆,只能采用两组变流装置,各负责一个方向的电流。直流电动机的电磁转矩方向可由磁场和电枢电流的方向来决定。与此对应,晶闸管-电动机系统的可逆线路也有两种方式,即电枢反接可逆线路和励磁反接可逆线路。

3.1.1 电枢反接可逆线路

在要求频繁正反转的生产机械上,经常采用的是两组晶闸管装置反并联的可逆线路,如图 3-1(a)所示。电动机正转时,由正组晶闸管装置 VF 供电;反转时,由反组晶闸管装置 VR 供电。正、反向运行时拖动系统工作在第一、三两个象限中,如图 3-1(b)所示。两组晶闸管分别由两套触发装置控制,能灵活地控制电动机的起、制动和升、降速。但在一般情况下,不允许两组晶闸管同时处于整流状态,否则将会造成电源短路。因此,这种线路对控制电路提出了严格的要求,这是反并联可逆线路的一个特别要注意的问题。

反并联的两组晶闸管装置之间,还有两种基本的连接方式,第一种是反并联线路,如图 3-2(a)所示。它的特点是由一个交流电源同时向两组晶闸管供电。第二种是交叉连接线路,如图 3-2(b)所示。它的特点是两组晶闸管分别由两个独立的交流电源供电。也就是由两台整流变压器或一台整流变压器的两个副边绕组供电。

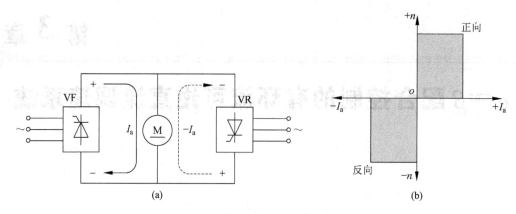

图 3-1　两组晶闸管装置反并联的可逆线路

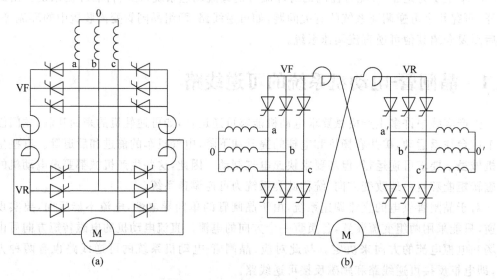

图 3-2　两种三相桥式可逆线路
(a) 反并联线路；(b) 交叉连接线路

3.1.2　励磁反接可逆线路

　　要使直流电动机反转，除了改变电枢电压的极性之外，改变励磁磁通的方向也能得到同样的效果，因此又有励磁反接的可逆线路。图 3-3 所示仅是励磁反接可逆线路的一种方案。这时，电动机电枢只要用一组晶闸管装置供电并调速，而励磁绕组则由另外的晶闸管装置供电，像电枢反接可逆线路一样，可以采用反并联或交叉连接方案，实现改变其励磁电流的方向与大小。改变励磁电流大小的目的，是考虑了系统有"强迫励磁"或弱磁调速的情况。所谓"强迫励磁"，是指在反向时，给励磁绕组施加 2～5 倍的反向励磁电压，迫使励磁电流迅速改变，以利于加快电流的反向。由于励磁功率只占电动机额定功率的 1%～5%，在系统容量很大时，这种方案投资较少。

　　然而励磁绕组的电感较大，时间常数可达数秒，因而励磁反向过程要比电枢反向慢得多。即使再加上很大强迫电压的条件下,系统的快速性仍然很差。此外,在反向过程中,励磁电流从正向额定值下降到零的这段时间里,应保证电枢电流为零,以免出现瞬时弱磁升速现象,妨碍电机反向。这必然要增大控制系统的复杂程度。因此,只有当系统的容量很大,而且对快速性要求不高时,才考虑采用磁场可逆方案,例如卷扬机、电力机车等。

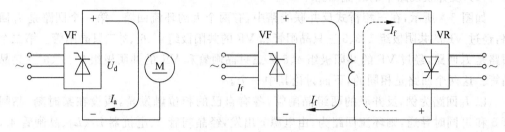

图 3-3   晶闸管装置反并联励磁反接可逆线路

3.2   两组晶闸管可逆线路中的环流

3.2.1   环流及其种类

1. 关于环流

由两组晶闸管装置所组成的可逆线路,除了经过电动机的负载电流之外,还可能产生不经过负载而直接在两组晶闸管装置之间流过的电流。这种电流称为环流,或称为均衡电流。

在可逆调速系统中,环流具有两重性。既有它有利的一面,又有不利的一面。有利的一面是,适当的环流可以作为流过晶闸管装置的基本负载电流,即使在电动机空载或轻载时也可使晶闸管装置工作在电流连续区,避免电流断续引起的非线性现象对系统静、动态性能的影响。在可逆系统中保留少量环流,可以保证电流的无间断反向,加快反向时的过渡过程。不利的一面是,环流消耗无用的功率,加重晶闸管和变压器的负担,环流太大时甚至会导致晶闸管损坏。在实际系统中,要充分利用环流的有利方面而避免它的不利方面。

2. 环流的种类

环流可以分为静态环流和动态环流两大类。

（1）静态环流

所谓静态环流,是指晶闸管整流装置在某一触发角下稳定工作时,系统中所出现的环流。静态环流又可分为:

① 交流环流,即环流电压没有正向直流分量。由环流电压的交流分量产生环流。交流环流也叫瞬时脉动环流。

② 直流环流,即环流电压具有正向直流成分。直流环流也叫直流平均环流。

（2）动态环流

所谓动态环流,是指当系统工作状态发生变化,出现瞬态过程,由晶闸管触发相位突变引起的环流,也就是在系统的过渡过程中出现的环流。

下面分别对有关环流的若干主要问题作必要的分析。

3.2.2 直流环流与配合控制

1. 反并联和交叉连接线路中的环流回路

（1）反并联线路中的环流回路

如图 3-4 所示，在三相桥式反并联线路中，有两个大的环流回路。第一个回路是 I_h 回路，经过 VF 的共阴极组 1、3、5 三只晶闸管和 VR 的共阳极组 $4'$、$6'$、$2'$ 三只晶闸管。第二个回路是 I_h' 回路，经过 VF 的共阳极组 4、6、2 三只晶闸管和 VR 的共阴极组 $1'$、$3'$、$5'$ 三只晶闸管。这两个回路是相同的，下面讨论其中一个。

以 I_h 回路为例，反并联的两组晶闸管，各有自己的相位触发角，假设在某时刻，晶闸管 5 和 $4'$ 同时导通，则环流回路为，由电源 c 出发，经晶闸管 5、电抗器 L_1、L_3、晶闸管 $4'$，回到电源 a，构成通路，环流电压为 u_{ca}，若 $u_{ca} > 0$，环流产生；再假设晶闸管 1 和 $6'$ 同时导通，环流回路由电源 a 出发，经晶闸管 1、电抗器 L_1、L_3、晶闸管 $6'$，回到电源 b，构成通路，环流电压为 u_{ab}；其他对应晶闸管导通的情况类似。只有同相电源对应的晶闸管同时导通，如晶闸管 1 和晶闸管 $4'$，环流电压为零，才不产生环流电流。至于什么时刻哪两只晶闸管同时导通，要取决于两组桥的各自触发角大小。

设 VF 的共阴极组（三相零式电路）整流电压的瞬时值为 $u_{\varphi d}$，VR 的共阳极组（三相零式电路）整流电压的瞬时值为 $u_{\varphi d}'$，则由图 3-4 可以看出，环流电压 $u_h = u_{\varphi d} + u_{\varphi d}'$。

（2）交叉连接线路中的环流回路

如图 3-5 所示，两组晶闸管装置分别接在两个独立的交流电源上。由图可以看出，只有一条大的环流通道。瞬时情况是，两组桥中各有两只晶闸管参与回路。设 u_d 和 u_d' 分别表示两组晶闸管整流电压的瞬时值，则有环流电压 $u_h = u_d + u_d'$，同样，在不同的时刻，环流有大有小。

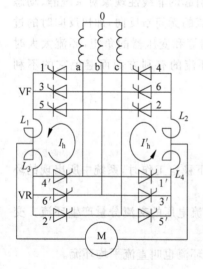

图 3-4 三相桥式反并联线路中的环流路径

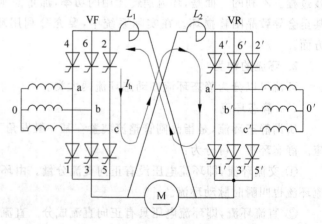

图 3-5 三相桥式交叉线路中的环流路径

2. 消除直流环流的方法

由上面的分析可知,正向的环流电压,是产生各种环流的根本原因。这里先讨论静态环流中直流环流的问题。

不管是反并联线路还是交叉连接线路,只要环流电压的平均值大于零,必产生直流平均环流。但无论如何不希望两组晶闸管装置都工作在整流状态,造成电源短路。为防止产生直流平均环流,唯一条件是使环流电压的平均值 $U_{\mathrm{h}} = 0$,即在反并联线路中,根据

$$U_{\mathrm{h}} - U_{\varphi\mathrm{d}} + U'_{\varphi\mathrm{d}} = 0$$

有

$$U_{\varphi\mathrm{d}} = - U'_{\varphi\mathrm{d}}$$

式中：$U_{\varphi\mathrm{d}}$ 为 $u_{\varphi\mathrm{d}}$ 的平均值；$U'_{\varphi\mathrm{d}}$ 为 $u'_{\varphi\mathrm{d}}$ 的平均值。将上式等式两边同乘以 2,得

$$2U_{\varphi\mathrm{d}} = - 2U'_{\varphi\mathrm{d}}$$

由图 3-4 中看出,$2U_{\varphi\mathrm{d}}$ 恰好是 VF 组的平均输出电压 U_{df},而 $2U'_{\varphi\mathrm{d}}$ 是 VR 组的平均输出电压 U_{dr}。于是,没有直流平均环流的条件变为

$$U_{\mathrm{df}} = - U_{\mathrm{dr}}$$

在交叉线路中,同样有

$$U_{\mathrm{h}} = U_{\mathrm{df}} + U_{\mathrm{dr}} = 0$$
$$U_{\mathrm{df}} = - U_{\mathrm{dr}} \tag{3-1}$$

式(3-1)说明,当正组晶闸管 VF 处于整流状态时,反组晶闸管 VR 处于逆变状态,输出的逆变电压与整流电压大小相等,方向相反。若系统反向运行,VF 组处于逆变状态时,反组晶闸管 VR 处于整流状态。根据电力电子技术的理论,有

$$U_{\mathrm{df}} = U_{\mathrm{d0}} \cos\alpha_{\mathrm{f}}$$
$$U_{\mathrm{dr}} = U_{\mathrm{d0}} \cos\alpha_{\mathrm{r}}$$

代入式(3-1),有

$$\cos\alpha_{\mathrm{f}} = - \cos\alpha_{\mathrm{r}}$$

再根据逆变角的定义,可得

$$\alpha_{\mathrm{f}} = \beta_{\mathrm{r}} \tag{3-2}$$

按照这样的条件来控制两组晶闸管,就可以消除直流平均环流,这叫做 $\alpha = \beta$ 工作制配合控制。当然,如果使 $\alpha_{\mathrm{f}} > \beta_{\mathrm{r}}$,则 $\cos\alpha_{\mathrm{f}} < \cos\beta_{\mathrm{r}}$,这时整流组输出电压小于逆变组输出电压,这样对抑制环流电流更为有利。因此,消除直流平均环流的条件可以写成

$$\alpha_{\mathrm{f}} \geqslant \beta_{\mathrm{r}} \tag{3-3}$$

3.2.3　交流环流及其抑制措施

1. 交流环流的形成

在 $\alpha = \beta$ 工作制配合控制的条件下,整流电压与逆变电压始终相等,因而没有直流环流。然而晶闸管装置输出的电压是脉动的,VF 组整流电压 U_{df} 和 VR 组逆变电压 U_{dr} 的瞬时值并不相同,当整流电压瞬时值大于逆变电压瞬时值时,便产生正向瞬时电压差 Δu_{d},从而产生瞬时环流。控制角不同时,瞬时电压差和瞬时环流也不同。图 3-6 画出了三相零式反并联可逆线路当 $\alpha_{\mathrm{f}} = \beta_{\mathrm{r}} = 60°$ 时产生交流环流的情况。图 3-6(a)中绘出了 a 相

整流和 b 相逆变时的交流环流回路。图 3-6(b)是 VF 组瞬时整流电压 u_{df} 的波形。图 3-6(c)是 VR 组瞬时整流电压 u_{dr} 的波形。图中阴影部分是 a 相整流和 b 相逆变时的电压,显然其瞬时值不相等,而其平均值却相同。瞬时电压差 $\Delta u_{d} = u_{df} - u_{dr}$,其波形绘于图 3-6(d)。由于这个瞬时电压差的存在,便在两组晶闸管之间产生了交流环流 i_{cp}。由于晶闸管装置的内阻 R_{rec} 很小,环流回路的阻抗主要是电感,所以 i_{cp} 不能突变,且滞后于 Δu_{d};又由于晶闸管的单向导电性,i_{cp} 只能在一个方向脉动,这个瞬时脉动环流存在着直流分量 I_{cp}。

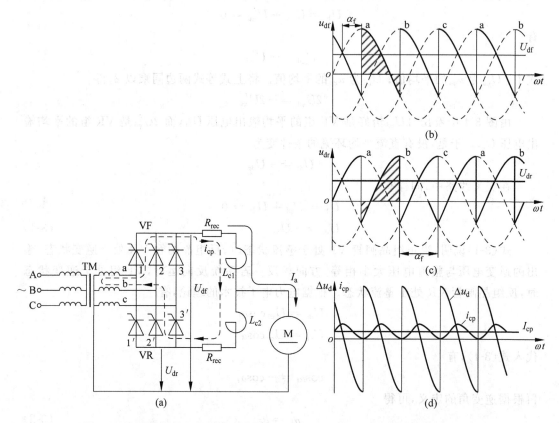

图 3-6　配合控制的三相零式反并联可逆线路当 $\alpha_{f} = \beta_{r} = 60°$ 时交流环流的形成

显然,I_{cp} 和平均电压差所产生的直流环流是有根本区别的。

2. 交流环流的抑制

直流环流可以用 $\alpha \geqslant \beta$ 配合控制消除,而交流环流仍然存在,必须设法加以抑制,不使它过大。抑制交流环流的办法是在环流回路中串入电抗器,叫做环流电抗器或称均衡电抗器。一般要求把交流环流中的直流分量 I_{cp} 限制在负载额定电流的 5%～10% 之间。

通常采用的抑制交流脉动环流的办法是在环流回路中串入环流电抗器,环流电抗器的电感量及其接法因整流电路而异。在三相零式可逆线路中,见图 3-6(a),有一个环流回路,但要设两个环流电抗器,它们在环流回路中是串联的。系统运行时,总有一个电抗器因流过直流负载电流而饱和。例如图 3-6(a)中正组整流时,L_{c1} 流过负载电流 I_{d},铁芯饱和,因而电感值大为降低,失去限制环流的作用。只有在逆变回路中的电抗器 L_{c2} 由于没有负载电流通过才真正起限制交流环流的作用。

三相零式反并联可逆线路在运行时总有一组晶闸管装置处于整流状态,因此必须设置两个环流电抗器。同理,在三相桥式反并联可逆线路中,由于每一组桥有两条并联的环流通道,总共需要设置四个环流电抗器,其中两个流过负载电流,另外两个分别限制两个环流通路的交流瞬时脉动环流,见图 3-4。若采用三相桥式交叉连接的可逆线路,只有一个环流通道,故而设置两个环流电抗器就可以了,见图 3-5。

以上讨论的是有环流时的情况,当采用其他特殊措施,也可实现无环流。如逻辑无环流的基本思想是,在任何时刻不允许两组桥同时导通,一组导通,另一组桥必须严格被封锁,彻底切断环流通路。再如,对触发信号仔细研究后会发现,通过相位错位,也可以找到两组桥不能同时导通的办法,即错位控制无环流系统。

3.2.4 动态环流

动态环流是由于系统的动态过程引起的。现以三相桥式反并联可逆线路为例,来阐明动态环流的概念。

假定系统原来处于 $\alpha_f = \beta_r = 30°$ 角度的情况下稳定运行。这时,只有静态环流,而且环流电压 u_h 没有直流成分,环流电流 I_h 是断续的。瞬时的输出电压波形,正组均为正,而反组均为负。现在由于系统工作状态变化,需要电动机由驱动状态过渡到回馈制动状态下工作,控制信号发生变化,正组由整流转为逆变,反组由逆变转为整流。如系统由原来的稳定状态转变为 $\alpha_f = \beta_r = 150°$(即 $\alpha_r = \beta_f = 30°$)。由于触发脉冲相位的移动,逆变组先发出触发脉冲,整流组触发脉冲尚未到达,两组桥瞬时都输出正向波形,使 u_h 突然增大,暂时出现了直流环流,环流电流明显上升。由于环流回路的时间常数较大,需要经历很长时间,动态环流才会消失,逐步过渡到新的静态环流。这就是动态环流产生的原因。

动态环流,就是在系统动态过程中,由于触发脉冲的相位不断变化所产生的附加环流。动态环流可能是直流环流,也可能是交流环流,这要根据系统动态过程的特征来决定。在一般情况下,由于动态环流是短时的,不需要考虑。但在某些特殊情况下,动态环流可能引起严重事故,必须加以注意。

3.3 $\alpha = \beta$ 工作制调速系统及制动过程分析

3.2 节已阐明,所谓 $\alpha = \beta$ 工作制,是指在两组晶闸管整流装置中,若一组工作在整流状态,触发角为 α,则另一组一定工作在逆变状态,逆变角为 β,并始终保持 α 与 β 相等。可逆线路中虽然可以消除直流平均环流,但一定有瞬时脉动环流存在。这种系统实际上是对环流不加自动调节的有环流系统,又称作自然环流系统。

3.3.1 系统组成原理

$\alpha = \beta$ 配合控制的有环流可逆直流调速系统原理框图如图 3-7 所示。

1. 主电路

三相桥式反并联线路只需要一个交流电源,因而整流变压器的成本较低,这是它的优点。但是,它有 2 个环流回路,使用 4 个环流电抗器。而且当环流电压出现最大幅值

($\alpha=\beta=60°$)时,环流电压的频率仅为电源电压频率的 3 倍。环流电抗器当然应该按照环流电压频率最低及幅值最大的条件进行设计,因为这正是环流电抗器最恶劣的工作条件。而三相桥式交叉线路需要 2 个独立电源,因而整流变压器的成本较高,这是它的缺点。但却只有 1 条环流回路,只用 2 个环流电抗器。而且更重要的是环流电压的频率较高。如果变压器的 2 个副绕组的接线方式相同,都是丫型,这时环流电压的频率等于电源频率的 6 倍;如果将 2 个交流电源的相位错开30°,即将变压器的一个副绕组接成丫型,另一个接成△型,环流电压的频率成为电源频率的 12 倍。所以,电抗器的体积和成本远比反并联线路小。然而,无论使用哪种线路,对系统的运行来说,是完全相同的。

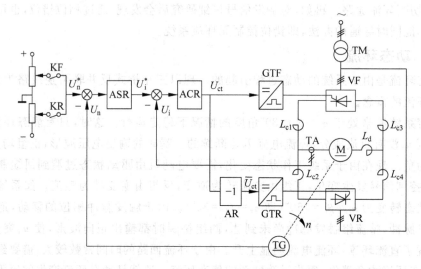

图 3-7　$\alpha=\beta$ 配合控制的有环流可逆直流调速系统原理框图

　　如图 3-7 所示,本系统主电路采用 2 组三相桥式晶闸管装置反并联线路,2 组晶闸管装置 VF 和 VR 对称相同。使用 4 个环流电抗器 $L_{c1} \sim L_{c4}$。由于环流电抗器流过较大的负载电流就要饱和,因此在电枢回路中另外设置了一个体积较大的平波电抗器 L_d。

2. 控制回路

　　控制线路采用典型的转速、电流双闭环系统,转速调节器 ASR 和电流调节器 ACR 都设置了双向输出并限幅。电流调节器 ACR 的输出 U_{ct} 作为移相的控制电压,用它同时去控制 2 组触发装置,正组触发装置 GTF 由 U_{ct} 直接控制,而反组触发装置 GTR 由 $\bar{U}_{ct}$ 控制,$\bar{U}_{ct}=-U_{ct}$,是经过放大系数为-1 的反号器 AR 后得到的。

　　当触发装置的同步信号为锯齿波时,2 组触发装置的移相控制特性如图 3-8 所示。其中,当控制电压 $U_{ct}=0$ 时,2 组触发装置的控制角 α_f 和 α_r 都调整在 90°,即 $\alpha_{f0}=\alpha_{r0}=\beta_{r0}=90°$。相应的 $U_{df}=U_{dr}=0$,电动机处于停止状态。当增大 U_{ct} 时,正组控制角 α_f 减小,正组晶闸管进入整流状态,整流电压 U_{d0f} 增大;反组控制角 α_r 增大,或逆变角 β_r 减小,反组进入逆变状态,逆变电压 U_{d0r} 增大。因为 $\bar{U}_{ct}=-U_{ct}$,所以在 U_{ct} 增大移相过程中,始终保持了 $\alpha_f=\beta_r$,$U_{df}=-U_{dr}$。为了防止晶闸管在逆变状态工作时因逆变角 β 太小,发生换流失败,出现"逆变颠覆"现象,必须在控制电路中设有限制最小逆变角 β_{min} 的保护环节。

如果只限制 $\beta_{\min}$，而对 $\alpha_{\min}$ 不加限制，那么处于 $\beta_{\min}$ 的时候，系统将会发生 $\alpha < \beta$ 的情况，从而出现 $|U_{df}| > |U_{dr}|$，又将产生直流平均环流。为了严格保持配合控制，对 $\alpha_{\min}$ 也要加以限制，并应使 $\alpha_{\min} = \beta_{\min}$。根据 $U_d = f(\alpha)$ 这一函数关系，$\alpha_{\min}$ 的限制也就决定了晶闸管装置的最大输出电压 $U_{d\max}$。对 $\beta_{\min}$ 和 $\alpha_{\min}$ 的限制方法，就是在 ACR 的正负输出上设置限幅值，限幅值 U_{ctm} 可按需要选取，通常取 $\alpha_{\min} = \beta_{\min} = 30°$，视晶闸管元件的阻断时间等因素决定。

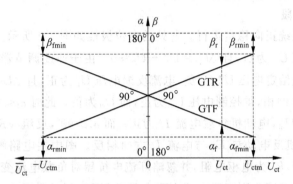

图 3-8　锯齿波触发装置的移相控制特性

为了满足可逆系统正、反运行的需要，给定电压 U_n^* 的正、负极性由继电器 KF 和 KR 切换。与此同时，调节器的输出和反馈信号也必须能反映出不同的极性。测速发电机输出电压随转速方向不同能够反映极性，值得注意的是电流反馈，必须采用能反映出电流极性的电流检测装置，而不能使用简单的交流互感器或直流互感器。本系统采用的直流互感器 TA，用的是检测直流电流的霍尔变换器。

3. 待整流和待逆变

根据 α＝β 工作制配合控制系统的触发移相特性，在触发移相时，当一组晶闸管装置处于整流状态时，另一组便处于逆变状态，这是对控制角的工作状态而言的。实际上，这时逆变组除环流外并不流过负载电流，也就没有电能回馈电网。确切地说，它是处于"待逆变状态"，表示该组晶闸管装置是在逆变角控制下等待工作。当需要制动时，只要改变控制角，同时降低 U_{df} 和 U_{dr}，一旦电动机的反电动势 $E > |U_{dr}| = |U_{df}|$ 时，整流组电流将被截止，逆变组才能真正投入逆变状态，使电动机产生回馈制动，将能量回馈电网。同样，当逆变组回馈电能时，整流组也是在等待整流，可称作处于"待整流状态"。所以，在这种 α＝β 配合控制下，负载电流可以很方便地按正反两个方向快速平滑过渡，在任何时候，实际上只有一组晶闸管装置在工作，另一组则处于等待工作的状态。

3.3.2　系统制动过程分析

有环流可逆调速系统的启动、稳定运行过程与不可逆的转速、电流双闭环调速系统没有区别，分析正向启动、正向运行的方法与分析反向启动、反向运行的方法完全相同，只是系统中的给定信号、各反馈信号、各调节器输入输出等正负极性及晶闸管装置组别不同而已。在不可逆系统中，没有电气制动，所以分析可逆系统的制动过程将成为本节的一个重点。

下面分析 $\alpha=\beta$ 工作制配合控制有环流可逆系统的正向制动过程,所讨论的问题在各种可逆系统中均有普遍意义。

制动时,必须使电动机电流反向,产生制动转矩,为了加快制动过程,应保持制动电流为负的最大允许值($-I_{amax}$)段时间后再衰减。整个正向制动过程可根据电流方向的不同而分成2个主要阶段:本组逆变阶段和它组制动阶段。本组逆变阶段中主要是电流降落,而在它组制动阶段中主要是转速降落。

1. 本组逆变阶段

设制动之前,系统正向稳定运行。各处的电位极性如图 3-9 所示。转速给定电压 U_n^* 为正,转速反馈电压 U_n 为负,且 $\Delta U_n=U_n^*-U_n\approx0$。由于速度调节器 ASR 的倒相作用,其输出,也就是电流给定电压 U_i^* 为负,电流反馈电压 U_i 为正,且 $\Delta U_i=U_i^*-U_i\approx0$。再经电流调节器 ACR 倒相,得控制电压 U_{ct} 为正,而 $\overline{U}_{ct}$ 为负。此时 $\alpha_f<90°$,正组 VF 整流,输出正向整流电压 U_{df},电动机负载电流 I_a 为正;而 $\alpha_r>90°$,反组 VR 待逆变,只有环流在其中流过。电动机反电动势 E_a 与电流 I_a 方向相反。图中主电路画成等效电路形式,R_{rec} 为电源等效内阻,R_a 为电枢电阻,并忽略环流电抗器对负载电流变化的影响。用箭头表示能量流向关系,双箭头则表示电能主要由正组 VF 输送给电动机。

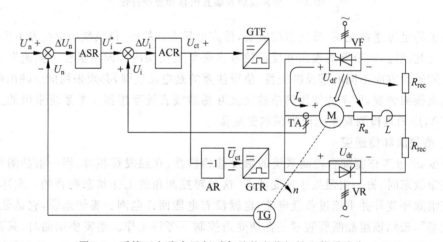

图 3-9 系统正向稳定运行时各处的电位极性和能量流向

当发出停车(或反向)指令后,转速给定电压 U_n^* 突变为零(或负)。由于转速反馈电压 U_n 极性仍为负,所以 ΔU_n 为负,使 ASR 饱和,其输出 U_i^* 跃变到正限幅值 U_{im}^*。由于电磁惯性,电枢电流 I_a 不能突变,因而 U_i 不变,仍保持正值,ΔU_i 变为很大值($U_{im}^*+U_i$),使 ACR 也饱和,其输出电压 U_{ct} 跃变为负的限幅值 $-U_{ctm}$。这时,原处于整流状态的正组 VF 立即变为 $\beta_f=\beta_{min}$ 的逆变状态,原处于待逆变状态的反组 VR 变为待整流状态。图 3-10 中标出了这时调速系统各处电位的极性和主电路中能量的流向。在电枢电流 I_a 回路中,由于正组晶闸管由整流变成逆变,U_{dof} 的极性变反,而电动机反电动势 E 的极性未变,迫使 I_a 迅速下降,在主电路总电感 L 两端感应很大的电势 $L(di_a/dt)$,电位极性如图 3-10 所示。这时有

$$L \frac{\mathrm{d}i_a}{\mathrm{d}t} - E_a > U_{df} = U_{dr} \tag{3-4}$$

由电感 L 释放的磁场能量提供正向电流,大部分能量通过正组回馈电网,而反组并未真正输出整流电流,故处于待整流状态。

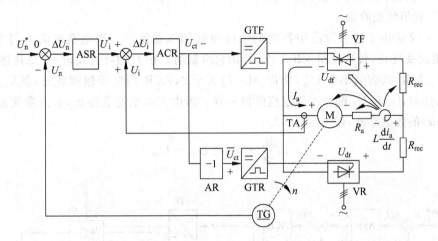

图 3-10　系统本组逆变阶段中各处的电位极性和能量流向

由上述可知,在停止指令发出后,速度环立即处于开环状态,电流环也进入开环状态,电动机端电压和反电势都与电枢电流 I_a 反向,强迫 I_a 迅速下降。在 I_a 反向之前,电流仍通过正组,故称为本组逆变阶段。

由于电枢回路的电磁时间常数很小,电流下降很快,这个阶段所占时间很短,转速还来不及发生明显的变化。其波形图见图 3-11 中的阶段Ⅰ。

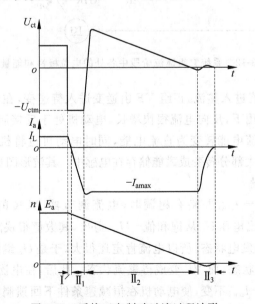

图 3-11　系统正向制动过渡过程波形

2. 它组制动阶段

在此阶段,电枢电流 I_a 由零向 $-I_{amax}$ 变化,并维持 $-I_{amax}$ 一段时间,然后再衰减回零,电流流过反组。在允许的最大制动电流 $-I_{amax}$ 作用下,转速迅速下降。根据系统工作状态不同又可分为以下几个阶段。

(1) 它组建流阶段

图 3-12 绘出了这一阶段中各处的电位极性和能量流向。当电枢电流 I_a 下降过零时,本组逆变终止,转到反组 VR 工作,开始它组制动。在 I_a 过零并反向,直至到达 $-I_{amax}$ 以前,U_i 为负,其数值小于 U_{im}^*,所以 ΔU_i 仍大于 0,ACR 仍处于饱和状态,其输出仍为 $-U_{ctm}$,这时,U_{df} 和 U_{dr} 都和本组逆变阶段一样。但由于本组逆变停止,电流变化被延缓,$L(\mathrm{d}i_a/\mathrm{d}t)$ 的数值略减,使

$$L \frac{\mathrm{d}i_a}{\mathrm{d}t} - E_a < U_{df} = U_{dr} \tag{3-5}$$

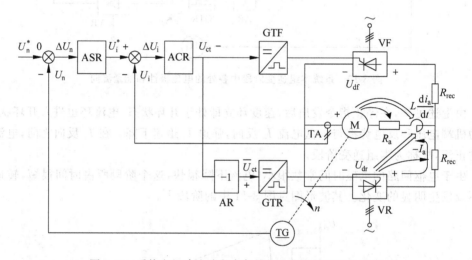

图 3-12 系统它组建流阶段中各处的电位极性和能量流向

反组 VR 由待整流进入整流,正组 VF 由逆变进入待逆变,在整流电压 U_{d0r} 和电动机反电动势 E 的共同作用下,反向电流很快增长,电动机处于反接制动状态,快速减速。在这个阶段中,VR 将交流电能转变为直流电能,同时电动机也将机械能转变为电能,除去电阻上消耗的电能外,大部分转变成磁能储存在电感中。其波形图见图 3-11 中的阶段 II_1。

(2) 它组逆变阶段

当反向电流达到 $-I_{amax}$ 并略有超调时,电流调节器 ACR 的输入偏差信号 $\Delta U_i = U_i^* - U_i$ 由正变负,输出电压 U_{ct} 从饱和值 $-U_{ctm}$ 退出,其数值很快减小,$U_{df}=U_{dr}$ 也很快减小,因为这时电动机为发电状态,所以电流肯定还很大,于是 U_{ct} 继续下降,过零变正,然后增大,使 VR 回到逆变状态,而 VF 变成待整流状态。此后,在电流调节器的作用下,维持 I_a 接近最大反向电流 $-I_{amax}$ 不变,使电动机在恒减速条件下回馈制动,把动能转换成电能,其中大部分能量通过 VR 逆变回馈电网。随着转速 n(反电动势 E_a)的不断下降,电压 U_{ct}、U_{dr} 等也同步线性衰减,由于电流恒定,储存在电感中的磁能基本不变,电压平衡方程式为

$$I_{\mathrm{amax}} R_{\Sigma\mathrm{a}} = E - U_{\mathrm{dr}} \tag{3-6}$$

当 $U_{\mathrm{dr}} = U_{\mathrm{df}} = 0$ 时，回馈逆变结束。转速再降低直到为零这小段期间里，只有 U_{dr} 极性变正，回到整流状态，再次反接，才能维持制动电流 $-I_{\mathrm{amax}}$，其值为

$$I_{\mathrm{amax}} = \frac{E + U_{\mathrm{dr}}}{R_{\Sigma\mathrm{a}}} \tag{3-7}$$

当转速为零，即 $E_{\mathrm{a}} = 0$ 时，此阶段结束。

回馈逆变阶段各处的电位极性和能量流向如图 3-13 所示，相应的波形图如图 3-11 中的 II$_2$ 段。系统主要处于恒流回馈制动阶段，是制动过程的主要阶段。

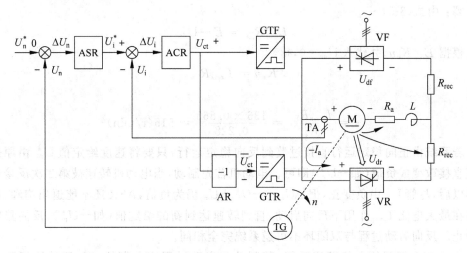

图 3-13 系统它组逆变阶段中各处的电位极性和能量流向

（3）反向减流阶段

该阶段各处的电位极性及能量流向如图 3-14 所示。当电动机速度被制动到零以后，由于电枢电流 I_{amax} 和机械惯性的作用，出现短暂的反转。这样，U_{n} 由负变正，ASR 退出

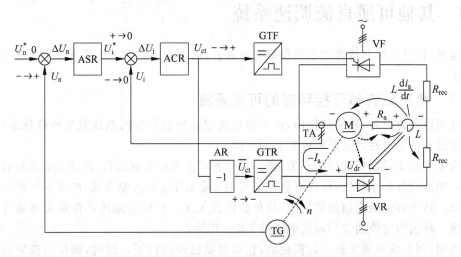

图 3-14 系统反向减流阶段中各处的电位极性和能量流向

饱和,使 U_i^* 从 U_{im}^* 值下降,$\Delta U_i < 0$,导致 U_{ct} 上升,$\bar{U}_{ct}$ 下降。VR 由整流再度进入逆变,迫使 $-I_{amax}$ 的绝对值迅速减小,最后消失,同时电动机完全停止,停车过程结束。

在反向减流阶段,系统亦处于它组逆变状态,只不过由于转速环闭环后,控制的目标是转速为零而不是电流。在此期间,电感中释放出的磁场能量和电动机将动能转换成的直流电能,除一部分热能耗散外,均经反组晶闸管装置 VR 逆变为交流电能,回馈电网。相应的波形图如图 3-11 中的 II_3 段。

【例 3-1】　在自然环流系统中,已知:$I_{amax} = 136\text{A}$,$R_{\Sigma a} = 0.863\Omega$,$K_e = 0.228\text{V}/(\text{r} \cdot \text{min}^{-1})$。求在停车制动过程中的它组逆变期间,当 $U_{df} = U_{dr} = 0$ 时,转速 n 为多少?

解:由式(3-6)

$$I_{amax} R_{\Sigma a} = E - U_{dr}$$

根据 $E = K_e n$,并代入 $U_{dr} = 0$,得

$$K_e n = I_{amax} R_{\Sigma a}$$

所以

$$n = \frac{I_{amax} R_{\Sigma a}}{K_e} = \frac{136 \times 0.863}{0.228} = 515(\text{r/min})$$

若系统由正向稳定运行直接过渡到反向稳定运行,只要将速度给定值 U_n^* 由原来的正值直接改变成负值(如 $-U_n^*$)即可。电动机首先制动,当电动机转速被第二次反接制动过零以后,尽管 U_n 由负变正,但 $\Delta U_n = -U_n^* + U_n$ 仍为负值,ASR 还不能退出饱和,系统直接在最大电流 I_{amax} 作用下反向启动,直到转速达到新的给定值(如 $-U_n^*$),反向稳定运行为止。反向启动过程与双闭环不可逆系统完全相同。

$\alpha = \beta$ 配合控制的自然环流系统,其制动和启动过程完全衔接,正、反转运行平滑过渡,没有任何间断或死区,这是有环流可逆系统的突出优点,对于要求快速正反转的系统特别合适。其缺点是需要添置环流电抗器,而且晶闸管等元件都要负担负载电流加上环流,因此只适应于中、小容量的系统。

3.4　其他可逆直流调速系统

这里,仅对一些其他常用系统作概念性简介,而不对系统的工作原理及运行状况作详细分析。

3.4.1　给定环流和可控环流的可逆系统

前面已经讨论过,环流的作用,在于防止通过晶闸管装置的电流发生断续现象,以保证过渡过程的平滑性。这是环流的有利一面。

为了增加少量波形连续的环流,进一步改善可逆系统空载运行、启动或制动过程中小电流时的连续性和平滑性,可以有意识地采用 α 略低于 β 的控制方式,产生一个恒定的直流环流。这个环流给定值是固定的,与负载电流无关。这样的系统称作给定环流可逆调速系统。环流给定值通常为额定电流的 $5\% \sim 10\%$。

然而,当负载电流大到一定程度后,它本身就已经连续了。这时,如果直流环流继续存在,只会引起额外损耗和其他不良后果,而没有任何益处。于是又出现了可以控制环流

的可逆调速系统。空载时,加大直流环流,以保证晶闸管装置中电流的连续性;当负载电流逐渐增大时,环流随之减小;当负载电流达到临界电流后,电流已连续,环流被遏止而自动消失。这是环流应有的变化规律。具有这种控制规律的系统有可控环流系统和交叉反馈可控环流系统等。

由于增加了环流控制反馈环,所以对环内的静态环流(不单是直流环流)都能进行自动调节。这样,环流电抗器的作用,只是为了保证环流控制环的动态品质,而不是主要用来限制环流。系统中再增加一些其他措施,则可以大大减小环流电抗器的尺寸和价格。在中小型系统中,甚至可以不用环流电抗器。

诸如很多具体问题,这里暂不作讨论。

3.4.2　无环流的可逆系统

有环流控制系统虽然具有反向快、过渡平滑等优点,但终究还是要设置几个环流电抗器。当工艺过程对系统过渡过程的平滑性要求不高时,特别是对于大容量的系统,从生产可靠性要求出发,常采用既没有直流平均环流又没有瞬时脉动环流的无环流可逆系统。这种系统可按实现无环流原理的不同分为两大类:逻辑控制的无环流系统和错位控制的无环流系统。在无环流系统中,主回路一律采用反并联线路。

1. 逻辑控制的无环流系统

当一组晶闸管工作时,用逻辑电路封锁另一组晶闸管的触发脉冲,使它完全处于阻断状态,确保两组晶闸管不同时工作,从根本上切断了环流的通路,这就是逻辑控制的无环流系统,简称"逻辑无环流系统"。

(1) 系统组成和工作原理

当工艺过程对系统过渡过程特性的平滑性要求不高,特别是系统容量较大时,应该采用无环流系统。图 3-15 是工业上应用最多的逻辑无环流系统之一。

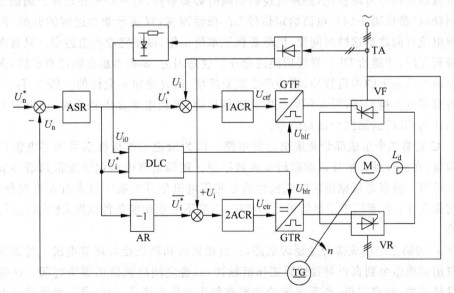

图 3-15　逻辑控制的无环流可逆直流调速系统

主电路采用两组晶闸管装置反并联线路,由于没有环流,不用设置环流电抗器,但为了保证稳定运行时电流波形的连续,仍保留平波电抗器 L_d。控制线路采用典型的转速、电流双闭环系统,只是电流环分设两个电流调节器,用 1ACR 控制正组触发装置 GTF,2ACR 控制反组触发装置 GTR。1ACR 的给定信号 U_i^* 经反号器 AR 作为 2ACR 的给定信号 $\bar{U}_i^*$,这样可使电流反馈信号 U_i 的极性在正、反转时都不用改变,从而可采用不反映极性的电流检测器,如图 3-15 中所画的交流互感器 TA 和整流器。为了保证不出现环流,设置了无环流逻辑控制器 DLC,这是系统中的关键部件。由 DLC 按照系统的工作状态,自动地完成系统的各种切换,在任何情况下,确保两组晶闸管不能同时开放。

触发脉冲的零位仍整定在 $\alpha_{f0} = \alpha_{r0} = 90°$,工作时移相方法仍采用 $\alpha = \beta$ 工作制,只是用 DLC 来控制两组触发脉冲的封锁和开放,同一时刻只允许出现一组触发脉冲。除此之外,系统的其他工作原理和自然环流系统没有多大区别。

(2) 逻辑无环流装置

DLC 的任务,是正确对正反两组晶闸管装置进行切换。当系统的工作状态要求电动机产生正向转矩,即要求电动机电枢电流为正时,DLC 将正组触发器 GTF 的脉冲释放出来,去触发正组晶闸管装置工作,同时封锁反组脉冲,使反组晶闸管的控制极上失去触发脉冲,以保证不产生环流。相反,当系统工作状态发生变化,要求电动机产生反向转矩,即要求电枢电流为负时,则 DLC 应对系统进行切换,将正组脉冲封锁,反组脉冲释放。所以,为了保证 DLC 正确工作,必须首先检测出系统对电枢电流 I_a 极性的要求。显然,转速调节器 ASR 输出的电流给定信号 U_i^* 恰好反映了工作状态对电枢电流 I_a 的大小和极性的要求。所以,DLC 应首先对电流给定信号 U_i^* 的极性进行鉴别,以决定应该释放哪一组脉冲,封锁哪一组脉冲,即 DLC 应具有给定电流鉴别器,将鉴别的结果作为逻辑装置的第一个驱动信号。

电流给定信号方向变化,是系统逻辑切换的必要条件,但不是充分条件。例如当系统进行制动时(参见图 3-14),电流给定信号 U_i^* 极性改变,仅表示制动过程的开始,但在实际电枢电流反向之前这段时间里,仍然要保证本组工作,以便完成本组逆变。只有在实际电流降到零时,才能给 DLC 发送切换的命令。这是因为,如果本组电流没有断续,强行封锁处在逆变状态下的本组脉冲,将会产生逆变颠覆,这是绝对不允许的。所以,DLC 还必须具备有零电流检测器,对实际负载电流进行检测,等到电流真正到零时,送出零电流信号 U_{i0},作为 DLC 的第二个驱动信号。

DLC 的第二个组成部分是逻辑运算电路。因为给定电流极性信号和零电流信号都是模拟量,在进行逻辑运算以前应转变成数字量。逻辑运算电路包括逻辑判断环节和方向记忆环节。前者是根据给定电流极性信号和零电流信号的数字量进行逻辑判断,然后发出切换命令;后者用于记忆切换后的状态,直到下一次切换条件成熟,才允许进行下一次切换。

DLC 的第三个组成部分是延时电路,由封锁延时和释放延时环节组成。封锁延时是指从发出切换指令到真正封锁掉原工作组脉冲,二者之间应该留出等待时间。这是因为电流是脉动的,时高时低,而零电流检测器有最小动作电流 I_0 的要求。如果脉动电流瞬时低于 I_0 而实际仍在连续变化时,就发出了零电流信号而将本组脉冲封锁,则会使处于本组逆变阶段的过程颠覆。设置封锁延时后可避免此点,因经过一段时间,电流仍不再超过 I_0,说明电流确实断开了。释放延时是指从封锁原工作组脉冲到开放另一组脉冲之间的等待时间。设置该环节是因为晶闸管一旦被触发,只有待电流过零时才能真正关断,并经过一段时间以后方可恢复阻断能力。若在此之前让另一组导通,则会使两组晶闸管同时导通,造成电源短路。

　　DLC 的最后组成部分是逻辑连锁环节,主要用于防止逻辑装置误动作而同时开放正反两组脉冲,即 $U_Ⅰ$、$U_Ⅱ$ 不允许同时为"1"态。

　　DLC 的功能如图 3-16 所示。一般用数字逻辑电路或单片机处理,比较容易实现。

图 3-16　DLC 的功能及其输入/输出信号

2. 错位控制的无环流系统

　　在可逆系统中,不设置逻辑控制器,而是在配合控制的基础上,仍然让一组晶闸管整流时,另一组晶闸管处在待逆变状态,但是两组触发脉冲的零位错开得比较远,彻底杜绝环流(直流环流和交流环流)的产生,这就是错位控制的无环流系统。

　　错位无环流系统和逻辑无环流系统的区别在于实现无环流的方法不同。后者用逻辑切换装置来封锁"待机"组晶闸管的触发脉冲的方法实现无环流,而前者是借助于晶闸管触发脉冲初始相位的错位整定来实现无环流。其实,在前面讨论过的可控环流系统中,已经采用过错位的方法对环流进行控制。实际上,当负载电流大到一定程度之后,可控环流系统即工作在错位无环流状态。

　　在错位无环流系统中,采用固定错位来消除静态环流。有环流系统采用 $\alpha=\beta$ 配合控制时,两组脉冲的关系是 $\alpha_f + \alpha_r = 180°$,当 $U_{ct} = 0$ 时的初始相位整定在 $\alpha_{f0} = \alpha_{r0} = 90°$,因而可以消除直流平均环流,但仍然存在瞬时脉动环流。在错位无环流系统中,同样采用配合控制的移相方法,但两组脉冲的关系是 $\alpha_f + \alpha_r = 300°$ 或 $360°$。也就是说,初始相位整定在 $\alpha_{f0} = \alpha_{r0} = 150°$ 或 $180°$。因而当待逆变组的触发脉冲来到时,它的晶闸管一直处在反向阻断状态,不可能导通,当然也就不会产生静态环流了。

3.5　小结

　　本章重点内容是关于环流的概念和自然环流系统的制动过程分析。对其他可逆直流调速系统,则着重介绍其概念。

　　1. 由于晶闸管的单向导电性,电流不能反向,只能采用两组变流装置来实现可逆。与此对应,晶闸管-电动机系统的可逆线路也有两种方式,即电枢反接和励磁反接可逆线路。

2. 不经过负载而直接在两组晶闸管装置之间流过的电流,称为环流,或称为均衡电流。环流具有两重性。在实际系统中,要充分利用环流的有利方面而避免它的不利方面。要重点掌握反并联和交叉连接线路中的环流回路和环流限制方法。

3. $\alpha=\beta$ 配合控制系统的启动与运行和双闭环系统完全相同,所以重点讨论制动问题。应深刻理解本组逆变和它组逆变及各阶段的工作过程,并读懂图 3-9～图 3-14 各点电位极性和能量流向及正向制动过渡过程的波形。

4. 为了充分利用环流的有利一面,可安排给定环流或可控环流等可逆调速系统。

5. 当一组晶闸管工作时,用逻辑电路封锁另一组晶闸管的触发脉冲,使它完全处于阻断状态,确保两组晶闸管不同时工作,从根本上切断了环流的通路,这就是逻辑控制的无环流系统,简称"逻辑无环流系统"。

6. 在错位无环流系统中,采用固定错位来消除静态环流。也就是说,初始相位整定在 $\alpha_{f0}=\alpha_{r0}=150°$ 或 $180°$,使得在任何时候,待逆变组的触发脉冲到来时,对应的晶闸管一定处在反向阻断状态,不能导通,自然不可能产生静态环流。

3.6 习题

1. 晶闸管-电动机系统需要快速回馈制动时,为什么必须采用可逆线路?

2. 两组晶闸管装置反并联的可逆线路中有哪几种环流? 它们是怎样产生的? 各有哪些益处和害处?

3. 在三相半波和三相桥式反并联的可逆线路中,各需要设置几个环流电抗器? 若可逆线路采用交叉式连接,需要设置几个环流电抗器?

4. 解释待逆变、正组逆变和反组逆变,并说明这三种状态常出现在何种场合下。

5. 分析配合控制的有环流可逆系统反向的启动和制动过程。画出各参变量的动态波形,并说明在每个阶段中 ASR 和 ACR 各起什么作用,VF 和 VR 各处于什么状态。

6. 画出配合控制的有环流可逆系统由正转直接反转的各参变量动态波形。

7. 什么是逻辑控制的无环流系统? 它与配合控制系统的主要区别是什么?

8. 试扼要说明错位控制的无环流可逆调速系统的基本工作原理。

第 4 章

直流脉宽调速系统

直流脉宽调速系统是由脉宽调制(Pulse Width Modulation,PWM)变换器对直流电动机电枢供电的自动调速系统。脉宽调制变换器是把脉冲宽度进行调制的一种直流斩波器,其基本原理已在电力电子技术中阐述。自从全控式电力电子器件问世以来,应用于实践的脉宽调速系统,以它线路简单,谐波少,损耗小,效率高和静、动态性能好等优势,引发了直流调速领域的一场革命。将直流 PWM 调速推广到一般工业应用中取代晶闸管相控式整流器调速有着广阔的前景。只是由于器件的发展,同时带来交流变压变频调速的更快速发展,使得直流 PWM 调速还没有来得及完全占领市场,几乎是刚刚兴起,就变成了传统领域。不过,在一些仍需要使用直流电动机的场合,例如电动叉车、城市无轨电车、地铁机车等,直流 PWM 调速仍有用武之地。

直流脉宽调速系统和 V-M 调速系统之间的区别主要在主电路和 PWM 控制上面。至于闭环控制系统和静、动态分析与设计,则基本上是一样的,本章不再重复。

4.1 脉宽调制变换器

脉宽调制变换器的作用是用脉冲宽度调制的方法,把恒定的直流电源电压 U_s,调制成频率一定、宽度可变的脉冲系列电压 u_d,从而改变直流平均电压 U_d 的大小,以调节电动机转速。

PWM 变换器有不可逆和可逆两类,可逆变换器又有多种形式的电路。本节介绍它们的工作原理和特性。

4.1.1 不可逆 PWM 变换器

1. 简单的不可逆 PWM 变换器

图 4-1(a)是简单的不可逆 PWM 变换器主电路原理图。它实际上是采用全控式的电力晶体管(Bipolar Junction Transistor,BJT)构成的降压型直流斩波器,其开关频率可达 $1\sim4\mathrm{kHz}$,比晶闸管的开关频率提高了约一个数量级。通常在小功率装置中使用 P 型金属氧化物-半导体-场效应晶体管(P-Metal-Oxide-Semiconductor Field-Effect Transistor,P-MOSFET),而在中、大功率装置中使用 IGBT 和 GTO。它们的区别在于不同的器件和

不同的驱动与保护电路。这里仅以双极型电力晶体管为例来阐述 PWM 变换器,不涉及具体器件问题。

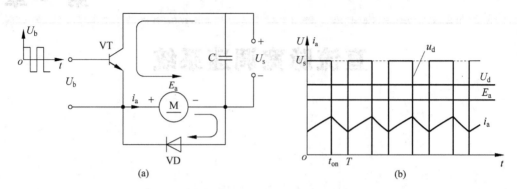

图 4-1　简单的不可逆 PWM 变换器
(a) 电路原理图;(b) 电压和电流波形

在图 4-1(a)中,电源电压 U_s 一般由图中未标出的不可控整流电源供电,采用大电容 C 滤波,具有恒电压源性质。二极管 VD 在晶体管 VT 关断时为电枢回路提供释放电感储能的续流回路。VT 的基极由脉宽可调的脉冲系列电压 U_b 驱动。在一个开关周期 T 内,当 $0 \leqslant t_{on}$(t_{on} 为 VT$_1$ 导通时间)时,U_b 为正,VT 饱和导通,电源电压通过 VT 加到电动机电枢两端。当 $t_{on} \leqslant t < T$ 时,U_b 为负,VT 截止,电枢失去电源,经二极管 VD 续流。电动机得到的平均端电压为

$$U_d = \frac{t_{on}}{T}U_s = \rho U_s \tag{4-1}$$

式中:$\rho = \dfrac{t_{on}}{T}$ 为 PWM 波的占空比。改变 ρ($0 \leqslant \rho < 1$)即可调速。若令 $\gamma = \dfrac{U_d}{U_s}$ 为 PWM 波的电压系数,则在不可逆 PWM 变换器中,有

$$\gamma = \rho \tag{4-2}$$

在图 4-1(b)中绘出了稳态时电枢的脉冲端电压 u_d、电枢平均电压 U_d 和电枢电流 i_a 的波形。稳态电流 i_a 是脉动的,其平均值等于负载电流 $I_L = \dfrac{T_L}{K_m}$。其中,T_L 为负载转矩;K_m 为转矩系数。

由于 VT 在一个周期内具有开和关两种状态,电路电压的平衡方程式也分为两个阶段。在 $0 \leqslant t < t_{on}$ 期间:

$$U_s = Ri_a + L\frac{di_a}{dt} + E \tag{4-3}$$

在 $t_{on} \leqslant t < T$ 期间:

$$0 = Ri_a + L\frac{di_a}{dt} + E \tag{4-4}$$

式中:R,L 为电枢电路的电阻和电感;E_a 为电动机反电动势。

由于开关频率较高,电流脉动的幅值不会很大,转速 n 和反电动势 E_a 受其影响而产生的波动就会更小。为了突出主要问题,可先将这些波动忽略不计,而视 n 和 E_a 在稳态

时为恒值,方便系统分析。

2. 可以制动的不可逆 PWM 变换器

在图 4-1 所示的简单不可逆电路中,因为电流 i_a 不能反向,所以不能产生制动作用,只能作单象限运行。需要制动时必须具有反向电流 $-i_a$ 的通路,因此应该设置控制反向通路的第二个电力晶体管,形成两个晶体管 VT_1 和 VT_2 交替开关的电路,如图 4-2(a)所示。这种电路组成的 PWM 调速系统可在一、二两个象限中运行。

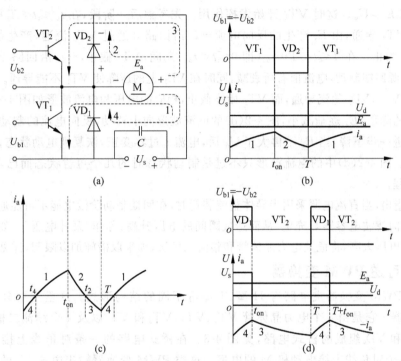

图 4-2　有制动电流通路的不可逆 PWM 变换器
(a) 电路原理图;(b) 电动状态的电压、电流波形;
(c) 轻载电动状态的电流波形;(d) 制动状态的电压、电流波形

VT_1 和 VT_2 的驱动电压大小相等,方向相反,即 $U_{b1}=-U_{b2}$。当电动机在电动状态下运行时,平均电流应为正值,一个周期内分两段变化。在 $0 \leqslant t < t_{on}$ 期间,U_{b1} 为正,VT_1 饱和导通;U_{b2} 为负,VT_2 截止。此时,电源电压 U_s 加到电枢两端,电流 i_a 沿着图中的回路 1 流通。在 $t_{on} \leqslant t < T$ 期间,U_{b1} 和 U_{b2} 都变换极性,VT_1 截止,但 VT_2 却不能导通,因为 i_a 沿回路 2 经二极管 VD_2 续流,在 VD_2 两端产生的压降,其极性示于图 4-2(a),给 VT_2 施加反压,使它失去导通的可能。因此,实际上是 VT_1,VD_2 交替导通,而 VT_2 始终不通,其电压和电流波形如图 4-2(b)所示。虽然多了一只晶体管 VT_2,但这时并没有工作,波形和图 4-1(b)的情况完全一样。

在轻载电动状态时,由于负载电流较小,以至于当 VT_1 关断后 i_a 的续流很快就衰减到零,如在 4-2(c)中 $t_{on} \sim T$ 期间的 t_2 时刻。参看图 4-2(a),这时二极管 VD_2 两端的压降也降为零并开始承受反向电压,使 VT_2 得以导通,反电动势 E_a 产生的反向电流 $-i_a$ 沿回路3流通,作为局部时间内的能耗制动。等到$t=T$,相当于$t=0$时刻,VT_2关断,$-i_a$又只能沿着回路4经VD_1续流,尽管VT_1的控制信号U_{b1}为正,但这时VT_1却不能导通。直到$t=t_4$时,$-i_a$衰减到零,VT_1才开始导通,一个开关周期内4个管子VT_1,VD_2,VT_2,VD_1轮流导通。其电流波形如图4-2(c)所示。

　　在电动运行中要降低转速(或停车),应首先减小控制电压,使U_{b1}的正脉冲变窄,负脉冲变宽,从而使平均电枢电压U_d降低。由于惯性的作用,转速和反电动势都还没有变化,从而有$E_a>U_d$。这时VT_2开始发挥作用。先考虑后一阶段,在$t_{on}\leqslant t<T$期间,由于U_{b2}变正,VT_2导通,由E_a产生的反向电流$-i_a$沿回路3通过VT_2流通,产生能耗制动,直到$t=T$为止。在$T\leqslant t<T+t_{on}$(即$0\leqslant t<t_{on}$)期间,VT_2截止,$-i_a$沿回路4通过VD_1续流,对电源回馈制动,电流值有所衰减,同时在VD_1上的压降使VT_1不能导通。在整个制动过程中,VT_2,VD_1轮流导通,而VT_1始终截止,相应的电压和电流波形如图4-2(d)所示。随着转速的降落,E_a逐渐减小,图4-2(d)的电流波形向上移动,反向电流的制动作用使电动机转速进一步下降,当E_a不再大于U_d后,电流i_a过零变正,恢复到电动状态,直到新的转速稳态。图4-2(d)中的电流波形只不过是制动状态时的几个短暂状态而已,并不是整个过渡过程。

　　应该指出,当直流电源采用半导体整流装置时,在回馈制动阶段电能不可能通过它送回电网,只能向滤波电容器C充电,从而造成瞬间的电压升高,称作"泵升电压"。如果回馈能量大,泵升电压太高,将危及电力晶体管和整流二极管,须采取措施加以限制,详见4.4节。

4.1.2　可逆 PWM 变换器

　　可逆 PWM 变换器主电路有 H 型、T 型等不同的结构形式。这里主要分析常用的 H 型变换器。它是由 4 个电力晶体管 VT_1、VT_2、VT_3 和 VT_4 以及 4 个续流二极管 VD_1、VD_2、VD_3 和 VD_4 组成的桥式电路,见图 4-3。在桥式电路的一条对角线上接电源电压 U_s,在另一个对角线上接电动机 M 的电枢。这类 PWM 变换器输出电压 U_d 的极性是随驱动电压极性的变化而改变的。H 型变换器的控制方式有多种,下面着重分析双极式 H 型 PWM 变换器,然后再简要说明其他方式的特点。

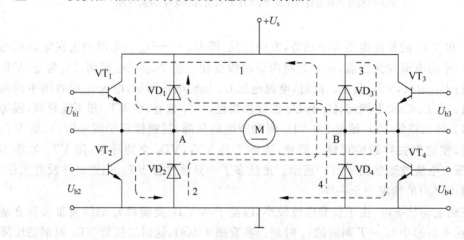

图 4-3　双极式 H 可逆 PWM 变换器

1. 双极式 H 型可逆 PWM 变换器

图 4-3 中绘出了双极式 H 型可逆 PWM 变换器的电路图。4 个电力晶体管的基极驱动电压分为两组。VT_1 和 VT_4 同时导通和关断,其驱动电压 $U_{b1} = U_{b4}$;VT_2 和 VT_3 同时动作,其驱动电压 $U_{b2} = U_{b3} = -U_{b1}$。它们的波形如图 4-4 所示。

在一个开关周期内,当 $0 \leqslant t < t_{on}$ 时,U_{b1} 和 U_{b4} 为正,晶体管 VT_1 和 VT_4 饱和导通;而 U_{b2} 和 U_{b3} 为负,VT_2 和 VT_3 截止。这时,$+U_s$ 加在电枢 A,B 两端,$U_{AB} = U_s$,电枢电流 i_a 沿回路 1 流通。当 $t_{on} \leqslant t < T$ 时,U_{b1} 和 U_{b4} 变负,VT_1 和 VT_4 截止;U_{b2} 和 U_{b3} 变正,但 VT_2 和 VT_3 并不能立即导通,因为在电枢电感释放储能的作用下,i_a 沿回路 2 经 VD_2 和 VD_3 续流,在 VD_2,VD_3 上的压降使 VT_2 和 VT_3 的 c-e 极承受反压,这时,$U_{AB} = -U_s$。U_{AB} 在一个周期内正负相间,这是双极式 PWM 变换器的特征。其电流波形如图 4-4 所示。

由于电压 U_{AB} 的正、负变化,使电流波形存在两种情况,如图 4-4 中的 i_{a1} 和 i_{a2}。i_{a1} 相当于电动机负载较重的情况,这时平均负载电流大,在续流阶段电流仍维持正方向,电机始终工作在第一象限的电动状态。i_{a2} 相当于负载很轻的情况,平均电流小,在续流阶段电流很快衰减到零,于是 VT_2 和 VT_3 的 c-e 两端失去反压,在负的电源电压 $(-U_s)$ 和电枢反电动势的合成作用下导通,电枢电流反向,沿回路 3 流通,电机处于制动状态。与此相仿,在 $0 \leqslant t < t_{on}$ 期间,当负载轻时,电流也有一次反向,沿回路 4 流通。

由此可见,双极式可逆 PWM 变换器的电流波形和可以制动的不可逆 PWM 变换器相差不多。但是,前者可逆,而后者不可逆。双极式可逆 PWM 变换器的可逆作用,同样要根据正、负脉冲电压的宽窄而定。当正脉冲较宽时,$t_{on} > T/2$,则电枢两端的平均电压为正,在电动运行时电动机为正转。当正脉冲较窄时,$t_{on} < T/2$,平均电压为负,电动机反转。如果正、负脉冲宽度相等,$t_{on} = T/2$,平均电压为零,则电动机停止。图 4-4 所示的电压、电流波形都是在电动机正转时的情况。

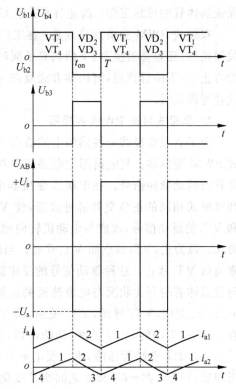

图 4-4　双极式 H 型可逆 PWM 变换器驱动电压、输出电压和电流波形

双极式可逆 PWM 变换器电枢平均端电压用公式表示为

$$U_d = \frac{t_{on}}{T} U_s - \frac{T - t_{on}}{T} U_s = \left(\frac{2t_{on}}{T} - 1 \right) U_s \tag{4-5}$$

如果 PWM 波的占空比 ρ 和电压系数 γ 的定义与不可逆变换器中的定义相同,那么在双极式可逆变换器中,则为

$$\gamma = 2\rho - 1 \qquad\qquad (4\text{-}6)$$

与不可逆的情况不相同。

调速时，ρ 的变化范围仍是 $0\sim1$，相应的 γ 变化范围变成 $-1\sim+1$。当 $\rho>0.5$ 时，γ 为正，电动机正转；当 $\rho<0.5$ 时，γ 为负，电动机反转；当 $\rho=0.5$ 时，$\gamma=0$，电动机停止。这时，虽然电机不转动，但是电枢两端的瞬时电压却并不等于零，而是正负交变脉宽相等的脉冲电压，因而电流也是交变的。这个交变电流平均值为零，不产生平均转矩，但却增大电机的损耗，并发出高频噪声，这是双极式 PWM 变换器的缺点。可它的益处在于，电机停止时带有的高频微振，恰好能消除正、反向时的静摩擦死区，起着所谓的"动力润滑"的作用。

双极式 PWM 变换器优点是：电流一定连续；电动机可在四个象限中运行；电机停止时有微振电流，能消除静摩擦死区；低速时，每个晶体管仍有较宽的驱动脉冲，有利于保证晶体管的可靠工作；低速时平稳性好，调速范围可达 20 000 左右。

双极式 PWM 变换器缺点是：在工作过程中，4 个电力晶体管都处于开关状态，除开关损耗外，还容易发生上、下两只管子同时导通，即直通事故，从而影响了装置的可靠性。为防止上、下两管直通，解决的方法是在一只管子关断和另一管子导通的驱动脉冲之间，设置逻辑延时。

2. 单极式可逆 PWM 变换器

为了克服双极式变换器的上述缺点，对静、动态性能要求低一些的系统，可采用单极式 PWM 变换器。其电路图主电路仍和双极式变换器相同，见图 4-3。不同之处仅在于晶体管的驱动脉冲信号。在单极式变换器中，左边两个管子的驱动脉冲 $U_{b1}=-U_{b2}$，具有和双极式相同的正负交替脉冲波形，使 VT$_1$ 和 VT$_2$ 交替导通。不同的是右边两管 VT$_3$ 和 VT$_4$ 的驱动信号，改成与电动机转向相关的直流控制信号。当电机正转时，使 U_{b3} 恒为负，U_{b4} 恒为正，VT$_3$ 截止而 VT$_4$ 常通。当电机反转时，则 U_{b3} 恒为正而 U_{b4} 恒为负，使 VT$_3$ 常通而 VT$_4$ 截止。这种驱动信号的变化显然不同于双极式 PWM 变换器，主要表现在各阶段晶体管的开关状况与电流流通的回路。其特点是：当电机正转且带较大负载时，在 $0\leqslant t<t_{on}$ 期间，VT$_1$ 导通，VT$_2$ 关断，而 VT$_4$ 常通，所以 $U_{AB}=U_s$，电流 i_a 沿回路 1 流通；在 $t_{on}\leqslant t<T$ 期间，VT$_1$ 关断，切断电源，但 VT$_4$ 仍导通，i_a 沿 VD$_2$→M→VT$_4$ 续流，这时 $U_{AB}=0$，如果忽略管压降，电机反电势与电枢自感电动势相平衡。当电机反转时，驱动电压相反，则 U_{AB} 在 $-U_s$ 和 0 之间交替变化。因此，电机虽然可逆，但所承受的电压波形却和不可逆 PWM 变换器相同（见图 4-2(b)）。当电机朝一个方向旋转时，U_{AB} 只在某一个极性的电压 U_s 和 0 之间变化，所以称作"单极式"变换器。

由于单极式变换器的电力晶体管 VT$_3$ 和 VT$_4$ 二者之中总有一个常通，另一个常截止，运行中无须频繁交替导通，因此和双极式变换器相比，开关损耗可以减少，装置的可靠性有所提高。

3. 受限单极式可逆 PWM 变换器

受限单极式可逆变换器与单极式变换器的主电路完全一样，驱动信号电压也基本相同，唯一的区别在于：正转时 VT$_2$ 的驱动信号 U_{b2} 不是交替通断，而是恒为负值，使 VT$_2$

一直截止；反转时 U_{b1} 恒为负值，VT_1 一直截止。如果负载较重，电流 i_a 在同一方向连续变化，则电压、电流波形和一般单极式变换器一样。但是当负载较轻时，由于同时有两个晶体管一直截止，因而不会出现电流变向的情况。图 4-5 给出了轻载时的电压、电流波形。在续流期间，当电流衰减到零时，图中的 $t=t_d$ 时刻，波形中断，这时电枢两端电压跳变到 $U_{AB}=E_a$，直到 $t=T$ 为止。这种轻载电流断续的现象使变换器的外特性变软，和 V-M 系统中的情况十分相似。它使 PWM 调速系统的静、动态性能变差，而带来的好处则是可靠性的提高。

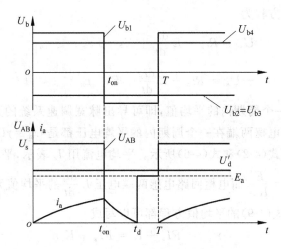

图 4-5　受限单极式可逆 PWM 调速系统轻载时的电压、电流波形

电流断续时，电枢电压的提高导致把整个平均电压抬高，成为

$$U_d' = \rho U_s + \frac{T-t_d}{T}E$$

假设 $E \approx U_d'$，则

$$U_d' \approx \frac{T}{t_d}\rho U_s$$

电流断续时的 PWM 电压系数为

$$\gamma' = \frac{U_d'}{U_s} = \frac{T}{t_d}\rho = \frac{T}{t_d}\gamma \tag{4-7}$$

式中：$\gamma = \rho$ 为电流连续时的电压系数。由于 $T \geqslant t_d$，因而 $\gamma' \geqslant \gamma$，但其绝对值仍在 $0 \sim 1$ 之间变化。

4.2　脉宽调速系统的稳态分析

4.2.1　脉宽调速系统的开环机械特性

在稳态情况下，脉宽调速系统中电动机所承受的电压仍为脉冲电压，因此尽管有高频电感的平波作用，电枢电流和转速还是脉动的。所谓稳态，只是指电机的平均电磁转矩与负载转矩相平衡的状态，电枢电流实际上是周期性变化的，只能算作是"准稳态"。脉宽调速系统在准稳态下的机械特性是其平均转速与平均转矩(或电流)的关系。

分析表明,无论是带制动电流通路的不可逆 PWM 电路,还是双极式或单极式的可逆 PWM 电路,其准稳态的电压、电流波形都是相似的。由于电路中具有反向电流通路,在同一转向下电流可正可负,无论是重载还是轻载,电流波形都是连续的,这会使机械特性的关系式简单许多。只有受限单极式可逆电路例外。

对于带制动电流通路的不可逆电路和单极式可逆电路,其电压方程式为 4.1 节的式 (4-3)和式(4-4)。对于双极式可逆电路,在第二个方程中的电源电压应由 0 改为 $-U_s$,其余不变。于是,电压方程为

$$U_s = Ri_a + L \frac{di_a}{dt} + E, \quad 0 \leqslant t < t_{on} \tag{4-8}$$

$$-U_s = Ri_a + L \frac{di_a}{dt} + E, \quad t_{on} \leqslant t < T \tag{4-9}$$

按电压方程求一个周期内的平均值,即可导出脉宽调速系统的开环机械特性。无论上述的哪一种情况,电枢两端在一个周期内的平均电压都是 $U_d = \gamma U_s$,只是 γ 与占空比 ρ 的关系不同,分别如式(4-2)和式(4-6)所示。平均电流用 I_a 表示,平均电磁转矩为 $T_{eav} = K_m I_a$,平均转速为 $n = \frac{E}{K_e}$,而电枢回路电感两端电压 $L \frac{di_a}{dt}$ 的平均值为零。于是,式(4-3)、式(4-4)或式(4-8)、式(4-9)的平均值方程都可以写成

$$\gamma U_s = RI_a + E = RI_a + K_e n \tag{4-10}$$

则机械特性方程式为

$$n = \frac{\gamma U_s}{K_e} - \frac{R}{K_e} I_a = n_0 - \frac{R}{K_e} I_a \tag{4-11}$$

或用转矩表示,为

$$n = \frac{\gamma U_s}{K_e} - \frac{R}{K_e K_m} T_{eav} = n_0 - \frac{R}{K_e K_m} T_{eav} \tag{4-12}$$

其中,理想空载转速 $n_0 = \frac{\gamma U_s}{K_e}$,与电压系数 γ 成正比。图 4-6 绘出了第一、二象限的机械特性,它适用于带制动作用的不可逆电路。可逆电路的机械特性与此相仿,只是扩展到第三、四象限而已。

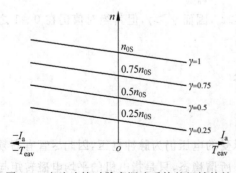

图 4-6 电流连续时脉宽调速系统的机械特性

对于受限单极式可逆电路,电机在同一旋转方向下电流不能反向,轻载时将出现电流断续现象,把平均电压抬高,式(4-10)便不再成立,机械特性方程要复杂得多,这里只作定性的分析。由图 4-5 的电压波形可以看出,当占空比一定时,负载越轻,即平均电流越小,则电流中断的时间越长,平均电压被抬得越高。照此趋势,在理想空载时,$I_a = 0$,只有转速升高到使 $E_a = U_s$ 才行。因此不论占空比有多大,理

想空载转速都会上翘到 $n_{0s}=U_s/K_e$,如图 4-7 所示。

4.2.2 电流脉动波形与最大脉动量

在 4.2.1 小节中分析脉宽调速系统机械特性时处理的是电流(或转矩)平均值和转速平均值之间的关系,实际上电流和转速都是周期性脉动变化的。下面讨论它们的脉动量及影响调速系统稳态运行的均匀性等问题。

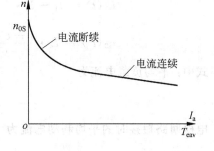

图 4-7 受限单极式 PWM 调速系统的机械特征

分析前先作如下的假定:

(1) 认为电力晶体管是无惯性环节,即忽略它的开通时间和关断时间;

(2) 忽略 PWM 变换器内阻的变化,认为在不同开关状态下电枢回路电阻 R 是常数;

(3) 脉冲开关频率足够高,因而开关周期 T 远小于系统的机电时间常数 T_m,在分析电流的周期性变化时可以认为转速 n 和反电势 E_a 都不变。

1. 不可逆电路和单极式可逆电路

电流在正方向连续变化时,主电路的电压、电流波形如图 4-2(b)所示,一个周期内两个阶段的电压平衡方程式(4-3)和式(4-4)。显然,只要求解这两个微分方程,便可清楚地了解电流脉动波形及脉动量大小。

为了分析方便,令第一段电流为 i_{a1},第二段为 i_{a2}。第一段时间从 $t=0$ 开始,到 $t=t_{on}$ 之前结束;第二段从 t_{on} 开始,到 $t=T$ 之前结束。作个简单的坐标移动,即以 t_{on} 时刻作为第二段时间坐标的起点,即 $t'=0$,而以 $t'=T-t_{on}$ 时刻之前(不含该时刻)作为第二段时间坐标的终点,详见图 4-8。这时,式(4-3)和式(4-4)可改写成

$$U_s = Ri_{a1} + L\frac{di_{a1}}{dt} + E, \quad 0 \leqslant t < t_{on} \tag{4-13}$$

$$0 = Ri_{a2} + L\frac{di_{a2}}{dt'} + E, \quad 0 \leqslant t' < (T-t_{on}) \tag{4-14}$$

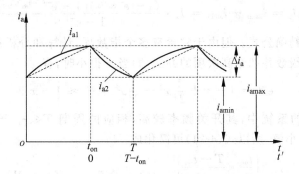

图 4-8 脉宽调速系统电枢电流脉动波形

稳态时,第一段的终了值就是第二段的起始值,即 $i_{a1}(t_{on})=i_{a2}(0)$;而第二段的终了值又是第一段的起始值,即 $i_{a2}(T-t_{on})=i_{a1}(0)$。在这样的初始条件下,方程式(4-13)和式(4-14)的解分别为

$$i_{a1}(t) = I_1 - I_s \cdot \frac{1 - e^{-(T-t_{on})/\tau_a}}{1 - e^{-T/\tau_a}} \cdot e^{-t/\tau_a}, \quad 0 \leqslant t < t_{on} \tag{4-15}$$

$$i_{a2}(t') = I_s \cdot \frac{1 - e^{-t_{on}/\tau_a}}{1 - e^{-T/\tau_a}} \cdot e^{-t'/\tau_a} - I_2, \quad 0 \leqslant t' < T - t_{on} \tag{4-16}$$

式中：平均负载电流为

$$I_1 = \frac{U_s - E}{R}$$

电枢回路短接时的平均制动电流为

$$I_2 = \frac{E}{R}$$

电源短路电流为

$$I_s = \frac{U_s}{R} = I_1 + I_2$$

电枢回路电磁时间常数为

$$\tau_a = \frac{L}{R}$$

图 4-8 中绘出了式(4-15)和式(4-16)所表达的电流波形。电流脉动时的最大值为

$$i_{amax} = i_{a1}(t_{on}) = i_{a2}(0) \tag{4-17}$$

最小值为

$$i_{amin} = i_{a1}(0) = i_{a2}(T - t_{on}) \tag{4-18}$$

在式(4-16)中令 $t' = 0$，并代入式(4-17)，得

$$i_{amax} = I_s \cdot \frac{1 - e^{-t_{on}/\tau_a}}{1 - e^{-T/\tau_a}} - I_2 \tag{4-19}$$

若令 $t' = T - t_{on}$，并代入式(4-18)，则得

$$i_{amin} = I_s \cdot \frac{(1 - e^{-t_{on}/\tau_a}) e^{-(T-t_{on})/\tau_a}}{1 - e^{-T/\tau_a}} - I_2 \tag{4-20}$$

式(4-19)和式(4-20)二式相减，便得到电枢电流脉动量为

$$\Delta i_a = i_{amax} - i_{amin} = I_s \cdot \frac{(1 - e^{-t_{on}/\tau_a})[1 - e^{-(T-t_{on})/\tau_a}]}{1 - e^{-T/\tau_a}} \tag{4-21}$$

这是电流脉动量的精确公式。但由于它含有多个指数项，计算和分析都比较麻烦。根据指数项展开成泰勒级数并忽略高次项的办法，即当 x 很小时，有

$$e^{-x} = 1 - x + \frac{1}{2!}x^2 - \frac{1}{3!}x^3 + \cdots \approx 1 - x$$

因为在图 4-8 对应的系统中，其开关频率较高，相应的周期 $T \ll \tau_a$，于是 T/τ_a、t_{on}/τ_a 和 $(T-t_{on})/\tau_a$ 都是很小值，所以式(4-21)可简化成

$$\Delta i_a \approx I_s \left(\frac{\dfrac{t_{on}}{\tau_a} \cdot \dfrac{T - t_{on}}{\tau_a}}{\dfrac{T}{\tau_a}} \right) = \frac{\rho(1-\rho)T}{\tau_a} I_s = \frac{\rho(1-\rho)U_s T}{L} \tag{4-22}$$

式中：$\rho = t_{on}/T$。

式(4-22)表明，电流脉动量的大小是随占空比 ρ 值而变化的。若令 $\dfrac{d(\Delta i_a)}{d\rho} = 0$，可得

$\rho=0.5$。即，当 $\rho=0.5$ 时，电流脉动量达到其最大值。以 $\rho=0.5$ 代入式(4-22)，可求出最大的电流脉动量为

$$\Delta i_{\text{amax}} = \frac{T}{4\tau_\text{a}} I_\text{s} = \frac{TU_\text{s}}{4L} = \frac{U_\text{s}}{4fL} \tag{4-23}$$

式(4-23)表明，电枢电流的最大脉动量与电源电压 U_s 成正比，与电枢电感 L 和开关频率 $f=\dfrac{1}{T}$ 成反比，其物理意义是很明显的。

【例 4-1】　在图 4-8 对应脉宽调速系统的波形中，若 $U_\text{s}=200\text{V}$，$R=2\Omega$，$\tau_\text{a}=5\text{ms}$，开关频率 $f=2000\text{Hz}$，电动机额定电流为 $I_\text{N}=15\text{A}$。求该脉宽调速系统的最大电流脉动量及对额定电流值的相对脉动量。

　　解：已知 $f=2000\text{Hz}$，所以

$$T = \frac{1}{f} = \frac{1}{2000}\text{s} = 0.5\text{(ms)}$$

又有电源短路电流

$$I_\text{s} = \frac{U_\text{s}}{R} = \frac{200}{2} = 100\text{(A)}$$

将参数代入式(4-23)，则得

$$\Delta i_{\text{amax}} = \frac{T}{4\tau_\text{a}} I_\text{s} = \frac{0.5}{4 \times 5} \times 100 = 2.5\text{(A)}$$

其相对最大电流脉动量为

$$\frac{\Delta i_{\text{amax}}}{I_\text{N}} = \frac{2.5}{15} \times 100\% = 16.7\%$$

即该脉宽调速系统的最大电流脉动量占到额定电流值的 16.7%。

2. 双极式可逆电路

对于双极式可逆电路，如果把电流的两个脉动阶段时间坐标作同分析不可逆电路和单极式可逆电路时一样的改动，电压方程式(4-8)和式(4-9)便成为

$$U_\text{s} = Ri_\text{a1} + L\frac{\text{d}i_\text{a1}}{\text{d}t} + E, \quad 0 \leqslant t < t_\text{on} \tag{4-24}$$

$$-U_\text{s} = Ri_\text{a2} + L\frac{\text{d}i_\text{a2}}{\text{d}t'} + E, \quad 0 \leqslant t' < T - t_\text{on} \tag{4-25}$$

求解过程和前面完全相同，只是 I_s 应换成 $2I_\text{s}$，I_2 应换成 $I_\text{s}+I_2$，因而电流脉动量成为

$$\Delta i_\text{a} = 2I_\text{s} \cdot \frac{(1-\text{e}^{-t_\text{on}/\tau_\text{a}})[1-\text{e}^{-(T-t_\text{on})\tau_\text{a}}]}{1-\text{e}^{-T/\tau_\text{a}}} \tag{4-26}$$

或

$$\Delta i_\text{a} \approx 2I_\text{s} \cdot \frac{t_\text{on}(T-t_\text{on})}{T\tau_\text{a}} \tag{4-27}$$

将占空比 $\rho=t_\text{on}/T$ 和短路电流 $I_\text{s}=U_\text{s}/R$ 代入式(4-27)，并考虑到 $\tau_\text{a}=L/R$，可得

$$\Delta i_\text{a} \approx \frac{2I_\text{s}}{\tau_\text{a}}\rho(1-\rho)T = \frac{2U_\text{s}}{L}\rho(1-\rho)T \tag{4-28}$$

令 $\dfrac{\text{d}(\Delta i_\text{a})}{\text{d}\rho}=0$，得 $\rho=0.5$ 时有电流脉动量的最大值，其值为

$$\Delta i_{\text{amax}} = \frac{T}{2\tau_{\text{a}}} I_{\text{s}} = \frac{TU_{\text{s}}}{2L} = \frac{U_{\text{s}}}{2fL} \tag{4-29}$$

比较式(4-23)和式(4-29),在电路参数相同的情况下,双极式 PWM 变换器的最大电流脉动量比单极式 PWM 变换器的最大电流脉动量大一倍。

4.2.3　转速脉动波形与最大脉动量

这里只分析不可逆或单极式可逆电路,其他情况可用同样的方法处理。

为了简单起见,假设电流脉动按线性变化,即当开关频率较高时忽略一个周期内电阻压降 Ri_{a} 的变化,用平均端电压 $U_{\text{d}} = RI_{\text{a}} + E$ 代替 $Ri_{\text{a}} + E$,式(4-13)和式(4-14)可近似为

$$L\frac{\mathrm{d}i_{\text{a}1}}{\mathrm{d}t} = U_{\text{s}} - Ri_{\text{a}1} - E = U_{\text{s}} - U_{\text{d}} = (1-\rho)U_{\text{s}}, \quad 0 \leqslant t < t_{\text{on}} \tag{4-30}$$

$$L\frac{\mathrm{d}i_{\text{a}2}}{\mathrm{d}t'} = -Ri_{\text{a}2} - E = -U_{\text{d}} = -\rho U_{\text{s}}, \quad 0 \leqslant t' < T - t_{\text{on}} \tag{4-31}$$

这时,$L\dfrac{\mathrm{d}i_{\text{a}1}}{\mathrm{d}t}$ 和 $L\dfrac{\mathrm{d}i_{\text{a}2}}{\mathrm{d}t'}$ 都近似成常数,相当于用图 4-8 中虚线画出的直线段代替原来的指数曲线。由式(4-30)和式(4-31)得到的两段电流表达式为

$$i_{\text{a}1}(t) = i_{\text{amin}} + \frac{(1-\rho)U_{\text{s}}}{L}t, \quad 0 \leqslant t < t_{\text{on}} \tag{4-32}$$

$$i_{\text{a}2}(t') = i_{\text{amax}} - \frac{\rho U_{\text{s}}}{L}t', \quad 0 \leqslant t' < T - t_{\text{on}} \tag{4-33}$$

将式(4-22)的 Δi_{a} 表达式代入式(4-32)和式(4-33),整理后得

$$i_{\text{a}1}(t) = i_{\text{amin}} + \frac{\Delta i_{\text{a}}}{t_{\text{on}}}t, \quad 0 \leqslant t < t_{\text{on}} \tag{4-34}$$

$$i_{\text{a}2}(t') = i_{\text{amax}} - \frac{\Delta i_{\text{a}}}{T - t_{\text{on}}}t', \quad 0 \leqslant t' < T - t_{\text{on}} \tag{4-35}$$

电动机转矩平衡方程式分别为

$$J\frac{\mathrm{d}\omega_1}{\mathrm{d}t} = K_{\text{m}}i_{\text{a}1}(t) - T_{\text{L}}, \quad 0 \leqslant t < t_{\text{on}} \tag{4-36}$$

$$J\frac{\mathrm{d}\omega_2}{\mathrm{d}t'} = K_{\text{m}}i_{\text{a}2}(t') - T_{\text{L}}, \quad 0 \leqslant t' < T - t_{\text{on}} \tag{4-37}$$

式中:ω_1 和 ω_2 分别为电流上升段和下降段的角速度。

将式(4-34)代入式(4-36),式(4-35)代入式(4-37),得

$$J\frac{\mathrm{d}\omega_1}{\mathrm{d}t} = K_{\text{m}}i_{\text{amin}} + K_{\text{m}}\frac{\Delta i_{\text{a}}}{t_{\text{on}}}t - T_{\text{L}}, \quad 0 \leqslant t < t_{\text{on}} \tag{4-38}$$

$$J\frac{\mathrm{d}\omega_2}{\mathrm{d}t'} = K_{\text{m}}i_{\text{amax}} - K_{\text{m}}\frac{\Delta i_{\text{a}}}{T - t_{\text{on}}}t' - T_{\text{L}}, \quad 0 \leqslant t' < T - t_{\text{on}} \tag{4-39}$$

在准稳态下电动机的平均电磁转矩 $K_{\text{m}}I_{\text{a}}$ 与负载转矩 T_{L} 相平衡,即 $T_{\text{L}} = K_{\text{m}}I_{\text{a}}$。此外,由于已把电流看成是线性变化的,则 $i_{\text{amin}} - I_{\text{a}} = -\dfrac{1}{2}\Delta i_{\text{a}}$,$i_{\text{amax}} - I_{\text{a}} = -\dfrac{1}{2}\Delta i_{\text{a}}$,将这些关系式代入式(4-38)和式(4-39),得

$$\frac{\mathrm{d}\omega_1}{\mathrm{d}t} = \frac{K_{\text{m}}}{J}\left(\frac{t}{t_{\text{on}}} - \frac{1}{2}\right)\Delta i_{\text{a}}, \quad 0 \leqslant t < t_{\text{on}} \tag{4-40}$$

$$\frac{\mathrm{d}\omega_2}{\mathrm{d}t} = \frac{K_\mathrm{m}}{J}\left(\frac{1}{2} - \frac{t'}{T - t_\mathrm{on}}\right)\Delta i_\mathrm{a}, \quad 0 \leqslant t' < T - t_\mathrm{on} \tag{4-41}$$

积分后,得角速度表达式:

$$\omega_1(t) = \frac{K_\mathrm{m}}{2J}\left(\frac{t^2}{t_\mathrm{on}} - t\right)\Delta i_\mathrm{a} + C_1, \quad 0 \leqslant t < t_\mathrm{on} \tag{4-42}$$

$$\omega_2(t') = \frac{K_\mathrm{m}}{2J}\left(t' - \frac{t'^2}{T - t_\mathrm{on}}\right)\Delta i_\mathrm{a} + C_2, \quad 0 \leqslant t' < T - t_\mathrm{on} \tag{4-43}$$

在准稳态下,转速也是周期性变化的,因此,$\omega_1(t_\mathrm{on}) = \omega_2(0)$,$\omega_2(T - t_\mathrm{on}) = \omega_1(0)$。又由式(4-42)及式(4-43)可得,$\omega_1(0) = \omega_1(t_\mathrm{on}) = C_1$,$\omega_2(0) = \omega_2(T - t_\mathrm{on}) = C_2$。因此积分常数 C_1,C_2 相等,而且等于每一段 ω 的初始值和终了值。由式(4-42)和式(4-43)所描述的 ω 变化波形如图 4-9 所示。

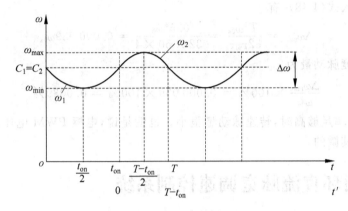

图 4-9　电枢电流线性变化时的角速度脉动波形

令 $\dfrac{\mathrm{d}\omega_1}{\mathrm{d}t} = 0$,$\dfrac{\mathrm{d}\omega_2}{\mathrm{d}t'} = 0$,可求出转速最小与最大的时刻,它们分别为 $\dfrac{1}{2}t_\mathrm{on}$ 和 $\dfrac{1}{2}(T - t_\mathrm{on})$,代入式(4-42)和式(4-43),得

$$\omega_\mathrm{min} = -\frac{K_\mathrm{m}}{8J}\Delta i_\mathrm{a} t_\mathrm{on} + C_1 \tag{4-44}$$

$$\omega_\mathrm{max} = \frac{K_\mathrm{m}}{8J}\Delta i_\mathrm{a}(T - t_\mathrm{on}) + C_2 \tag{4-45}$$

将上述二式相减,得到角速度的脉动量是

$$\Delta\omega = \omega_\mathrm{max} - \omega_\mathrm{min} = \frac{K_\mathrm{m}}{8J}\Delta i_\mathrm{a} T \tag{4-46}$$

把式(4-22)代入式(4-46),并考虑到 $U_\mathrm{s} = K_\mathrm{e}'\omega_\mathrm{0s}$,则

$$\Delta\omega = \frac{\rho(1-\rho)T^2\omega_\mathrm{0s}}{8\tau_\mathrm{m}\tau_\mathrm{a}} \tag{4-47}$$

式中:$\omega_\mathrm{0s} = \dfrac{U_\mathrm{s}}{K_\mathrm{e}'}$ 为电动机的最高理想空载角速度;$\tau_\mathrm{m} = \dfrac{JR}{K_\mathrm{e}'K_\mathrm{m}}$ 为机电时间常数。式(4-47)表明,当电枢电流被近似地看成是按线性规律变化时,角速度的脉动量正比于最高理想空载

角速度 ω_{0s},反比于系统的时间常数 τ_m 和 τ_a,而且还正比于开关周期 T 的平方(或反比于开关频率的平方)。

取 $\dfrac{\mathrm{d}(\Delta\omega)}{\mathrm{d}\rho}=0$,则 $\Delta\omega$ 为最大值时 $\rho=0.5$,此时角速度的最大脉动量为

$$\Delta\omega_{\max} = \frac{T^2\omega_{0s}}{32\tau_m\tau_a} \tag{4-48}$$

【例 4-2】 在不可逆或单极式可逆系统中,若已知参数为 $\tau_m=50\mathrm{ms}$,$\tau_a=4\mathrm{ms}$,开关频率 $f=2000\mathrm{Hz}$,试求该脉宽调速系统的相对最大角速度脉动量是多少。

解:已知 $f=2000\mathrm{Hz}$,所以

$$T = \frac{1}{f} = \frac{1}{2000}(\mathrm{s}) = 0.5(\mathrm{ms})$$

将已知参数代入式(4-48),有

$$\Delta\omega_{\max} = \frac{T^2\omega_{0s}}{32\tau_m\tau_a} = \frac{0.5^2\omega_{0s}}{32\times50\times4} = 0.000\,039\omega_{0s}$$

相对最大角速度脉动量为

$$\frac{\Delta\omega_{\max}}{\omega_{0s}} \times 100\% = 0.000\,039 \times 100\% = 0.0039\%$$

可见,当开关频率足够高时,转速脉动量很小。也就是说,电枢 PWM 电压的脉动对转速的影响是微忽其微的。

4.3   双闭环直流脉宽调速控制系统

一般动、静态性能较好的调速系统都采用转速、电流双闭环控制方案,脉宽调速也不例外。双闭环脉宽调速系统的原理框图如图 4-10 所示。其中属于脉宽调速系统特有的部分是脉宽调制器 UPW、调制波发生器 GM、逻辑延时环节 DLD 和电力电子器件的驱动器 GD。其中最为关键的部件是脉宽调制器。

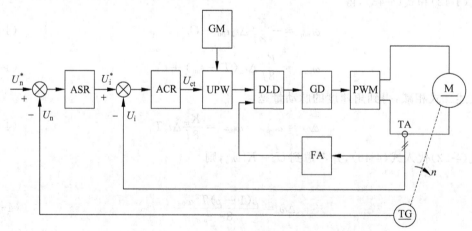

图 4-10   双闭环脉宽调速控制系统原理框图

UPW—脉宽调制器;GM—调制波发生器;DLD—逻辑延时环节;

FA—瞬时动作的限流保护;PWM—脉宽调制变换器;GD—驱动器

4.3.1 脉宽调制器

脉宽调制器 UPW 是一个电压-脉冲变换装置,由电流调节器 ACR 输出的控制电压 U_{ct} 进行控制,为 PWM 装置提供所需的脉冲信号,其脉冲宽度与 U_{ct} 成正比。常用的脉宽调制器有以下几种:

(1) 用锯齿波作调制信号的脉宽调制器;

(2) 用三角波作调制信号的脉宽调制器;

(3) 用多谐振荡器和单稳态触发器组成的脉宽调制器;

(4) 数字控制的脉宽调制器。

下面仅以图 4-11 所示的一种锯齿波脉宽调制器为例,来分析说明脉宽调制的原理。

脉宽调制器本身是一个由运算放大器和几个输入信号组成的开关式电压比较器。运算放大器工作在开环状态,只要有很小的输入电压就可以使其输出电压饱和。当输入电压极性改变时,输出电压在正、负饱和值之间翻转,从而实现了把连续信号变成脉冲信号的转换作用。加在运算放大器反相输入端的信号共有 3 个:锯齿波调制信号 U_{sa}、控制信号 U_{ct} 和负偏移电压 U_b。

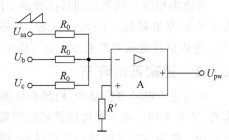

图 4-11 锯齿波脉宽调制器(UPW)

U_{sa} 由锯齿波发生器 GM 提供,其频率是 PWM 电压所需的开关频率。改变控制电压 U_{ct} 的大小和极性,在输出端就能得到周期不变、宽度可调的 PWM 脉冲系列电压 U_{pw}。

如前所述,不同形式的 PWM 变换器所给出的 PWM 电压波形是不一样的。以双极式可逆变换器为例,希望在控制电压 $U_{ct}=0$ 时,系统输出的平均电压 U_d 也为零,这时锯齿波脉宽调制器的输出电压 U_{pw} 应为正、负脉冲宽度相等的脉冲系列电压。为此,引入负偏移电压 U_b,使 $U_b = -\frac{1}{2}U_{samax}$,得到如图 4-12(a)所示的 U_{pw} 波形。

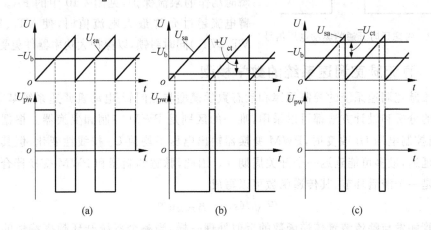

图 4-12 锯齿波脉宽调制波形图

(a) $U_c=0$; (b) $U_c>0$; (c) $U_c<0$

当 $U_{ct}>0$ 时,U_{ct} 的作用和 U_b 相减(即与 U_{sa} 相加),则运算放大器的三个输入信号加在一起,正电压的宽度增大,经运算放大器倒相后,输出 PWM 脉冲系列电压 U_{pw} 的正半波变窄,平均电压 U_d 为负值,见图 4-12(b)。

当 $U_{ct}<0$ 时,U_{ct} 的作用和 U_b 相加,则情况相反,输出 U_{pw} 的正半波增宽,U_d 为正值,见图 4-12(c)。

这样,改变控制电压 U_{ct} 的极性,也就改变了双极式 PWM 变换器输出平均电压的极性,因而改变了电动机的转向。改变 U_{ct} 的大小,则可调节输出脉冲电压的宽度,从而调节电动机的转速。只要锯齿波的线性度足够好,输出脉冲的宽度就与控制电压 U_{ct} 的大小成正比。

其他类型脉宽调制器的具体线路不同,但原理与此相仿。近年来,越来越多的脉宽调速系统的控制器都采用数字式的,并制成专用的 PWM 芯片,常用的有 TL494/5,SG1525 等集成脉宽调制器电路。也可以由单片微机直接生成 PWM 控制信号。

4.3.2 逻辑延时环节

在可逆 PWM 变换器中,跨接在电源两端的上、下两个电力电子器件,是频繁交替工作的,见图 4-13。由于器件的关断过程需要一段关断时间 t_{off},在这段时间内器件尚未完全关断。如果在此期间另一器件导通,则会造成上、下两管直通,使电源短路。为了避免发生这种事故,特设置了由 R、C 电路或逻辑电路构成的逻辑延时环节 DLD(本文暂略具体电路),保证在对一个器件发出关闭脉冲后,见图 4-13 中的 U_{b1} 负脉冲,延时 t_{ld} 后再发出对另一器件的开通脉冲,见 U_{b2} 正脉冲。反之亦然,U_{b2} 变负后,延时 t_{ld} 使 U_{b1} 变正。

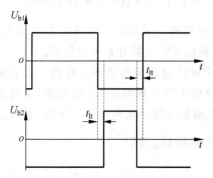

图 4-13 考虑延时开通的驱动电压信号

在逻辑延时环节中还可以引入保护信号,例如瞬时动作的限流保护,见图 4-10 中的 FA。一旦桥臂电流超过允许最大电流值时,使 VT_1、VT_4(或 VT_2、VT_3)同时封锁,以保护大功率器件免受损坏。

4.3.3 直流脉宽调速系统的数学模型

直流脉宽调速系统的控制规律和动态数学模型与晶闸管-电动机调速系统基本一致,前几章的分析和设计方法都可以采用,唯一的区别是 PWM 控制和变换器。根据其工作原理,当控制电压 U_{ct} 改变时,PWM 变换器输出电压平均值 U_d 按线性变化,但其响应会有一些延迟,最多可能延迟一个开关周期 T。因此,脉宽调制器和 PWM 变换器合起来可以看成是一个滞后环节,其传递函数可以写成

$$W_{PWM}(s) = K_{PWM} e^{-\tau s} \tag{4-49}$$

和晶闸管触发与整流装置传递函数的近似处理一样,当整个系统开环频率特性的截止频率满足条件 $\omega_c \leqslant \dfrac{1}{3\tau}$ 时,可将滞后环节近似看作为一阶惯性环节。因此,脉宽调制器和 PWM 变换器的传递函数可近似为

$$W_{PWM}(s) \approx \frac{K_{PWM}}{\tau s + 1} \tag{4-50}$$

式中：$W_{PWM} = \dfrac{U_d}{U_c}$ 为脉宽调制器和 PWM 变换器的放大系数。

　　如果考虑 PWM 变换器输出电压的脉冲性质，作为放大环节的 W_{PWM} 实际上工作在继电开关状态，也就是说，它实际上具有非线性的继电特性。按照继电控制系统理论，在一定条件下会产生自激振荡。如果产生长时间、大振幅的自激振荡，将使机械磨损、能量消耗、控制误差等增大，这是不能容许的。要消除继电控制系统的自激振荡，简单的办法是改变系统线性部分的结构和参数。如果这样做还不能奏效，可以在系统某一处施加高频的周期信号，人为制造一个高频强制振荡。它对机械无害，却能抑制系统的自激振荡，使继电特性的元件线性化。

4.4　滤波电容与泵升电压的限制

　　PWM 变换器的直流电源通常由交流电网经不可控的二极管整流电路产生，为了减少整流电压的纹波，必然要采用大电容滤波。滤波电容器在 PWM 装置中，无论是体积，还是重量，都占有很大的成分，因此电容器电量的选择是 PWM 装置设计中的重要问题。滤波电容的计算公式可以在普通电工手册中查到，但对于 PWM 变换器中的滤波电容，除了滤波作用以外，更重要的是利用它的储能作用，以便在电机减速制动或停车时吸收运动系统的动能。由于直流电源是二极管整流器供电，不可能回馈电能，制动时只能对滤波电容器充电而使电源电压升高，一般把这个升高的电压称作"泵升电压"。

　　设此时电压由 U_s 提高到 U_{sm}，则电容器储能由 $\frac{1}{2}CU_s^2$ 增加到 $\frac{1}{2}CU_{sm}^2$，它应该等于电机停车时释放的全部动能 A_d。于是有

$$\frac{1}{2}CU_{sm}^2 - \frac{1}{2}CU_s^2 = A_d$$

电容值应为

$$C = \frac{2A_d}{U_{sm}^2 - U_s^2} \tag{4-51}$$

最高泵升电压 U_{sm} 受到器件耐压能力的限制，不希望 U_{sm} 大于 U_s 太多，于是式（4-51）等式右边的分母值相应较小，由此看出电容 C 不可能很小。在功率为几千瓦的调速系统中，滤波储能电容通常需要数千微法。

　　在大容量或负载惯量较大的系统中，已不只靠电容器来限制泵升电压，往往再增设一个由分流电阻器 R_P 和开关管 VT_P 组成的泵升电压限制电路，如图 4-14 所示。

　　当滤波电容器 C 两端电压超过规定的泵升电压允许值时，VT_P 导通，接入分流电路，把回馈能量的一部分消耗在分流电阻器 R_P 中。对于更大

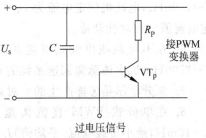

图 4-14　泵升电压限制电路

功率的系统,为了提高效率,可以接入逆变器,把多余的能量回馈电网。当然,系统会变得复杂些。

4.5　小结

　　直流脉宽调速系统和 V-M 调速系统之间的区别主要在主电路和 PWM 控制上面。故本章主要分析脉宽调制(PWM)变换器的工作原理和特性。

　　1. 不可逆 PWM 变换器对简单变换器和可以制动的变换器进行了详细的分析。其中占空比 ρ 和电压系数 γ 是两个重要概念。

　　2. 可逆 PWM 变换器着重分析了双极式 H 型 PWM 变换器,并简要说明了单极式可逆 PWM 变换器和受限单极式可逆 PWM 变换器的特点。

　　3. 脉宽调速系统在准稳态下的机械特性是其平均转速与平均转矩(或电流)的关系。其机械特性方程式是式(4-11),用转矩表示时,为式(4-12)。

　　4. 对电流和转速的脉动波形与最大脉动量进行了详细的讨论。式(4-23)和式(4-29)是最大电流脉动量的计算公式;而式(4-48)则是角速度最大脉动量的计算公式。双极式 PWM 变换器的最大电流脉动量比单极式 PWM 变换器大一倍。当开关频率足够高时,转速脉动量很小,也就是说,电枢 PWM 电压的脉动对转速的影响是极其微小的。

　　5. 当直流电源采用半导体整流装置时,在回馈制动阶段电能不可能通过它送回电网,只能向滤波电容器 C 充电,从而造成瞬间的电压升高,称作"泵升电压"。如果回馈能量大,泵升电压太高,将危及电力晶体管和整流二极管,须采取措施加以限制。

4.6　习题

　　1. 为什么晶体管 PWM-电动机系统比晶闸管-电动机系统能获得更高的动态性能?

　　2. 何为 H 型 PWM 变换器的双极式、单极式和受限单极式控制方式?

　　3. 某直流 PWM 调速系统采用单极式 H 型电路,晶体管的开通时间 $t_{on}=2\mu s$(未采用过驱动等措施),开关频率 $f=2000Hz$,试估算该系统的大致调速范围。

　　4. H 型单极式可逆 PWM 变换器,试分析轻载时 VT_1、VT_2、VT_3、VT_4 的开关情况,并绘出电压、电流波形。

　　5. 在图 4-8 对应的脉宽调速系统波形中,若 $U_s=200V$, $R=1\Omega$, $\tau_a=4ms$,开关频率 $f=2500Hz$,电动机额定电流为 $I_N=20A$。求该脉宽调速系统的最大电流脉动量及对额定电流值的相对脉动量。

　　6. 在不可逆或单极式可逆系统中,若已知参数为 $\tau_m=45ms$, $\tau_a=5ms$,开关频率 $f=2500Hz$,试求该脉宽调速系统的相对最大角速度脉动量是多少?

　　7. 泵升电压是怎样产生的? 对系统有何影响? 如何抑制?

　　8. 在单极式 PWM 直流调速系统中,电源电压 $U_s=160V$,电枢回路总电感 $L=10mH$,最小负载电流(平均值)$I_0=1A$,求 $I_0=1A$ 时仍能连续的开关频率 f 是多少?

第 5 章

交流异步电动机调压调速系统

从本章起到第 9 章，讨论有关交流异步电动机的调速问题。交流电动机与直流电动机相比，有结构简单、牢固、成本低廉等许多优点，以前未得到大规模应用，主要是由于调速困难。自 20 世纪 80 年代开始，交流调速技术进入了一个新时代，已开始逐渐占据电力传动主导地位。本章着重分析采用晶闸管的调压调速系统，后续将逐章选择重点介绍其他交流调速方法。

调压调速系统属于转差功率消耗型调速系统，因其电路简单、调试方便，多用于对调速性能要求不高的中、小容量拖动装置中。

5.1　异步电动机调压调速原理

用改变异步电动机定子电压实现调节电动机转速的控制系统称为调压调速系统。通过改变定子外加电压来改变其机械特性的函数关系，从而达到电动机在一定输出转矩下改变转速的目的。

异步电动机的机械特性方程为

$$T_e = \frac{3n_P U_1^2 R_2'/s}{\omega_1 \left[(R_1 + R_2'/s)^2 + \omega_1^2 (L_{l1} + L_{l2}')^2 \right]} \tag{5-1}$$

式中：n_P 为极对数；U_1 为定子相电压有效值；R_1、R_2' 分别为定子每相电阻和折算到定子侧的转子每相电阻；ω_1 为定子电压角频率；s 为转差率；L_{l1}、L_{l2}' 分别为定子每相漏感和折算到定子侧的转子每相漏感。

根据式(5-1)可知，在其他参数不变的情况下，电磁转矩 T_e 与相电压有效值 U_1 的平方成正比。在一定负载转矩下，定子相电压有效值 U_1 的变化将引起电动机转差率 s 的变化，而同步转速 n_1 未变，则电动机的转速 n 发生变化。

通过调节 U_1，可得到一组不同的人为机械特性，如图 5-1 所示。图中，U_{1N} 表示额定电压。当带恒转矩负载 T_L 时，普通的鼠笼型异步电动机变电压时的稳定工作点为 A，B，C，转差率 s 的变化范围不会超过 $0 \sim s_m$，调速范围很小；而对风机类负载，当采用调压调速时，则工作点为 D，E，F，可得到较大的调速范围。

当今用于交流调压调速系统中的电动机一般是采用高转子电阻的高转差率电动机

(例如国产 YH 等系列)或者交流力矩电动机(例如国产 JLJ 系列),因为这种电动机的转子绕组电阻 R_2 很大,使异步电动机的机械特性变软,增加了交流异步电动机的临界转差率 s_m,s_m 有时甚至接近于 1,从而拓宽了调压调速范围,并且允许电动机长期堵转及低速运行。交流力矩电动机机械特性如图 5-2 所示。

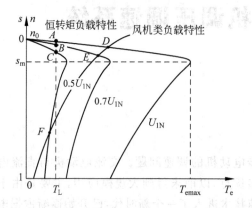

图 5-1 普通型异步电动机机械特性   图 5-2 交流力矩异步电动机机械特性

交流调压调速是交流异步电动机调速系统中比较简便的一种方法,其关键技术是如何获取可调的交流电源。早期的调压主要是采用在定子回路加自耦变压器 TU、串入饱和电抗器 LS,如图 5-3(a)、(b)所示。它们的共同缺点是设备笨重、体积庞大。晶闸管元件出现以后,由于它几乎不消耗铜、铁材料,体积小、重量轻,控制方便,因此,用用晶闸管元件组成的调压器,现在已成为交流调压器的主要形式,如图 5-3(c)所示。

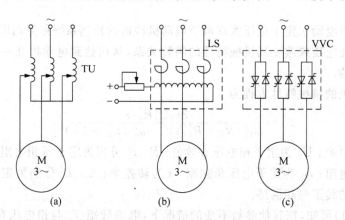

图 5-3 异步电动机调压调速方法

晶闸管调压调速通常采用相位控制。这种控制方式中,控制晶闸管的触发角 α,就可以对输出交流基波电压有效值进行控制,如图 5-4 所示。对不同的触发角 α,负载电压波形 $u_R = f(t)$ 不同,α 角越大,负载上的电压面积(图中阴影部分)越小,负载上的交流基波电压有效值越低,从而起到了调整交流电压的作用。晶闸管借负载电流过零而自行关断,不需要另加换流装置,故线路简单、容易调试、成本低廉。当然,负载上电压波形除含有基波电压之外,还含有高次谐波成分,这会对电网造成谐波污染。

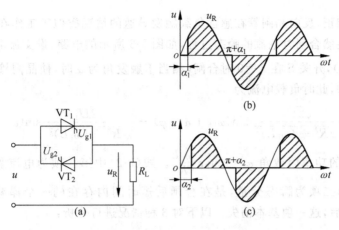

图 5-4　晶闸管单相调压电路电阻负载电压波形

从能量角度分析,从定子传入转子的电磁功率 P_m 可分为两部分:一部分是拖动负载的有功功率 P_{mech},$P_{mech}=(1-s)P_m$;另一部分是转差功率 P_s,$P_s=sP_m$,它与转差率成正比。调压调速在低速时,其转差损耗 P_s 增大,致使电动机发热严重,效率较低,因此靠消耗转差功率的这种调压调速多用于一些调速范围不大(s 较小)或属于短时工作制以及短时重复工作制的中小功率调速系统中,例如电梯、起重机械等。

5.2　晶闸管三相交流调压电路

三相调压电路的连接方式有全波调压电路、半波调压电路、丫形连接(以下简称丫连接)调压电路以及△形连接(以下简称△连接)调压电路,本章主要讨论应用最广泛的三相全波丫连接调压电路,如图 5-5 所示,此电路的每一相都有并联反接的两只晶闸管,这两只晶闸管可以用一只双向晶闸管代替,线路工作特点不变。此电路较其他调压电路谐波少。

对于图 5-5 所示电路,各个晶闸管按照如下规律触发:

(1)电机正转时晶闸管的触发顺序为 $VT_1 \rightarrow TV_2 \rightarrow TV_3 \rightarrow VT_4 \rightarrow VT_5 \rightarrow VT_6 \rightarrow VT_1 \cdots$,各管触发脉冲相差60°。基于这种触发原则,同相的相反连接的两晶闸管 VT_1 和 VT_4 之间、VT_3 和 VT_6 之间、VT_5 和 VT_2 之间触发脉冲相差180°;不同相但连接方向相同的晶闸管 VT_1、VT_3、VT_5 之间和 VT_4、VT_6、VT_2 之间相差 120°。

(2)由于负载力矩电机为特殊的感性负载,因而每个晶闸管的触发脉冲采用宽脉冲(脉宽大于60°)或双脉冲触发,原因如下。

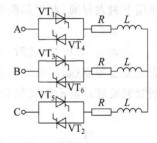

图 5-5　三相全波丫连接调压电路

对于感性负载,电流和电压波形不相同,且电流滞后电压一个角度,这时调压电路的输出电压不仅与触发角 α 有关,也与负载的阻抗角 φ 有关。由异步电动机的等值电路可以看出,整个电路的总阻抗是随转差率 s 不同而变化的,即 φ 是个变量,这就增加了问题的复杂性。同相正、反向晶闸管在感性负载触发导通的情况类似于工作在交流电压下的感性负载电路突然合闸时电流的瞬态过程,如图 5-6 所示的电路,设交流电源电压为 $u=\sqrt{2}U_1\sin(\omega_1 t+\alpha)$,开关 S 在 $t=0$ 时合闸(相当于触发角为 α 时,使晶闸管触发导通),根据电路理论可知,此时负载电流为

$$i(t) = \frac{\sqrt{2}U_1}{\sqrt{R^2+(\omega_1 L)^2}}\sin(\omega_1 t+\alpha-\varphi) - \frac{\sqrt{2}U_1}{\sqrt{R^2+(\omega_1 L)^2}}\sin(\alpha-\varphi)e^{-\frac{R}{L}t} \quad (5\text{-}2)$$

式中:RL 电路的功率因数角 $\varphi=\arctan\dfrac{\omega_1 L}{R}$。式(5-2)中第一项为电流稳态分量,按正弦规律变化;第二项为瞬态分量,是在合闸后短时间内存在的一个递减电流分量,当 $t \geqslant 4\tau(\tau=L/R)$ 后,这一项基本消失。以下对 3 种情况进行分析:

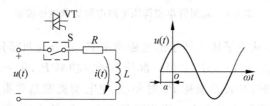

图 5-6   单相调压电路

① $\alpha=\varphi$。

由式(5-2)可知,由于 $\alpha=\varphi$,负载电流 $i(t)$ 中没有瞬态分量,电流在接通时就进入稳态,此时负载上得到全电压,且电流连续,晶闸管不调压。

② $\alpha>\varphi$。

由式(5-2)可知,此时 $i(t)$ 表达式第二项是负值,说明在这种情况下实际电流过零点(ωt_1)比稳态电流过零点($\omega t_1'$)的时间提前了,如图 5-7 所示。由于同相连接相反的两个晶闸管触发脉冲前沿距离恒为180°,这样在同相另一晶闸管的触发脉冲到来时,原已导通的该相晶闸管已关断,且阳极、阴极间已加上反向电压,所以另一晶闸管可以在触发脉冲作用下触发导通,此时晶闸管起调压作用。

③ $\alpha<\varphi$。

由式(5-2)可知,此时 $i(t)$ 表达式第二项变成正值,结果使实际电流过零点(ωt_1)比稳态电流过零点($\omega t_1'$)的时间延后了,如图 5-8 所示。由图可知,同相但连接相反的两个晶闸管触发脉冲前沿距离恒为180°,这样在同相另一晶闸管的触发脉冲到来时,原已导通的

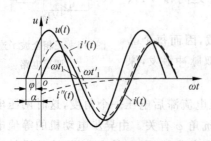

图 5-7 $\alpha>\varphi$ 时的电压、电流波形图

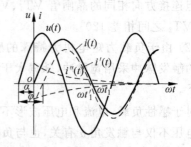

图 5-8 $\alpha<\varphi$ 时的电压、电流波形图

该相晶闸管尚未关断,所以另一晶闸管触发脉冲不起作用。如果所用触发脉冲不够宽,在双向晶闸管电流过零(ωt_1)之时触发脉冲已消失,那么另一晶闸管在下一个半周时将没有触发而不能导通,结果形成"单相半波整流"现象。

如果采用足够宽的触发脉冲,使正向电流过零时,反向待工作的晶闸管仍有触存在,就可以保证另一晶闸管继续导通,从而消除"单相半波整流"现象。

对于力矩电机而言,其功率因数角 φ 是电动机转速的函数,并且变化范围较大,所以三相全波丫连接调压电路在实际工作中,必然会出现 $\alpha \leqslant \varphi$ 的情况。为避免"单相半波整流"现象的出现,应采用宽脉冲或双脉冲进行触发,这样在稳定工作时,才能得到和 $\alpha = \varphi$ 时一样的电流波形,注意这种情况下,负载上的电压也是不可调的。

综上所述,三相晶闸管调压电路带力矩电动机这样的感性负载时,总的趋势是触发角 α 越大,调压电路输出交流基波电压越低,同时但还与电动机的功率因数角 φ 有关。当 $\alpha < \varphi$ 时,一定要采用宽脉冲或双脉冲触发,否则将出现"单相半波整流"现象,而当采用宽脉冲(脉宽大于 60°)或双脉冲触发时,实际上晶闸管导通角为 180°,调压电路也将失去调压作用。

三相交流调压电路在正常工作时,不同的触发角 α,负载电流的波形是不相同的。但不管 α 为多大,每一相负载电流波形都是正、负半周对称的。在这种情况下,流过每个晶闸管的电流有效值 I_V,可由式(5-2)求半波的方均根值得到:

$$I_V = \frac{\sqrt{2}U_1}{\sqrt{R^2 + (\omega_1 L)^2}} \cdot \sqrt{\frac{1}{2\pi}\int_0^\theta \left[\sin(\omega_1 t + \alpha - \varphi) - \sin(\alpha - \varphi)e^{-\frac{R}{L}t}\right]^2 d(\omega_1 t)} \quad (5\text{-}3)$$

式中:θ 为晶闸管中电流过零点角度。

令 $I_0 = \dfrac{U_1}{\sqrt{R^2 + (\omega_1 L)^2}}$,为 $\alpha = 0$ 时(即稳态)流过晶闸管电流的有效值。再定义式(5-3)中根号的值为流过晶闸管电流有效值的标么值 I_V^*,则式(5-3)可写成:

$$I_V = \sqrt{2}I_0 I_V^* \quad (5\text{-}4)$$

I_V^* 和 α 的关系曲线如图 5-9 所示。由图可见,当 $\alpha \leqslant \varphi$ 时,α 角不起作用,负载得到全电压,当 $\alpha > \varphi$ 时,负载上的电压及电流随 α 的增大而减小。

三相交流调压电路用晶闸管进行控制时,在负载上的电流波形已非正弦波,所以在电路中必然有谐波分量存在。同时,负载中的谐波成分不仅和晶闸管的导通角有关,也和电路的结构形式有关。以三相对称电源电压供给力矩电动机负载,在不产生"半波整流"现象情况下,不论触发角 α 为多少,由于电压波形正负对称,电动机三相定子电流中仅含奇次谐波,不含偶次谐波,且电动机三相绕组中的合成 3 次谐波磁通势为零,不产生 3 次谐波电流。进一步分析还可证明,电动机气隙中不存在 3、9、15、21、…、$(6n+3)$ 次谐波磁通势。

对于电动机绕组感性负载,尽管电流波形会比电压波形平滑些,但总含有谐波,从而产生脉动转矩和附加损耗等不良影响,这是晶闸管调压电路的缺点,

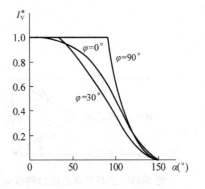

图 5-9　I_V^* 与 α 角的关系曲线

但与其他晶闸管三相交流调压电路的接线方式相比，这种接法的谐波分量最小。该调压电路更适用于低电压大电流的负载电路。

5.3 其他常用三相交流调压电路简介

除三相全波Y联结调压电路而外，三相交流调压电路有很多，以下介绍其他几种常用的三相调压电路。

1. 三相半控Y联结调压电路

三相半控Y联结调压电路的构成如图 5-10 所示。在每一相中有一只晶闸管和一只电力二极管，较之三相全波Y联结调压电路简化了控制设备，降低了成本。由于每一相只有一个晶闸管可控元件，所以每相电压和电流波形正、负半周不对称，由谐波分析可知，负载电路中有偶次谐波，但不存在直流分量。由于偶次谐波的存在，将产生与电动机基波转矩相反的转矩，使电动机输出转矩减小，效率降低。同时，谐波分量对电网及控制系统干扰也大，因此，此种调压线路仅在要求不高的小容量场合下使用。

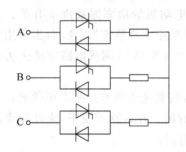

图 5-10 三相半控Y联结调压电路

2. 三相零点△联结调压电路

三相零点△联结调压电路如图 5-11 所示。由于该电路只用 3 个晶闸管，使得电路的构成和控制更为简单和经济。晶闸管放在负载后面，可减少电网浪涌电压对它的冲击，但该电路要求电动机定子绕组为Y联结，且中性点能拆开。采用这种电路，负载上奇次、偶次谐波都存在，同样对电动机不利，且晶闸管的耐压要求比星形接法高，运行效率降低，只适用于小容量电动机。

3. 带零线的三相交流调压电路

带零线的三相交流调压电路如图 5-12 所示。它比三相全波Y联结调压电路多了一条零线，控制方式相同，它也相当于 3 个单相交流调压电路的组合，线路波形正、负半周对称。由于存在零线，3 次（包括 3 的奇数倍）谐波构成的零序电流均从零线流过，故零线电流很大，且 3 次谐波对电动机和电网影响严重，所以在工业上较少应用。

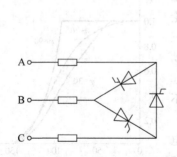

图 5-11 三相零点△联结调压电路

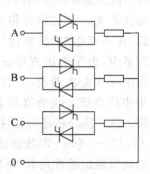

图 5-12 带零线的三相交流调压电路

5.4　闭环控制的调压调速系统及其静特性

采用普通异步电动机调压调速时,存在的主要问题是调速范围较窄,且低速运行时稳定性差。采用高转子电阻的力矩电动机时,调速范围虽然可以大一些,但机械特性变软,负载变化时的静差率又太大,开环控制很难解决这些矛盾。对于恒转矩性质的负载,调速范围要求在 $D \geqslant 2$ 时,一般需采用带转速负反馈的闭环控制系统,如图 5-13(a)所示,调速性能要求不高时,也可用定子电压反馈代替转速反馈信号。

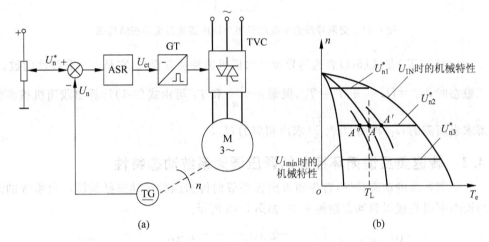

图 5-13　转速负反馈闭环控制的交流调压调速系统
(a)原理图　(b)静特性

5.4.1　转速负反馈闭环控制的调压调速系统静特性

图 5-13(b)所示的是图 5-13(a)所示闭环调速系统的静特性。如果该系统带负载 T_L 在 A 点运行,当负载增加引起转速下降时,反馈控制起作用,使定子电压提高,从而在新的一条机械特性上找到工作点 A'。同理,当负载降低时,也会得到定子电压低一些的新工作点 A''。按照反馈控制规律,将工作点 A''、A、A' 连接起来便是闭环系统的静特性。尽管异步电动机的开环机械特性和直流电动机的开环特性差别很大,但在不同开环机械特性上各取一相应的工作点,连接起来便得到闭环系统静特性,这样的分析方法是完全一致的。虽然交流异步力矩电动机的机械特性很软,但由系统放大系数决定的闭环系统静特性却可以很硬。如果采用 PI 调节器,同样可以做到无静差。改变给定信号 U_n^*,则静特性平行地上下移动,达到调速的目的。该静特性由于具有一定的硬度,所以不但能保证电动机在低速下的稳定运行,而且提高了调速的精度,扩大了调速范围,一般可达 $D = 10$。

区别于直流调压调速系统的地方是,在最小输出电压 U_{1min} 下的机械特性和额定电压 U_{1N} 下的机械特性是闭环系统静特性左右两边的极限,当负载变化超出两侧的极限时闭环系统便失去控制能力,又回到开环机械特性上工作。

根据系统原理图,可画出系统的静态结构框图,如图 5-14 所示。图中,$K_s = \dfrac{U_1}{U_{ct}}$ 为晶闸管交流调压器和触发装置的放大系数；$\alpha = \dfrac{U_n}{n}$ 为转速反馈系数；ASR 采用 PI 调节器。

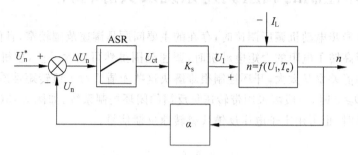

图 5-14　交流异步力矩电动机闭环调压调速系统静态结构图

$n = f(U_1, T_e)$ 是式(5-1)表达的异步电动机机械特性方程式，它是一个非线性函数。

稳态时，$U_n^* = U_n = \alpha n$，$T_e = T_L$，根据 $n = \dfrac{U_n^*}{\alpha}$ 和 T_L 可由式(5-1)计算出或用机械特性图解求出所需的 U_1，再用 $U_{ct} = \dfrac{U_1}{K_s}$ 求出相应的 U_{ct}。

5.4.2　转速负反馈闭环控制的调压调速系统动态特性

为研究系统的动态特性，首先须求出各环节的传递函数和动态结构图。由系统的静态结构图可以直接得到动态结构框图，如图 5-15 所示。

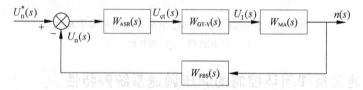

图 5-15　调压调速系统动态结构图的基本框架

其中转速调节器 ASR、晶闸管交流调压器和触发装置 GT-V、测速反馈环节 FBS 环节的传递函数是可以直接写出来的，而且与直流调速系统中的传递函数相同。但对于异步电动机 MA，由于描述异步电动机动态过程的是一组非线性的微分方程，无法直接写出其传递函数。下面列出各环节的传递函数：

(1) 转速调节器 ASR：为消除静差并改善动态性能，转速调节器 ASR 常选用 PI 调节器，其传递函数为

$$W_{ASR}(s) = K_n \frac{\tau_n s + 1}{\tau_n s}$$

(2) 晶闸管交流调压器和触发装置 GT-V：假定其输入-输出关系是线性的，在动态时可以近似成一阶惯性环节，与晶闸管触发与整流装置一样，传递函数可写成

$$W_{GT\text{-}V}(s) = \frac{K_s}{\tau_s s + 1}$$

对于三相全波 Y 连接的调压电路，可取 $\tau_s = 3.3\,\mathrm{ms}$，对其他形式调压电路须另行考虑。

（3）测速反馈环节 FBS：考虑反馈滤波作用，其传递函数为

$$W_{FBS}(s) = \frac{\alpha}{\tau_{on}s + 1}$$

（4）异步电动机 MA：由于描述异步电动机动态过程的是一组非线性的微分方程，要用一个传递函数来准确地表示异步电动机在整个调速范围内的输入/输出关系是不可能的。只有作出一定的假定，并在稳态工作点附近用微偏线性化的方法才能得到近似的传递函数。异步电动机的近似线性化传递函数的具体推导参阅有关文献，下面直接给出结果。

$$W_{MA}(s) = \frac{K_{MA}}{\tau_m s + 1} \tag{5-5}$$

式中：K_{MA} 为异步电动机的传递系数；τ_m 为异步电动机拖动系统的机电时间常数。且

$$\tau_m = \frac{J\omega_1^2 R_2'}{3n_P^2 U_{1A}^2}$$

$$K_{MA} = \frac{2s_A \omega_1}{U_{1A}} = \frac{2(\omega_1 - \omega_A)}{U_{1A}}$$

由于忽略了电磁惯性，异步电动机便近似成一个线性的一阶惯性环节。

把上述 4 个环节的传递函数写入图 5-15 中各方框内，即得异步电动机调压调速系统微偏线性化的近似动态结构图，如图 5-16 所示。

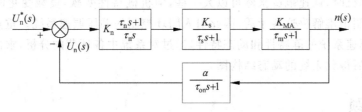

图 5-16　异步力矩电动机调压调速系统近似动态结构图

根据异步电动机调压调速系统的近似动态结构图，利用工程设计方法进行速度调节器的设计如下。

系统固有的传递函数为

$$W(s) = \frac{K_s \alpha K_{MA}}{(\tau_s s + 1)(\tau_{on} s + 1)(\tau_m s + 1)}$$

令 $K_N = K_s \alpha K_{MA}$，对于小时间常数 τ_s、τ_m，两环节可近似为一个惯性环节，其时间常数为 $\tau_N = \tau_s + \tau_m$，则上式可简化为

$$W(s) = \frac{K_N}{(\tau_m s + 1)(\tau_N s + 1)}$$

按典型 I 型系统设计速度调节器，选用 PI 调节器，则 $W_{ASR}(s) \times W(s)$ 应具有 $\dfrac{K}{s(\tau_g s + 1)}$ 的形式，所以有关系式：

$$\frac{K_n K_N}{\tau_n} = K, \quad \tau_n = \tau_m, \quad \tau_g = \tau_N$$

一般取 $K\tau_g = 0.5$，此时系统跟随性能和抗干扰性能较好，因而速度调节器参数为

$$\begin{cases} K_n = \dfrac{\tau_m}{2K_N\tau_N} \\ \tau_n = \tau_m \end{cases}$$

K_n 和 τ_n 也因稳态工作点不同而不同。

5.5 小结

在交流异步电动机的调速中,按照电动机中转差功率的处理分为三种类型,即转差功率消耗型调速系统、转差功率回馈型调速系统和转差功率不变型调速系统。异步电动机调压调速属于转差功率消耗型调速系统。

1. 所谓调压调速,就是通过改变定子外加电压来改变其机械特性的函数关系,从而达到在一定输出转矩下改变电动机转速的目的。

2. 交流异步电动机调压调速方法有定子侧加自耦变压器调压、定子侧串饱和电抗器调压和采用晶闸管交流调压器调压,目前主要是采用晶闸管交流调压器调压的方法。

3. 介绍了晶闸管三相交流调压电路的各种接线方式,分析了各种接法的特点和适用范围。

4. 开环控制的调压调速系统调速范围较窄,且低速运行时稳定性差。采用高转子电阻的力矩电动机时,调速范围虽然可以大一些,但机械特性变软,负载变化时的静差率又太大,开环控制很难解决这些矛盾,因此引入闭环控制的调压调速系统。重点分析了闭环控制的调压调速系统的静特性和动态特性,通过对系统中各环节的分析,求出了各环节的传递函数,最后得到系统的动态结构图。

5.6 习题

1. 晶闸管交流调压调速系统中,对触发脉冲有何要求? 为什么?

2. 晶闸管三相交流调压调速系统如何解决制动问题?

3. 三相丫联结调压电路给三相异步电动机供电时,电动机气隙中有无 3 次谐波磁通势? 为什么?

4. 为何交流调压调速系统要设置电压下限 U_{1min},如何确定 U_{1min}?

5. 三相丫联结调压电路中 $\alpha \leqslant \varphi$ 时如何处理?

6. 简述闭环控制调压调速系统的静特性。

第 6 章

绕线式异步电动机串级调速系统

对于交流异步电动机转差功率消耗型调速系统，当转速较低时转差功率消耗较大，从而限制了调速范围。如果要设法回收转差功率，就需要在异步电动机的转子侧施加控制，此时可以采用绕线转子异步电动机。过去广泛采用转子串电阻的调速方法，这种调速方法简单、操作方便且价格便宜，但在电阻上将消耗大量的能量，效率低，经济性差，同时由于转子回路附加电阻的容量大，可调的级数有限，不能实现平滑调速。为了克服上述缺点，必须寻求一种效率较高、性能较好的绕线转子异步电动机转差功率回馈型调速方法，串级调速系统就是一个很好的解决方案。

6.1 串级调速的原理和装置

6.1.1 串级调速的原理

对于绕线转子异步电动机，能够影响电动机转速的转子回路参数有电阻、电抗和电动势。在转子电路上加一套交流装置，便构成了由异步电动机和交流装置共同组成的串级调速系统。

异步电动机运行时，其转子相电动势为

$$E_2 = sE_{20} \tag{6-1}$$

式中：s 为异步电动机的转差率；E_{20} 为绕线转子异步电动机在转子不动时的相电动势，或称转子开路电动势，它就是转子额定电压的相电压值，是取决于电动机参数的一个常数。

式(6-1)表明，绕线转子异步电动机转子电动势 E_2 与转差率 s 成正比，此外，转子频率 $f_2 = sf_1$ 也与 s 成正比。

转子相电流的表达式为

$$I_2 = \frac{sE_{20}}{\sqrt{R_2^2 + (sX_{20})^2}} \tag{6-2}$$

式中：R_2 为异步电动机转子绕组每相电阻；X_{20} 为在 $s=1$ 时异步电动机转子绕组每相漏抗。

如果在转子电路中引入一个可控的附加电动势 E_{ad}，并且与 sE_{20} 有相同的频率，相位

或相同或相反,则转子相电流就取决于电路中电动势的代数和,即

$$I_2 = \frac{sE_{20} \pm E_{ad}}{\sqrt{R_2^2 + (sX_{20})^2}} \tag{6-3}$$

由于转子电流 I_2 与负载的大小有直接关系,当负载转矩 T_L 不变时,可以近似地转子电流 I_2 也为恒定值,而与转速高低无关。假设电机开始在转差率 $s=s_1$ 下稳定运行,加入附加电动势后,若负载不变,稳定后转差率 $s=s_2$。此时式(6-2)与式(6-3)相等,有

$$\frac{s_1 E_{20}}{\sqrt{R_2^2 + (s_1 X_{20})^2}} = \frac{s_2 E_{20} \pm E_{ad}}{\sqrt{R_2^2 + (s_2 X_{20})^2}} \tag{6-4}$$

考虑到电动机正常运行时 s 都很小,$R_2 \gg sX_{20}$,故 $s_1 X_{20}$ 和 $s_2 X_{20}$ 均可忽略。这时式(6-4)变成

$$s_1 E_{20} = s_2 E_{20} \pm E_{ad} \tag{6-5}$$

不难看出,改变附加电动势 E_{ad} 就可以改变电动机转速,从而实现调速。具体情况可分成以下两种。

(1) 引入反相的附加电动势,式(6-5)中 E_{ad} 前取负号,将有 $s_2 > s_1$,使转速降低。

当附加电动势 E_{ad} 值增加时,转差率 s_2 也随之增加,使电动机转速降低;反之,当附加电动势 E_{ad} 值减小时,转差率 s_2 也随之减小,使电动机转速升高。当 $E_{ad}=0$ 时,$s_2=s_1$,电动机转速为最高,即为固有机械特性所确定的速度。即,若 E_{ad} 在数值上由零逐渐增加,则电动机转速将从固有特性上所对应的速度逐渐下降,在同步转速 n_1 及以下进行调速。故又称为次同步调速。

(2) 如果引入同相的附加电动势,式(6-5)中 E_{ad} 前取正号,将有 $s_2 < s_1$,使转速升高。

同理,随着 E_{ad} 的增加,转差率 s_2 也将减小,从而使电动机转速上升。当 E_{ad} 增加到某一数值时,s_2 将等于零,即电动机的速度达到同步转速。如果 E_{ad} 进一步增加,s_2 便开始变负,根据 $n=(1-s)n_1$,此时电动机的转速 n 将超过同步转速 n_1,在同步转速 n_1 及以上进行调速。故又称为超同步调速。

综上所述,当绕线转子异步电动机转子回路中引入可控的附加电动势时,可对电动机实现调速,这就是串级调速的原理。

6.1.2   串级调速的各种运行状态及功率传递方向

从功率传递关系来看,串级调速实质上就是利用附加电动势 E_{ad} 控制异步电动机转差功率而实现调速的。因此,串级调速的基本运转状态可以通过功率传递关系来分析,不同运行状态下的功率传递关系如图 6-1 所示。图中忽略了电动机内部的各种损耗,认为定子输入功率 P_1 就是转子电磁功率 P_m,即 $P_1=P_m$。

1. 低于同步速度的电动状态($1 > s > 0$)

这时转子电流 I_2 与转子绕组感应电动势 E_2 相位相同,而与串入的附加电动势 E_{ad} 相位相反。如图 6-1(a)所示,此时转差功率 sP_1 被 E_{ad} 装置所吸收,再借助 E_{ad} 装置将转差功率 sP_1 回馈给交流电网,异步电动机工作在电动状态。

2. 高于同步速度的电动状态($s < 0$)

如图 6-1(b)所示,转子回路串入的附加电动势 E_{ad} 和 I_2 相位相同,而 E_2 与 I_2 相位相

反,电网通过 E_{ad} 装置向电动机输入转差功率 sP_1,从功率传递的角度来看,超同步速的串级调速是向异步电动机定子和转子同时输入功率的双馈调速系统。

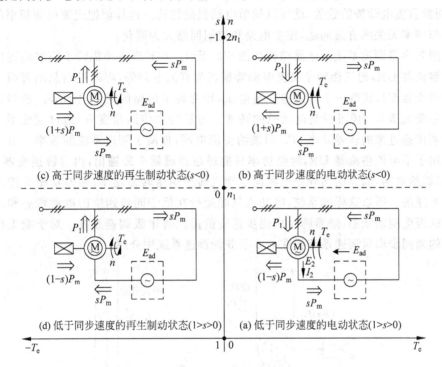

(c) 高于同步速度的再生制动状态($s<0$)　　　(b) 高于同步速度的电动状态($s<0$)

(d) 低于同步速度的再生制动状态($1>s>0$)　　　(a) 低于同步速度的电动状态($1>s>0$)

图 6-1　串级调速的基本运转状态与功率传递关系

3. 高于同步速度的再生制动状态($s<0$)

如图 6-1(c)所示,电动机转子回路中转差功率传递方向与低于同步速度的状态是相同的,电动机转子输出转差功率 sP_1 经 E_{ad} 装置回馈电网,同时电动机定子也向电网回馈功率。电动机被位能负载拖动时,在超同步速度下产生电气制动,工作在超同步速度的再生制动状态,处在第二象限工作。

4. 低于同步速度的再生制动状态($1>s>0$)

如图 6-1(d)所示,其特点是电网通过 E_{ad} 装置向电动机转子回路输入转差功率 sP_1,功率传递方向与高于同步速度的电动状态相同。送入转子转差功率与电动机轴上输入的机械功率相加,通过电动机定子回馈电网,此时电动机处于低同步速度再生制动状态,处在第二象限工作。

本章主要介绍次同步速度晶闸管串级调速系统的图 6-1(a)的特性。这里强调:串级调速时电源电压 U_1 和电源频率 f_1 不变,E_{20} 对于一台电机来说是常数。

6.1.3　串级调速系统的基本装置

1. 附加电动势 E_{ad} 的实现

串级调速的中心环节是产生附加电动势 E_{ad} 的装置。由于绕线转子异步电动机转子中感应电动势 E_2 的频率是随转速而变化的,附加电动势 E_{ad} 的频率必须跟随 E_2 的频率改变而同步变化。因此,要求附加电势源既要电压可变,又要频率可调,还要可逆地传递功率,这就需要在转子侧引入变频器才可实现上述 4 种运行状态。为了解决这个问题,在实际系统中,把转子的交流电动势变换成直流电动势,然后与一直流附加电动势进行比较,控制此直流电动势的数值,就可以调节电动机的转速。这样就把交流可变频率的问题转换为与频率无关的直流问题,使主电路和控制回路大为简化。

晶闸管串级调速系统主电路结构如图 6-2 所示。在异步电动机转子绕组端连接一个不可控整流器 UR,把三相转子交流电动势整流为直流电动势,再通过由晶闸管组成的相控有源逆变器 UI,获得一个可调的直流电压,作为转子回路的附加电动势。控制有源逆变器的逆变电压 U_β,便可控制电动机的转速。另从功率传递角度看,通过逆变器 UI,能把转子侧传递过来的转差功率 sP_m 回馈给交流电网,提高了调速系统的效率。由于转子回路采用了不可控整流器 UR,转差功率只能通过整流器 UR 输出,由有源逆变器 UI 吸收,再回馈给电网,而无法实现由电网向电动机转子输送转差功率,转差功率的传递是单方向不可逆的。所以这样的系统,电动机只能运行在低于同步速度的电动状态和高于同步速度的再生制动状态,通常称为次同步速度的晶闸管串级调速系统。对于能工作在电动状态的超同步串级调速系统将在 6.5 节双馈调速系统中介绍。

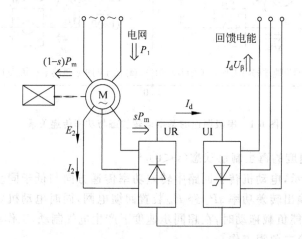

图 6-2   次同步串级调速系统主电路结构

2. 次同步晶闸管串级调速系统主电路

晶闸管串级调速系统主电路如图 6-3 所示。图中,M 为三相绕线转子异步电动机,其转子相电动势 sE_{20} 经三相不可控整流装置 UR 整流,输出直流整流电压 U_d。工作在逆变状态的三相可控整流装置 UI,除提供可调的直流电压 U_β 作为调速所需的附加直流电动势外,还将 UR 整流后输出的异步电动机转差功率逆变成交流,回馈到交流电网。图中,L_d 为平波电抗器;TI 为逆变变压器。

此时转子直流回路电压平衡方程式为

$$U_d = U_\beta + I_d R \tag{6-6}$$

或

$$K_1 s E_{20} = K_2 U_{T2} \cos\beta + I_d R \tag{6-7}$$

式中:K_1、K_2 分别是 UR 和 UI 两个整流装置的电压整流系数,如果都是三相桥式电路,

则 $K_1=K_2=2.34$；U_β 为逆变器 UI 的直流侧电压，即直流附加电动势；U_{T2} 为逆变变压器的二次相电压；β 为 UI 的逆变角；R 为转子直流回路总电阻。

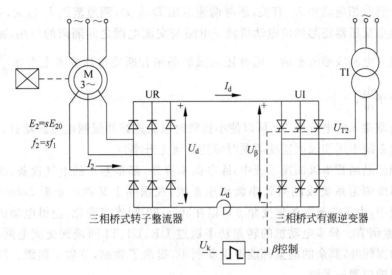

图 6-3　晶闸管串级调速系统主电路

式(6-7)是个简化公式，用于定性分析系统的工作原理，并未考虑电机转子绕组漏抗和逆变变压器漏抗对整流电路的影响。可以看出，β 角是调速系统的控制变量，U_d 中包含了电机的转差率 s，而 I_d 与转子交流电流 I_2 间有固定的比例关系，因而它近似地反映电机电磁转矩的大小。所以该式可看作是在这种接线形式下电机机械特性的间接表达式 $s=f(I_d,\beta)$。

当异步电动机带恒转矩负载在某一转速下稳定运行时，若增大逆变角 β，则逆变电压 U_β 相应减小，但电机转速不会立即变化，所以 U_d 仍保留原值，由式(6-6)、式(6-7)可知，I_d 就要增大，转子电流和电磁转矩都会相应增大，从而使电机加速。速度增大后，s 减小，U_d 随之减小，使电流 I_d 又恢复到与负载平衡。总之，增大 β 角会使电机转速升高；同理，减小 β 角会使电机转速降低，这就是串级调速的过程。

为防止逆变颠覆，逆变角 β 的变化范围为 $30°\leqslant\beta\leqslant90°$。负载恒定（$T_L$ 和 I_d 不变）情况下，由式(6-7)得，当 $\beta_{\min}=30°$ 时，电动机在最低速运转；当 $\beta_{\min}=90°$ 时，电动机在接近额定转速的最高速运转。

在不考虑损耗的情况下，调速系统电动机轴上的输出机械功率为
$$P_{\text{mech}}=(1-s)P_1$$
式中：P_1 为从电网输入到异步电动机定子的功率，而转子角速度 Ω 为
$$\Omega=(1-s)\Omega_{\text{syn}}$$
式中：Ω_{syn} 为同步角速度，则电动机输出转矩为
$$T_e=\frac{P_{\text{mech}}}{\Omega}=\frac{(1-s)P_1}{(1-s)\Omega_{\text{syn}}}=\frac{P_1}{\Omega_{\text{syn}}}=\text{常数}$$
可见，电气串级调速系统具有恒转矩调速特性。

与晶闸管直流电动机调速系统中整流变压器作用相似,串级调速系统也要设置逆变变压器 TI。TI 能起到电动机转子相电动势与电网电压相匹配的作用,其二次相电压 U_{T2} 不但与转子感应相电动势 E_2 有关,还与调速范围 D 有关,调速范围 D 越大,要求的 U_{T2} 值越高。逆变变压器还起到使电动机转子电路与交流电网之间隔离的作用,减弱大功率晶闸管装置对电网波形的影响。同时还能限制晶闸管断态电压临界上升率 $\dfrac{\mathrm{d}u}{\mathrm{d}t}$ 和通态电流临界上升率 $\dfrac{\mathrm{d}i}{\mathrm{d}t}$。

转子回路接入的电抗器 L_d,可以使小负载时电流连续并限制电流脉动分量。在大功率串级调速系统中还能限制逆变颠覆时短路电流上升率。

在次同步晶闸管串级调速系统中,除电机本身外,都是静止的电气设备,所以称作静止型电气串级调速系统或晶闸管串级调速系统,在国际上又称静止型 Scherbius 系统。在这个系统中,由于晶闸管的逆变角 β 可以在 $30°\sim90°$ 间连续变化,使得电动机转速也能平滑、连续地调节。异步电动机的转差功率通过 UR、UI、TI 回馈到交流电网,除了在这些设备中的损耗外,其余的能量都能够重新利用,提高了效率,节省了能源。所以又称为转差功率回馈型调速系统。

6.2　串级调速系统的调速特性和机械特性

6.2.1　串级调速系统转子整流电路的工作特性

次同步串级调速系统的核心部分是有源逆变器 UI 和转子整流器 UR,关于有源逆变器的内容已在变流技术中讨论过,不再赘述。由于转子整流器 UR 与一般整流器有所不同,因此,将重点分析转子整流器的工作状态。

串级调速系统中转子整流器 UR 与一般整流器有以下几点不同:

(1) 转子三相感应电动势的幅值和频率都是转差率 s 的函数;

(2) 折算到转子侧的漏抗值是转差率 s 的函数;

(3) 由于电动机折算到转子侧的漏抗值较大,换流重叠现象严重,转子整流器会出现"强迫延迟换流"现象,从而引起转子整流电路的特殊工作状态。

由于电动机存在漏抗,使换流过程中电流不能突变,因而产生换流重叠角,转子整流器换流重叠角 γ 的一般公式为

$$\cos\gamma = 1 - \frac{2X_{D0}}{\sqrt{6}\,E_{20}}I_d \tag{6-8}$$

式中:I_d 为整流电流的平均值;E_{20} 为转子开路时的相电动势有效值;X_{D0} 为在 $s=1$ 时折算到转子侧的异步电动机每相漏抗。

由式(6-8)可知,当 E_{20} 和 X_{D0} 确定时,换流重叠角 γ 随着电流 I_d 的增大而增大。当 $I_d < \sqrt{6}\,E_{20}/(4X_{D0})$ 时,$\gamma<60°$,晶闸管元件在自然换流点换流;当 $I_d = \sqrt{6}\,E_{20}/(4X_{D0})$ 时,$\gamma=60°$,此时,若继续增大 I_d,则出现强迫延迟换流现象,即晶闸管元件的起始换流向后延迟一段时间,这段时间用强迫延迟换流角 α_P 表示,在这一阶段,γ 保持 $60°$ 不变,而 α_P 在

$0° \sim 30°$ 间变化。当 $\alpha_P = 30°$ 后再继续增大 I_d,则 $\alpha_P = 30°$ 不变;而随 I_d 增大,γ 从 $60°$ 继续增大。

现定义:

(1) 当 $0° < \gamma \leqslant 60°$,在自然换流点换流的工作状态为转子整流器的第一工作状态。

(2) 保持 $\gamma = 60°$ 不变,而 α_P 在 $0° \sim 30°$ 间变化的工作状态为转子整流器的第二工作状态;第二工作区的电流值有理论证明为 $I_d = \sqrt{6} E_{20} \sin(\alpha_P + \pi/6)/(2X_{D0})$。

(3) $\alpha_P = 30°$ 不变,随 I_d 增大,γ 从 $60°$ 继续增大的工作状态为转子整流器的第三工作状态;该工作状态属于故障工作状态,故不对它进行讨论。

6.2.2 串级调速系统的调速特性

根据图 6-3 所示的串级调速系统主回路,可绘出异步电动机串级调速系统主回路接线图及其直流等效电路如图 6-4(a)、(b)所示。在等效电路中,忽略了导通二极管、晶闸管的管压降,考虑了系统各部分的阻抗。

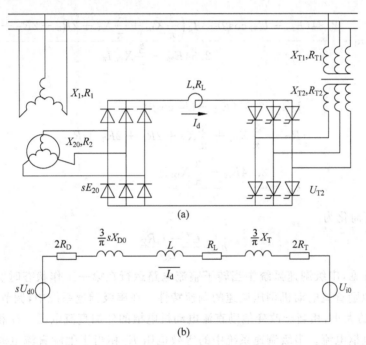

(a)

(b)

图 6-4　电气串级调速系统主回路接线图及其直流等效电路

(a) 主回路接线图;(b) 直流等效电路

1. 转子整流器为第一工作状态时的调速特性

根据图 6-4(b)所示的直流等效电路,可以列出其转子整流器第一工作状态下的直流回路电压平衡方程式为

$$sU_{d0} = U_{\beta0} + I_d \left(2R_D + \frac{3}{\pi} s X_{D0} + R_L + \frac{3}{\pi} X_T + 2R_T \right) \tag{6-9}$$

式中:U_{d0} 为转子整流器在 $s=1$ 时的理想空载输出电压,$U_{d0} = 2.34 E_{20}$;$U_{\beta0}$ 为逆变器直流侧的理想空载电压,$U_{\beta0} = 2.34 U_{T2} \cos\beta$;$U_{T2}$ 为逆变变压器二次侧相电动势;R_D 为折算到

转子侧的异步电动机每相等效电阻,$R_D = R_2 + sR_1'$;X_{D0} 为在 $s=1$ 时折算到转子侧的异步电动机每相漏抗;$\frac{3}{\pi} s X_{D0} I_d$ 为由转子漏抗引起的换相压降;R_L 为直流平波电抗器的电阻;R_T 为折算到二次侧的逆变变压器每相等效电阻,$R_T = R_{T2} + R_{T1}'$;X_T 为折算到二次侧的逆变变压器每相漏抗,$X_T = X_{T2} + X_{T1}'$;$\frac{3}{\pi} X_T I_d$ 为由逆变变压器每相等效漏抗引起的换相压降。

从式(6-9)中可求出转差率 s 为

$$s = \frac{2.34 U_{T2} \cos\beta + I_d \left(\frac{3}{\pi} X_T + 2R_D + 2R_T + R_L \right)}{2.34 E_{20} - \frac{3}{\pi} X_{D0} I_d} \tag{6-10}$$

用 $s = \dfrac{n_1 - n}{n_1}$ 代入式(6-10),则转速 n 为

$$n = n_1 \cdot \frac{2.34(E_{20} - U_{T2}\cos\beta) - I_d \left(\frac{3}{\pi} X_{D0} + \frac{3}{\pi} X_T + 2R_D + 2R_T + R_L \right)}{2.34 E_{20} - \frac{3}{\pi} X_{D0} I_d} \tag{6-11}$$

令

$$U' = 2.34(E_{20} - U_{T2}\cos\beta)$$

$$R_\Sigma = \frac{3}{\pi} X_{D0} + \frac{3}{\pi} X_T + 2R_D + 2R_T + R_L$$

$$C_e' = \frac{2.34 E_{20} - \frac{3}{\pi} X_{D0} I_d}{n_1}$$

则式(6-11)可简化为

$$n = \frac{U' - I_d R_\Sigma}{C_e'} \tag{6-12}$$

由式(6-12)可见,串级调速系统中当转子整流电路运行在第一工作状态时所具有的调速特性类似于他励直流电动机调压调速的调速特性。在串级调速系统中,调节 β 角大小,就可以改变 U' 的大小,相当于改变他励直流电动机电枢的外加直流电压。I_d 相当于他励直流电动机的电枢电流。串级调速系统中的等效电阻 R_Σ 相当于他励直流电动机的电枢回路总电阻,它决定了调速特性的硬度,由于串级调速系统中的等效电阻 R_Σ 比直流电动机电枢回路总电阻大,故调速特性较软。

综上所述,串级调速系统转子整流器在第一工作状态的调速性能相当于一个内阻较大又有电枢反应的他励直流电动机调压调速系统,因而可仿照他励直流电动机调压调速特征来分析串级调速系统。

2. 转子整流器为第二工作状态时的调速特性

当串级调速系统负载增大到第二工作区时,转子整流器输出电压方程式为

$$s U_{d0} = U_{\beta 0} + I_d \left(2R_D + \frac{3}{\pi} s X_{D0} + R_L + \frac{3}{\pi} X_T + 2R_T \right)$$

此时 $U_{d0} = 2.34E_{20}\cos\alpha_P$，则可求出转差率 s 和转速 n 分别为

$$s = \frac{2.34U_{T2}\cos\beta + I_d\left(\dfrac{3}{\pi}X_T + 2R_D + 2R_T + R_L\right)}{2.34E_{20}\cos\alpha_P - \dfrac{3}{\pi}X_{D0}I_d} \tag{6-13}$$

$$n = n_1 \cdot \frac{2.34(E_{20} - U_{T2}\cos\beta) - I_d\left(\dfrac{3}{\pi}X_{D0} + \dfrac{3}{\pi}X_T + 2R_D + 2R_T + R_L\right)}{2.34E_{20}\cos\alpha_P - \dfrac{3}{\pi}X_{D0}I_d} \tag{6-14}$$

设

$$U'' = 2.34(E_{20}\cos\alpha_P - U_{T2}\cos\beta)$$

$$R_\Sigma = \frac{3}{\pi}X_{D0} + \frac{3}{\pi}X_T + 2R_D + 2R_T + R_L$$

$$C_e' = \frac{2.34E_{20}\cos\alpha_P - \dfrac{3}{\pi}X_{D0}I_d}{n_1}$$

则式(6-14)可简化为

$$n = \frac{U'' - I_d R_\Sigma}{C_e'} \tag{6-15}$$

U''、C_e' 比第一工作区的 U'、C_e' 中多了一个 $\cos\alpha_P$ 的因子，那么随着负载增大（即 I_d 增大），α_P 增大，U''、C_e' 将有所减小，使这个工作区内的系统特性随着负载的增加，转速显著下降，运行特性更软。

6.2.3　串级调速系统的机械特性

由于转子整流器有第一和第二工作状态，相应的串级调速系统的机械特性也有第一和第二两个工作区，下面将分析串级调速系统在这两个工作区的机械特性和最大转矩，并将它们与绕线转子异步电动机固有机械特性的最大转矩进行比较。

1. 第一工作区的机械特性及最大转矩

交流异步电动机的电磁转矩为

$$T_e = \frac{P_m}{\Omega_{syn}} = \frac{P_s}{s\Omega_{syn}} \tag{6-16}$$

式中：P_m 为串级调速系统的电磁功率；P_s 为转差功率；Ω_{syn} 为同步角速度。当忽略转子电阻损耗及转子整流元件的损耗时，转子整流器的输出功率就等于转差功率，即

$$P_s = \left(sU_{d0} - \frac{3}{\pi}sX_{D0}I_d\right)I_d \tag{6-17}$$

当 $s=1$ 时，转子空载整流电动势 $U_{d0} = 2.34E_{20}$。

将式(6-17)代入式(6-16)，消去 s 得到

$$T_e = \frac{\left(2.34E_{20} - \dfrac{3}{\pi}X_{D0}I_d\right)I_d}{\Omega_{syn}} \tag{6-18}$$

利用式(6-18)和式(6-9)可以求得串级调速在第一工作区的机械特性表达式

$$T_e = \frac{(2.34E_{20})^2 \left(\frac{3}{\pi}X_{D0}s_0 + \frac{3}{\pi}X_T + 2R_D + 2R_T + R_L\right)}{\Omega_{syn}\left(\frac{3}{\pi}sX_{D0} + \frac{3}{\pi}X_T + 2R_D + 2R_T + R_L\right)^2}(s - s_0) \tag{6-19}$$

式中：s_0 为串级调速系统在某 β 值时的理想空载($I_d = 0$)转差率，即

$$s_0 = \frac{U_{T2}}{E_{20}}\cos\beta \tag{6-20}$$

将式(6-19)对 s 求导，并令 $\mathrm{d}T_e/\mathrm{d}s = 0$，可求得理论上的最大转矩 T_{elm} 为

$$T_{elm} = \frac{27E_{20}^2}{6\pi\Omega_{syn}X_{D0}} \tag{6-21}$$

下面分析式(6-21)所求得的最大转矩值的真实性。

将第一、二工作区分界点电流

$$I_{d1-2} = \frac{\sqrt{6}E_{20}}{4X_{D0}} \tag{6-22}$$

代入式(6-18)可得第一、二工作区分界点的转矩为

$$T_{el-2} = \frac{27E_{20}^2}{8\pi\Omega_{syn}X_{D0}} \tag{6-23}$$

将式(6-23)与式(6-21)相比，可得

$$\frac{T_{el-2}}{T_{elm}} = 0.75 < 1 \tag{6-24}$$

由式(6-24)可知，$T_{el-2} < T_{elm}$，即串级调速系统在第一工作区运行时，当电动机转矩增大到 T_{el-2}(两个工作区交界点)后，就转入到第二工作区运行，不可能出现式(6-21)所求得的最大转矩，故由式(6-21)所确定的串级调速系统第一工作区的最大转矩 T_{elm} 是不存在的。

2. 第二工作区的机械特性及最大转矩

同样在忽略转子电阻损耗及转子整流元件的损耗时，转子整流器的输出功率就等于转差功率，即

$$P_s = \left(2.34sE_{20}\cos\alpha_P - \frac{3}{\pi}sX_{D0}I_d\right)I_d \tag{6-25}$$

可得

$$T_e = \frac{P_s}{s\Omega_{syn}} = \frac{\left(2.34E_{20}\cos\alpha_P - \frac{3}{\pi}X_{D0}I_d\right)I_d}{\Omega_{syn}} \tag{6-26}$$

由于第二工作区的电流值为

$$I_d = \frac{\sqrt{6}E_{20}}{2X_{D0}}\sin\left(\alpha_P + \frac{\pi}{6}\right) \tag{6-27}$$

利用式(6-26)和式(6-26)可以求得串级调速在第二工作区的机械特性表达式：

$$T_e = \frac{9\sqrt{3}E_{20}^2}{4\pi\Omega_{syn}X_{D0}}\sin\left(2\alpha_P + \frac{\pi}{3}\right) \tag{6-28}$$

由式(6-28)可以看出，当强迫延迟角 $\alpha_P = 15°$时，可得串级调速系统第二工作区内得最大转矩为

$$T_{e2m} = \frac{9\sqrt{3}E_{20}^2}{4\pi\Omega_{syn}X_{D0}}$$ (6-29)

在忽略定子电阻时,绕线转子异步电动机固有的最大转矩为

$$T_{emax} = \frac{3E_{20}^2}{2\Omega_{syn}X_{D0}}$$ (6-30)

将式(6-29)和式(6-30)相比,可得

$$\frac{T_{e2m}}{T_{emax}} = 0.826$$ (6-31)

式(6-31)说明,采用串级调速后,绕线转子异步电动机的过载能力降低了 17% 左右。在选择串级调速系统绕线转子异步电动机容量时,应考虑这个因素。

在式(6-28)中令 $\alpha_P = 0$,可得机械特性第二工作区得起始转矩 T_{e2in} 为

$$T_{e2in} = \frac{27E_{20}^2}{8\pi\Omega_{syn}X_{D0}} = T_{e1-2}$$ (6-32)

故两段特性在交点处($\gamma = 60°$, $\alpha_P = 0$)衔接。

同样,将式(6-23)和式(6-30)相比,可得

$$\frac{T_{e1-2}}{T_{emax}} = 0.716$$ (6-33)

从式(6-33)可知,$T_{e1-2} = 0.716T_{emax}$。由于一般绕线转子异步电动机的最大转矩 $T_{emax} \geqslant 2T_{en}$, T_{en} 为绕线转子异步电动机额定转矩,故 $T_{e1-2} \geqslant 1.432T_{en}$,即串级调速系统在额定转矩下运行时,一般处于机械特性第一工作区。

根据上述串级调速系统机械特性在两个不同工作区的有关表达式,可绘制出电气串级调速系统机械特性曲线如图 6-5 所示,可见,串级调速系统的机械特性比绕线转子异步电动机固有机械特性软。

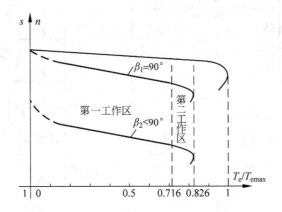

图 6-5　电气串级调速系统的机械特性曲线

6.3　串级调速系统的功率特性

转子回路整流器、逆变器、平波电抗器和逆变变压器统称为串级调速装置,串级调速系统通过引入串级调速装置,实现转差功率回馈电网,从而节约了能量,这是串级调速系

统的主要特点,但付出的代价是串级调速装置本身的设备容量,因此,有必要对串级调速系统的功率特性做进一步研究。

1. 串级调速系统的功率流程

在串级调速系统中,设输入异步电动机定子的有功功率为 P_1,扣除定子损耗 ΔP_1(包括定子铜耗与铁耗)后,经气隙传送到电动机转子的功率即为电磁功率 P_{m},电磁功率 P_{m} 分成两个部分

$$P_{\mathrm{m}} = P_{\mathrm{mech}} + P_{\mathrm{s}}$$

其中,

$$P_{\mathrm{mech}} = (1 - s)P_{\mathrm{m}}$$
$$P_{\mathrm{s}} = sP_{\mathrm{m}}$$

第一部分 P_{mech} 转换成机械功率,扣除电机的机械损耗 ΔP_{mech} 后,从轴上输出给负载的功率为 P_2,即

$$P_2 = P_{\mathrm{mech}} - \Delta P_{\mathrm{mech}}$$

另一部分就是转差功率 P_{s},扣除转子损耗 ΔP_2 和串级调速装置损耗 ΔP_{s} 后,回馈功率 P_{f} 给电网。

$$P_{\mathrm{f}} = P_{\mathrm{s}} - \Delta P_2 - \Delta P_{\mathrm{s}}$$

如果把回馈功率也作为电机定子输入的一部分,则对整个串级调速系统来,它从电网吸收的净有功功率应为

$$P_{\mathrm{in}} = P_1 - P_{\mathrm{f}}$$

因此,可得串级调速系统的功率流程图如图 6-6 所示。

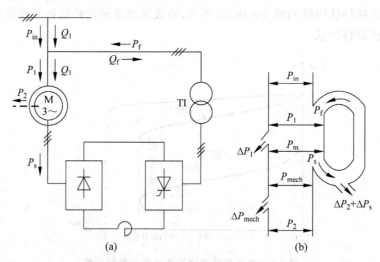

图 6-6　串级调速系统的功率流程图

(a) 系统的功率传递;(b) 功率流程图

2. 串级调速系统的效率

串级调速系统的效率 η_{sch} 是指电机轴上输出功率 P_2 与电网向串级调速系统提供的净有功功率 P_{in} 之比,即

$$\eta_{sch} = \frac{P_2}{P_{in}} \times 100\%$$

$$= \frac{P_{mech} - \Delta P_{mech}}{P_1 - P_f} \times 100\%$$

$$= \frac{P_m(1-s) - \Delta P_{mech}}{(P_m + \Delta P_1) - (P_s - \Delta P_2 - \Delta P_s)} \times 100\%$$

$$= \frac{P_m(1-s) - \Delta P_{mech}}{P_m(1-s) + \Delta P_1 + \Delta P_2 + \Delta P_s} \times 100\% \qquad (6\text{-}34)$$

在式(6-34)中,由于 ΔP_{mech},ΔP_1,ΔP_2 相对 P_m 来说都较小,一般分析时,可以忽略不计,则式(6-34)可简化为

$$\eta_{sch} \approx \frac{P_m(1-s)}{P_m(1-s) + \Delta P_s} \times 100\% \qquad (6\text{-}35)$$

由式(6-35)可以看出,串级调速系统的总效率是很高的,而且随着 s 增加,即转速降低时,效率几乎不变。系统容量越大,电动机越接近满载,各项损耗越小,系统总效率也越高。满载时,大容量串级调速系统的总效率可达 90% 以上,中小容量串级调速系统的总效率可达 80% 以上,有明显的节能效果。

而采用转子回路串电阻调速时,$P_2 = P_m(1-s) - \Delta P_{mech}$,$P_{in} = P_1$,则其效率 η_R 为

$$\eta_R = \frac{P_2}{P_{in}} \times 100\%$$

$$= \frac{P_m(1-s) - \Delta P_{mech}}{P_1} \times 100\%$$

$$(6\text{-}36)$$

同样 ΔP_{mech} 和 ΔP_1 相对 P_m 来说都较小,所以式(6-36)简化为

$$\eta_R = \frac{P_m(1-s) - \Delta P_{mech}}{P_m + \Delta P_1} \times 100\%$$

$$\approx (1-s) \times 100\% \qquad (6\text{-}37)$$

由于 s 可在 0 和 1 之间变化,因而其效率要比串级调速系统差得多,转速越低,效率越差。

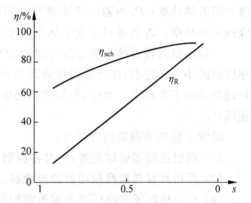

图 6-7　串级调速系统与转子回路串电阻调速时的效率

上述两种调速方法的效率与转差率之间的关系如图 6-7 所示,在不同性质负载时典型的效率值见表 6-1。

表 6-1　电气串级调速系统与转子回路串电阻调速的效率　　　单位:%

调速方式	负载特性	转速			
		100	80	60	40
转子回路串电阻	恒转矩	95	76	56	37
	风机型	95	78	63	48
电气串级调速系统	恒转矩	92	90	88	82
	风机型	92	90	82	75

3. 串级调速系统的功率因数

串级调速系统的功率因数与系统中的异步电动机、不可控整流器以及逆变器三部分有关。异步电动机的功率因数由其本身的结构参数、负载大小以及转差率而定,在串级调速时,由于电机转子侧接有整流器,在整流过程中存在换相重叠角,使转子电流呈梯形波,并滞后于电压波,当负载较大时转子整流器还会出现强迫延迟现象。这些都使整流器通过电机从电网吸收换相无功功率,所以在串级接线时,电机的功率因数要比正常接线时降低10%以上。另外,逆变器是利用移相控制改变其输出的逆变电压,使其输入电流与电压不同相,也消耗无功功率。逆变角越大,消耗的无功功率也越大。在给定逆变角下,串级调速系统从交流电网吸收的总有功功率是电动机吸收的有功功率与逆变器回馈至电网的有功功率之差,然而从交流电网吸收的总的无功功率却是电机和逆变器所吸收的无功功率之和。随着电机转速的降低,所吸收的无功功率虽然有所减小,但从电网吸收的总有功功率也减小了,结果使系统在低速时的功率因数更差。串级调速系统总功率因数可用下式表示:

$$\cos\varphi_{\text{sch}} = \frac{P}{S} = \frac{P_1 - P_f}{\sqrt{(P_1 - P_f)^2 + (Q_1 - Q_f)^2}} \tag{6-38}$$

式中:P 为系统从电网吸收的总有功功率;S 为系统总的视在功率;P_1 为电动机从电网吸收的有功功率;P_f 为通过逆变变压器回馈到电网的有功功率;Q_1 为电动机从电网吸收的无功功率;Q_f 为通过逆变器从电网吸收的无功功率。

一般串级调速系统在高速运行时的功率因数为 0.6～0.65,比正常接线时电机的功率因数减小 0.1 左右,在低速时可降到 0.4～0.5(对于调速范围 $D=2$ 的系统),这是串级调速系统的主要缺点。为此,如何提高功率因数是串级调速系统能否得到广泛应用的关键问题之一。

通常改善功率因数的方法有:

(1) 两组逆变器纵续连接,不对称控制;

(2) 采用具有强迫换相功能的逆变器,产生容性无功功率;

(3) 在电机转子直流回路中加斩波控制电路。

6.4 转速、电流双闭环串级调速系统

根据生产工艺对调速系统静、动态性能要求的不同,串级调速系统可采用开环控制或闭环控制。由于串级调速系统的静差率较大,所以开环系统只能用于对调速性能要求不高的场合。当开环控制不能满足调速性能指标要求时,则可以采用闭环控制。针对生产工艺要求控制的物理量不同,如电流、电压、转速、流量、压力等,则相应地采用对该物理量的闭环控制。其中,由电流闭环和转速闭环组成的双闭环串级调速系统较为常用,这也是下面主要讨论的内容。

由于在调速系统中转子整流器是不可控的,所以系统不能产生电气制动作用,而所谓动态性能的改善一般只是指启动与加速过程性能的改善,而减速过程只能靠负载作用自由降速。

6.4.1　转速、电流双闭环串级调速系统的组成

图 6-8 所示为具有双闭环控制的串级调速系统原理图,其结构与双闭环直流调速系统相似,ASR 和 ACR 分别为转速调节器和电流调节器,TG 和 TA 分别为测速发电机和电流互感器,GT 为触发器。转速反馈信号取自与异步电动机同轴的测速发电机 TG,电流反馈信号通过电流互感器 TA(或霍尔变换器)取自转子直流回路,也可取自逆变器交流侧。为防止逆变器逆变颠覆,在电流调节器 ACR 输出电压为零时,应整定触发脉冲输出相位角为 $\beta = \beta_{\min}$。该系统与直流不可逆双闭环调速系统一样,具有静态稳速与动态恒流的作用,不同的是它的控制作用都是通过异步电动机转子回路实现的。

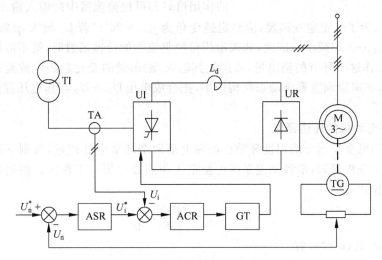

图 6-8　双闭环串级调速系统的原理图

6.4.2　双闭环串级调速系统的动态数学模型

建立双闭环串级调速系统的动态数学模型,应先求出系统中各环节的传递函数,进而求出整个系统的动态结构图。在图 6-8 所示系统中,各反馈环节的传递函数与一般系统一样,需要着重探讨的是转子直流回路有关装置和电机本身的数学模型。

1. 转子直流回路的传递函数

根据图 6-4(b)所示的等效电路可以列出转子直流回路的动态电压平衡方程式:

$$sU_{d0} - U_{\beta 0} = L_{\Sigma}\frac{\mathrm{d}I_d}{\mathrm{d}t} + R_{\Sigma s}I_d \tag{6-39}$$

式中:L_{Σ} 为转子直流回路总电感;$R_{\Sigma s}$ 为转差率为 s 时转子直流回路的总等效电阻,即 $R_{\Sigma s} = 2R_D + \dfrac{3}{\pi}sX_{D0} + R_L + \dfrac{3}{\pi}X_T + 2R_T$。把 $s = \dfrac{n_1 - n}{n_1}$ 代入式(6-39)得到

$$U_{d0} - \frac{n}{n_1}U_{d0} - U_{\beta 0} = L_{\Sigma}\frac{\mathrm{d}I_d}{\mathrm{d}t} + R_{\Sigma s}I_d \tag{6-40}$$

将式(6-40)两边取拉氏变换,可求得转子直流回路的传递函数:

$$\frac{I_d(s)}{U_{d0} - \dfrac{n(s)}{n_1}U_{d0} - U_{i0}(s)} = \frac{K_{Lr}s}{\tau_{Lr}s + 1} \tag{6-41}$$

式中：τ_{Lr}为转子直流回路的时间常数，$\tau_{Lr}=L_{\Sigma}/R_{\Sigma s}$；$K_{Lr}$为转子直流回路的放大系数，$K_{Lr}=1/R_{\Sigma s}$。相应的转子直流回路动态结构图如图 6-9 所示。

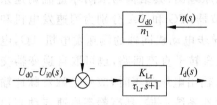

图 6-9　转子直流回路动态结构图

2. 直流回路的电压控制

直流回路的电压由转子整流器输入，并受晶闸管有源逆变器的控制，因此 sU_{d0} 和 U_{i0} 都是直流回路的电源。$sU_{d0}=U_{d0}-(U_{d0}/n_0)n$，其中后面一项与转速 n 成正比，相当于直流电机中正比于转速的反电动势 E，而 $U_{\beta 0}$ 是受控的，但控制电压 U_{ct} 对 $U_{\beta 0}$ 的作用恰好和可控整流器中的输入输出作用相反。

当 $U_{ct}=0$ 时，为了防止逆变颠覆，应整定逆变角为 $\beta_{\min}=30°$。若 U_{ct} 增大，β 随之增大，而 $U_{\beta 0}=2.34U_{T2}\cos\beta$ 却减小。因此，如果沿用可控整流器的传递函数时，就不能简单地把受控电源 $U_{\beta 0}$ 当作这个环节的输出量，必须使其输入/输出量的变化趋势一致起来。为了适应这个要求，在串级调速系统动态结构图中，把合成电压 $U_{d0}-U_{\beta 0}$ 当作电压控制环节的输出量就可以了。

3. 异步电动机的传递函数

异步电动机受控部分的惯性环节已经在上面两个环节中处理过，所剩下的只有机电惯性。由前面分析可知，串级调速系统的额定工作点处于第一工作区。根据电力拖动系统的运动方程式：

$$T_e - T_L = \frac{GD^2}{375}\cdot\frac{dn}{dt} \tag{6-42}$$

结合式(6-16)、式(6-17)，有

$$T_e = \frac{1}{\Omega_{syn}}\left(U_{d0} - \frac{3}{\pi}X_{D0}I_d\right)I_d \tag{6-43}$$

令

$$C_m = \frac{1}{\Omega_{syn}}\left(U_{d0} - \frac{3}{\pi}X_{D0}I_d\right) \tag{6-44}$$

则

$$T_e = C_m I_d \tag{6-45}$$

应该注意的是，这里的转矩电流比 C_m 并不是常数，而是电流 I_d 的函数。式(6-45)所表示的是一个非线性环节。

同样可取 $T_L = C_m I_L$，I_L 是对应的非线性负载电流。代入式(6-42)，有

$$C_m(I_d - I_L) = \frac{GD^2}{375}\cdot\frac{dn}{dt} \tag{6-46}$$

取拉氏变换后，可得异步电动机运动环节的传递函数

$$\frac{n(s)}{I_d(s) - I_L(s)} = \frac{1}{\tau_m s} \tag{6-47}$$

式中：$\tau_m = GD^2/(375C_m)$。应注意，在这里 τ_m 只是一个非线性的系数，它不是时间常数，其量纲也不是时间单位。

4. 串级调速系统动态结构图

为了使系统既能实现速度和电流的无静差调节，又能获得快速的动态响应，电流调节

器 ACR 与转速调节器 ASR 一般都选用 PI 调节器,再设计反馈环节中的滤波器,就可以得到双闭环控制的串级调速动态结构图,如图 6-10 所示。

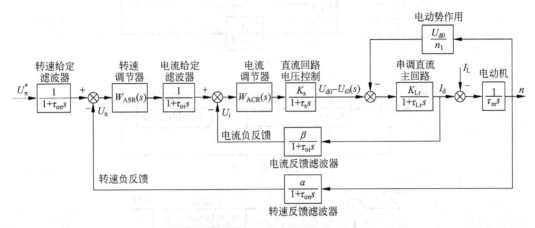

图 6-10　双闭环控制的串级调速系统动态结构图

6.4.3　双闭环串级调速系统调节器的设计

双闭环串级调速系统的设计方法与双闭环直流调速系统基本相同,通常也采用工程设计方法。即先设计电流环,然后把设计好的电流环看做是速度环中的一个等效环节,再进行转速环的设计。电流环宜按典型Ⅰ型系统设计,转速环则可按典型Ⅱ型系统设计。

1. 电流调节器设计

(1) 电流环动态结构图简化

因为电流的响应比转速响应快得多,在电流调节过程中转速还来不及变化,所以可不考虑 $\dfrac{U_{d0}}{n_1}n(s)$ 的影响,断开此支路,如图 6-11(a)所示,再把反馈环节等效移至环内,构成图 6-11(b)的全反馈形式。再作小惯性群处理。一般 τ_s 和 τ_{oi} 比 τ_{Lr} 小得多,故可取 $\tau_{\Sigma i}=\tau_s+\tau_{oi}$,电流环结构图最终简化成图 6-11(c)。

(2) 按典型Ⅰ型系统设计电流环

对于经常起制动的生产机械,希望电流环跟随性好,其超调量越小越好。在这种情况下,应选择典型Ⅰ型系统设计电流环。只有在电网电压波动较大,希望电流环有较强抗电网电压扰动能力时,电流环才采用典型Ⅱ型系统设计。

电流调节器传递函数为

$$W_{ACR}(s)=K_i\frac{\tau_i s+1}{\tau_i s}$$

选择 $\tau_i=\tau_{Lr}$,消去控制对象中大惯性时间常数的极点,有

$$K_i\frac{\tau_i s+1}{\tau_i s}\cdot\frac{K_s K_{Lr}\beta}{(\tau_{Lr}s+1)(\tau_{\Sigma i}s+1)}=\frac{K}{s(\tau_g+1)}$$

所以

$$\tau_i=\tau_{Lr},\quad K=\frac{K_i K_s K_{Lr}\beta}{\tau_{Lr}},\quad \tau_g=\tau_{\Sigma i}$$

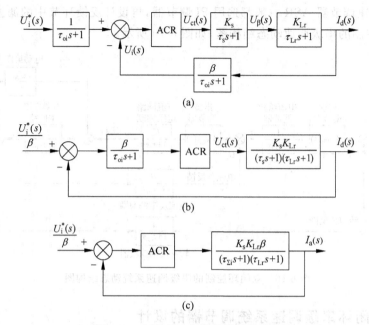

图 6-11　电流环动态结构图及其化简

一般情况下,取 $K\tau_{\mathrm{g}}=0.5$,则

$$K_{\mathrm{i}} = \frac{\tau_{\mathrm{Lr}}}{2K_{\mathrm{s}}K_{\mathrm{Lr}}\beta\tau_{\Sigma\mathrm{i}}}, \quad \tau_{\mathrm{g}} = \tau_{\Sigma\mathrm{i}}$$

2. 转速调节器设计

(1) 电流环等效闭环传递函数

$$W_{\mathrm{icl}}(s) = \frac{\dfrac{K}{s(\tau_{\Sigma\mathrm{i}}s+1)}}{1+\dfrac{K}{s(\tau_{\Sigma\mathrm{i}}s+1)}} = \frac{1}{\dfrac{\tau_{\Sigma\mathrm{i}}}{K}s^2 + \dfrac{1}{K}s + 1} \tag{6-48}$$

因为 $\dfrac{\tau_{\Sigma\mathrm{i}}}{K}$ 较小,所以可对此闭环传递函数作降阶处理,即

$$W_{\mathrm{icl}}(s) = \frac{1}{\dfrac{1}{K}s + 1} \tag{6-49}$$

由于 $K=\dfrac{1}{2\tau_{\Sigma\mathrm{i}}}$,所以 $\dfrac{I_{\mathrm{d}}(s)}{U_{\mathrm{i}}^{*}(s)}=\dfrac{1/\beta}{2\tau_{\Sigma\mathrm{i}}s+1}$。

(2) 转速环简化及调节器设计

图 6-12 是转速环部分的简化过程,其中,$\tau_{\Sigma\mathrm{n}}=2\tau_{\Sigma\mathrm{i}}+\tau_{\mathrm{on}}$。图 6-12(c)的成立是不考虑负载 I_{L} 的扰动。转速调节器如设计成典 I 型,则是比例调节器,而转速环成为有静差系统,因而转速环要设计成典 II 型系统。ASR 为

$$W_{\mathrm{ASR}}(s) = K_{\mathrm{n}}\frac{\tau_{\mathrm{n}}s+1}{\tau_{\mathrm{n}}s}$$

有

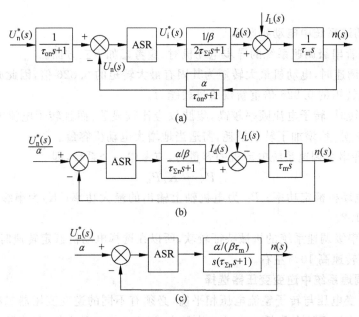

图 6-12   转速环动态结构图及近似处理

$$K_n \frac{\tau_n s + 1}{\tau_n s} \cdot \frac{\alpha/(\beta\tau_m)}{s(\tau_{\Sigma n}s + 1)} = \frac{K(\tau_w + 1)}{s^2(\tau_g + 1)}$$

所以有

$$K = \frac{K_n \alpha}{\beta\tau_m \tau_n} = \frac{h+1}{2h^2\tau_g^2}, \quad \tau_g = \tau_{\Sigma n}, \quad \tau_n = \tau_w = h\tau_g$$

取 $h=5$，则

$$K_n = \frac{(h+1)\beta\tau_m}{2h\alpha\tau_{\Sigma n}} = \frac{0.6\beta\tau_m}{\alpha\tau_{\Sigma n}}, \quad \tau_n = h\tau_{\Sigma n} = 5\tau_{\Sigma n}$$

6.4.4   双闭环串级调速系统设计的特殊问题

在设计和运行次同步串级调速系统时，许多计算和器件选择方法与晶闸管直流调速基本相同。但还是需要强调几个特殊问题。

1. 工程设计非常规参数处理

由于串级调速系统中转子直流回路的放大系数 K_{Lr} 和时间常数 τ_{Lr} 都不同于直流调速系统是常数，而是转速的函数，电机运动环节的系数 τ_m 也是电流的函数，因此，按常规方法进行设计时会出现一些问题。目前，工程设计时常用的处理方法如下：

（1）采用自适应控制技术及数字控制技术，控制电流调节器和转速调节器的参数，使之能够跟随电动机的实际转速 n 和直流回路电流 I_d 相应地改变。

（2）进行电流环的校正时，一般来说，按调速范围的下限所对应的 s_{max} 来计算 K_{Lr} 和 τ_{Lr}，从而计算电流调节器的参数。也可把电流环作为定常系数按 $s_{max}/2$ 时所确定的 K_{Lr} 和 τ_{Lr} 去计算电流调节器的参数。

（3）转速环一般按典型 II 型系统设计，由于电动机的 τ_m 是一个非线性、非定常的系数，所以在设计时，可以选用与实际运行工作点电流值 I_d 相对应的 τ_m 值，然后按定常系统进行设计。

2. 串级调速系统中电动机选择

选择晶闸管串级调速系统的异步电动机时,应考虑如下三方面。

(1) 串级调速时,电动机最大转矩为其固有最大转矩的 0.826 倍,因此必须以异步电动机固有最大转矩的 0.826 倍重新校验过载能力。

(2) 在低转时,转子电流频率较高,集肤效应比较显著,而且转子电流波形畸形较为严重,含有谐波分量,增加了转子损耗,需适当地增大电动机容量。

因此,选择串级调速系统电动机的容量时,应考虑一个系数,即

$$P_N = K_Z P_L \tag{6-50}$$

式中: P_N 为电动机额定功率; P_L 为电机轴上输出的最大功率; K_Z 为串级调速系数,一般可取 1.5~1.2。

(3) 由于串级调速系统的机械特征较软,所以在选择电动机额定转速时,应比生产机械所需的最高转速高 10% 左右。

3. 串级调速系统中逆变变压器选择

为了使逆变电压与转子整流电压相平衡,必须有不同的逆变变压器二次相电压 U_{T2} 与之匹配。当串级系统在最低转速时,s 为最大,逆变角 β 为最小值,忽略异步电动机和逆变变压器的漏抗和等效电阻的影响,稳态时有

$$2.34 s_{max} E_{20} = 2.34 U_{T2} \cos\beta_{min}$$

所以

$$U_{T2} = \frac{s_{max} E_{20}}{\cos\beta} \tag{6-51}$$

调速范围 $D = \dfrac{n_{max}}{n_{min}} \approx \dfrac{n_N}{n_{min}} \approx \dfrac{n_1}{n_{min}}$,其中,$n_{max}$、$n_{min}$ 分别为串级调速系统额定负载时的最高转速和最低转速。

$$s_{max} = \frac{n_1 - n_{min}}{n_1} \approx 1 - \frac{1}{D}$$

将上式代入式(6-51),又因 $\beta_{max} = 30°$,所以有

$$U_{T2} \approx 1.15 E_{20} \left(1 - \frac{1}{D}\right) \tag{6-52}$$

从式(6-52)可知,串级调速系统调速范围 D 愈大,要求逆变变压器二次相电压愈高。逆变变压器二次额定相电流 I_{T2} 可根据电动机转子额定相电流 I_{2N} 求得。如电动机转子绕组和变压器二次侧绕组均为丫联结时,$I_{T2} \approx I_{2N}$。此时三相逆变变压器的容量为

$$sT = 3 U_{T2} I_{T2} = 3 U_{T2} I_{2N} = 3.45 E_{20} I_{2N} \left(1 - \frac{1}{D}\right) \tag{6-53}$$

由式(6-52)、式(6-53)可见,串级调速系统中逆变变压器容量 s_T 和二次相电压 U_{T2} 与调速范围有关,要求的调速范围越大,则 s_T 和 U_{T2} 越大。从物理意义上也容易理解,随着 D 增大,则 s 增大,通过串级调速系统回馈至电网的转差功率 $P_s = s P_m$ 也增大,必须有较大容量的串级调速装置来传递与交换这些功率。

4. 串级调速系统的启动

串级调速系统在启动和停车时要特别注意系统通电和断电的顺序:启动时要先给逆

变器通电,之后再给电动机通电,最后是电动机和整流器-逆变器连接;停车时要先断开电动机和整流器-逆变器的连接,之后是给电动机断电,最后是让逆变器脱离电网。当发生转子回路或直流回路断开时,首先要将附加启动电阻接入转子回路,提供一条转子闭合回路,然后才允许定子回路跳闸断电。这些做法的目的是保护晶闸管和防止转子绕组绝缘损坏。

6.5　双馈调速系统

　　前面讨论的串级调速系统,是通过控制异步电动机中的转差功率来实现转速的调节。转差功率只能从转子输出并经串级调速装置回馈电网,功率传递方向是单一的,电机只工作在低于同步转速的电动状态,是属于次同步串级调速系统。如果把转子整流器改为如图 6-13 所示的可控整流器 1UR,使转差功率既能从转子输出,也能从直流回路向绕线电机的转子输入功率,即转差功率能够双向传递,转差功率和转差率都可以由正值变成负值,从而使电机的转速可以高于同步转速,成为超同步串级调速系统。由于电机可以从定子和转子两边供电,所以又称双馈调速系统。

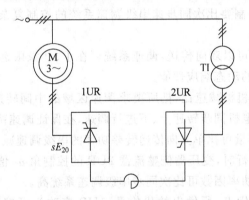

图 6-13　双馈调速系统原理图

1. 双馈调速系统的工作原理

　　双馈调速系统原理图如图 6-13 所示,与电气串级调速系统的区别就在于把不可控的转子整流器 UR 改为可控整流器 1UR,使转差功率的传递方向成为可逆。

　　当 1UR 处于整流状态,而 2UR 处于逆变状态时,系统从电机转子吸收转差功率,整流后再通过 2UR 和逆变变压器 TI 送回电网。如果忽略电机损耗,则定子输入功率 P_1、转差功率 sP_1 和轴上输出功率 $(1-s)P_1$ 三者之间的关系为

$$P_1 = sP_1 + (1-s)P_1$$

式中:转差率 s 为正值,转差功率由转子输出,电机转速低于同步转速,系统处于次同步速的电动状态。

　　若控制触发脉冲使 1UR 工作在逆变状态,而 2UR 工作在整流状态,则转差功率从电网经串级调速装置传送给电机转子。与此同时,定子仍从电网吸收功率,电机处于定、转子双馈状态,两部分功率相加起来,变换成机械功率从轴上输出。如果功率关系仍写成

$$P_1 = sP_1 + (1-s)P_1$$

则 s 变为负值,功率关系可写成为

$$P_1 + |s|P_1 = (1+|s|)P_1$$

电机转速高于同步转速,机械功率从轴上输出,表明电机仍在电动状态下工作,因此称作超同步速的电动状态,见图 6-1(b)。由于定、转子双馈作用,电机轴上输出功率可以大于铭牌上的额定功率,这是超同步速电动状态的优点。

2. 双馈调速系统的再生制动

处于次同步速的电动状态运行中的双馈调速系统,1UR 工作在整流状态,而 2UR 工作在逆变状态,转速低于同步转速。如果突然改变 1UR 与 2UR 的控制角,使它们分别变成逆变与整流状态,则电压 $U_{T2}\cos\alpha_2$ 和 $sE_{20}\cos\beta_1$ 极性都反向,且使 $U_{T2}\cos\alpha_2 > sE_{20}\cos\beta_1$,而转子直流回路电流方向不变,因此转差功率变成负值,改从转子侧输入。在此瞬间,由于转速来不及变化,电磁转矩也变成负值,表明此时电磁转矩是制动转矩,进入 $T-n$ 坐标系第二象限运行,成为次同步速的再生制动状态,见图 6-1(d)。与此相对应,在超同步速的电动状态,也可以突然切换到超同步速的再生制动状态。

3. 双馈调速系统的特点

双馈调速系统的控制要比次同步速串级调速系统的控制复杂得多,但它有以下主要优点:

(1)由于转差功率可以双向传送,调速系统可在 Ⅰ、Ⅱ 象限运行,可在任意转速下实现回馈制动,提高系统的动态响应性能。

(2)若选用合适的机械减速比,把所要求调速区域的中间转速配置成系统的同步转速,双馈调速系统可在电机同步转速上、下进行调速,在保证调速范围不变的情况下,其附加的串级调速装置的容量可比单方向传递转差功率的串级调速减少一半。

(3)在超同步速运行时,变压器侧整流器 2UR 的控制角 α_2 值较小,变压器从电网吸收的无功功率也较小,功率因数可比次同步串级调速系统高。

当然,要得到上述优点,所付出的代价是,1UR 应改为可控变流装置,设备要更复杂些。

在双馈调速系统中,绕线转子异步电动机的定子由恒压恒频电源供电,而转子侧电压则是变压变频的,因此可以把双馈调速系统看成是一个转子变压变频的调速系统。

6.6　小结

串级调速系统是属于转差功率回馈型调速系统,是通过在绕线转子异步电动机转子回路中引入可控的附加电动势来回收转差功率实现调速的,它可以克服串电阻调速系统效率低和不能平滑调速的缺点。

1. 串级调速系统可分为次同步串级调速系统和超同步串级调速系统,按产生直流附加电动势的方式不同,次同步串级调速系统可分为电气串级调速系统、机械串级调速系统。重点是掌握电气串级调速系统的工作原理及调速特性。增大逆变角 β 会使电动机转速升高;减小 β 角会使电动机转速降低,并且电气串级调速系统具有恒转矩调速特性。

2. 电气串级调速系统具有效率高、技术成熟、成本低等优点,应用广泛;核心部分是有源逆变器 UI 和转子整流器 UR。转子整流器的主要工作状态有第一工作状态和第二工作状态,正确理解转子整流器的工作状态有益于掌握串级调速系统的机械特性。串级调速系统的额定工作点常位于机械特性第一工作区,串级调速系统在该区的过载能力比绕线转子异步电动机固有机械特性时的过载能力降低了 17% 左右,串级调速系统的机械特性比绕线转子异步电动机固有机械特性软。

3. 串级调速系统采用转速电流双闭环控制后,可改善静特性和加快启动过程,系统的设计方法也采用工程设计方法,但由于系统是非定常的,故需进行一定处理。

4. 串级调速系统的总效率较高,有明显的节能效果。但它的总功率因数较低,因此要想法提高功率因数。

5. 与次同步串级调速系统相比,超同步串级调速系统不但效率高,而且能四象限运行,调速装置容量小,此外还可以解决功率因数低等问题。超同步串级调速系统又称双馈调速系统,理解它的工作原理及特点是重点之处。

6.7　习题

1. 串级调速系统是通过调整哪个量来实现调速的?该量和转速有何对应关系?

2. 在串级调速系统中为什么要在转子回路中串入一个附加电动势,这附加电动势和转速有何对应关系?

3. 简述次同步串级调速系统的优缺点和适用场合。

4. 试分析次同步串级调速系统总功率因数低的主要原因,并指出提高系统功率因数的主要方法。

5. 试从物理意义上说明串级调速系统机械特性比其固有机械特性要软的原因。

6. 次同步串级调速系统能否工作在低于同步速的第二象限或高于同步速的第一象限?为什么?

7. 在串级调速系统中,如何根据调速范围估算二次电压有效值 U_{T2}?

8. 简述双馈调速系统的工作原理。

第 7 章

交流异步电动机变频调速系统

在各种异步电动机调速系统中,变频调速是调速方案中效率最高、性能最好的一种调速方法。这种系统在调速时,同时调节定子电源的电压和频率,其机械特性基本上平行移动,而转差功率不变,是当前交流调速的主要发展方向。由于高性能大容量的电子器件、微型计算机控制技术的迅速发展,促进了变频调速技术的突破性发展。目前,采用 PWM 型变频器和矢量控制的交流电动机变频调速系统已进入了实际应用阶段。

7.1 异步电动机变频调速原理

异步电动机的转速表达式为

$$n = \frac{60 f_1}{n_P}(1 - s) = n_1(1 - s) \tag{7-1}$$

式中:n 为电动机转速;f_1 为电动机定子供电频率;s 为转差率;n_P 为电动机绕组极对数;n_1 为旋转磁场同步转速。

由式(7-1)可以看出,当转差率 s 和极对数 n_P 不变时,同步转速 n_1 与电源频率 f_1 成正比,因此只要平滑地调节异步电动机的电源频率,就可以平滑调节异步电动机的同步转速,从而实现异步电动机的无级调速。但是,对于异步电动机来说,若电源频率 f_1 变化而其电源电压 U_1 不变,将会引起磁通的变化,因为

$$U_1 \approx E_g = 4.44 f_1 N_1 k_{N1} \Phi_m \tag{7-2}$$

式中:U_1 为定子相电压;E_g 为定子相电动势;N_1 为定子每相绕组串联的匝数;k_{N1} 为定子绕组系数;Φ_m 为每极气隙磁通。

当 f_1 小于额定值 f_{1N} 时,Φ_m 大于额定值。由于电机设计制造时取额定磁通在磁化曲线的饱和段附近,当 Φ_m 上升时就会引起过大的励磁电流,使定子铁心损耗急剧增加,严重时会因绕组过热而损坏电动机。为了使 Φ_m 保持恒定,必须在频率 f_1 变化的同时改变电源电压 U_1,使它们遵循如下规律:

$$\frac{U_1}{f_1} \approx \frac{E_g}{f_1} = 常数 \tag{7-3}$$

这种压频比为常数的控制方式称为恒磁通控制方式,一般在额定频率 f_{1N} 以下,即 $f_1 > f_{1N}$

情况下采用。

在 $f_1 > f_{1N}$ 时,如果仍能保持 $\dfrac{U_1}{f_1} = $ 常数,则 $U_1 > U_{1N}$,这是不允许的,此时只能保持 $U_1 = U_{1N}$ 不变。由式(7-2)可以看出,随着 f_1 上升,Φ_m 将减弱,即

$$\Phi_m \propto \frac{1}{f_1} \tag{7-4}$$

这种保持 $U_1 = U_{1N} = $ 常数的控制方式称为恒电压控制方式,一般在 $f_1 > f_{1N}$ 情况下采用。在变频调速过程中,始终保持定子电流幅值恒定,即 $I_1 = $ 常数,这种变频调速的控制方式称为恒流变频调速控制方式。

7.1.1　恒磁通控制方式

异步电动机的电磁转矩一般方程为

$$T_e = \frac{3n_P U_1^2 R_2'/s}{2\pi f_1 [(R_1 + R_2'/s)^2 + (X_1 + X_{20}')^2]} \tag{7-5}$$

式中:n_P 为定子绕组构成的极对数;R_1、X_1 为定子每相电阻、漏电抗;R_2'、X_{20}' 为折算到定子侧的转子每相电阻、电动机静止时折算到定子侧的转子每相漏抗。

将式(7-5)对 s 求导,并令 $dT_e/ds = 0$,即可求电动机最大转矩 T_{emax} 及临界转差率 s_m:

$$T_{emax} = \frac{3n_P U_1^2}{4\pi f_1 [R_1 + \sqrt{R_1^2 + (X_1 + X_{20}')^2}]} \tag{7-6}$$

$$s_m = \frac{R_2'}{\sqrt{R_1^2 + (X_1 + X_{20}')^2}} \tag{7-7}$$

由 T_{emax}、s_m 可绘出保持 $U_1/f_1 = $ 常数条件下异步电动机调频时的机械特征曲线族,如图 7-1 中实线所示,$f_1 > f_2 > f_3 > f_4$。图 7-1 中在频率较高时,$X_1 + X_{20}' \gg R_1$,于是式(7-6)可写成

$$T_{emax} \approx \frac{3n_P U_1^2}{4\pi f_1 (X_1 + X_{20}')} = \frac{3n_P U_1^2}{4\pi f_1 \cdot 2\pi f_1 (L_1 + L_{20}')}$$

$$= \frac{3n_P U_1^2}{8\pi^2 f_1^2 (L_1 + L_{20}')} \propto \left(\frac{U_1}{f_1}\right)^2 \tag{7-8}$$

式中:L_1、L_{20}' 为定子和转子的漏感。

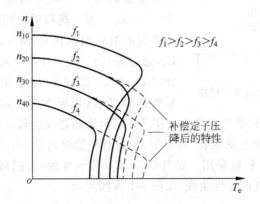

图 7-1　恒压频比控制时变频调速的机械特性

因为 $U_1/f_1 =$ 常数,所以当频率很高时, T_{emax} 保持恒定。

电动机的速降为

$$\Delta n_m = s_m n_1 = \frac{R_2'}{\sqrt{R_1^2 + (X_1 + X_{20}')^2}} n_1$$

$$= \frac{R_2'}{2\pi f_1 (L_1 + L_{20}')} \cdot \frac{60 f_1}{n_P}$$

$$= \frac{60 R_2'}{2\pi n_{P1} (L_1 + L_{20}')} \tag{7-9}$$

由式(7-9)可看出,转速降与频率无关。因而其调速特征相互平行。

当频率较低时, $R_1 \gg X_1 + X_{20}'$,在式(7-6)的分母中忽略 $(X_1 + X_{20}')$ 项,则

$$T_{emax} \approx \frac{3 n_P U_1^2}{4\pi f_1 \cdot 2 R_1} = \frac{3 n_P}{8\pi R_1} \cdot \left(\frac{U_1}{f_1}\right)^2 \cdot f_1 \tag{7-10}$$

若保持 $U_1/f_1 =$ 常数, T_{emax} 随频率 f_1 的降低而减小,从图 7-1 所画的实线能明显看出这一点。此时电动机的转速降为

$$\Delta n_m = s_m n_1 = \frac{R_2'}{\sqrt{R_1^2 + (X_1 + X_{20}')^2}} n_1 = \frac{R_2'}{R_1} \cdot \frac{60 f_1}{n_P} = \frac{60 f_1 R_2'}{n_P R_1} \tag{7-11}$$

从式(7-11)可看出,在频率较低时,转速降将随频率降低而降低,但机械特征直线段的斜率不变,因为此时 $\Delta n_m / T_{emax} =$ 常数。

从物理概念上来说,低频时机械特征最大转矩下降,是由于 R_1 引起的电压降相对影响较大,无法保持电动机气隙磁通为恒值而造成的。故低频启动时,启动转矩也将减小,甚至不能带动负载。它仅适用于因调速范围不大或转速下降而减小的负载(如风机和泵类负载)。对调速范围大的恒转矩性质的负载,则希望在整个调速范围中保持 T_{emax} 不变。

由式(7-2)可知,欲保持磁通 Φ_m 恒定,应满足:

$$\frac{E_g}{f_1} = 常数 \tag{7-12}$$

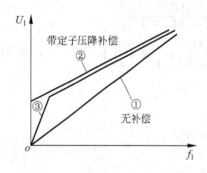

图 7-2　恒磁通调速时的补偿特性

但由于电动机的感应电动势 E_g 难以测得和控制,故实际应用中通常在控制回路加入一个函数发生器,以补偿低频时定子电阻所引起的压降影响。事实上, $U_1 = E_g + \Delta U$,高频时,电动势较高,可以忽略定子绕组的漏磁阻抗压降 ΔU ,认为定子相电压 $U_1 \approx E_g$,通过控制 U_1 使 $U_1/f_1 =$ 常数;而在低频时,由于此时 U_1 和 E_g 都较小,定子阻抗压降 ΔU 所占的分量就比较显著,不可忽略。这时,可以人为地把 U_1 抬高一些,以便近似地补偿定子压降。图 7-2 所示为函数发生器的各种补偿特性,曲线① 为无补偿时 U_1 与 f_1 的关系曲线,曲线②、③为有补偿时的 U_1 与 f_1 的关系曲线,实践证明这种补偿效果良好,常被采用。经补偿后, $E_g/f_1 =$ 常数(恒磁通),获得恒定最大转矩 T_{emax} 变频调速的一族机械特性曲线,如图 7-1 虚线所示。

7.1.2　恒电压控制方式

在基频 f_{1N} 以上调速时,频率可以从额定值 f_{1N} 往上增高,但电压 U_1 却不能超过额定电压 U_{1N},最多只能保持 $U_1 = U_{1N}$。由式(7-2)可知,随着频率的增高,将迫使磁通与频率成反比地降低,这相当于直流电动机弱磁升速的情况。这种保持 $U_1 = U_{1N}$ = 常数的控制方式称为恒电压控制方式,一般在 $f_1 > f_{1N}$ 情况下使用。

此时的机械特性方程式可写成

$$T_e = \frac{3n_P U_{1N}^2 R_2'/s}{2\pi f_1 \big[(R_1 + R_2'/s)^2 + (X_1 + X_{20}')^2 \big]}$$

其最大转矩为

$$T_{emax} = \frac{3n_P U_{1N}^2}{4\pi f_1 \big[R_1 + \sqrt{R_1^2 + (X_1 + X_{20}')^2} \big]} \tag{7-13}$$

临界转差率公式仍为式(7-7)。

因为 f_1 较高,所以 $R_1 \ll X_1 + X_{20}'$,忽略 R_1,可得

$$T_{emax} = \frac{3n_P U_{1N}^2}{4\pi f_1 (X_1 + X_{20}')} = \frac{3n_P U_{1N}^2}{4\pi f_1 (2\pi f_1)(L_1 + L_{20}')} \propto \frac{1}{f_1^2} \tag{7-14}$$

$$s_m \approx \frac{R_2'}{X_1 + X_{20}'} = \frac{R_2'}{2\pi f_1 (L_1 + L_{20}')} \propto \frac{1}{f_1} \tag{7-15}$$

可见电源频率 f_1 越高,T_{emax} 越小,s_m 也减小。T_{emax} 处转速降为

$$\Delta n_m = s_m n_1 \approx \frac{R_2'}{2\pi f_1 (L_1 + L_{20}')} \cdot \frac{60 f_1}{n_P} = 常数 \tag{7-16}$$

由式(7-14)、式(7-15)、式(7-16)分析可知,虽然 Δn_m 是常量,但随着 f_1 的升高,T_{emax} 减小很多,即 $\Delta n_m / T_{emax}$ 增大,所以调速机械特性的斜度也随着 f_1 的升高而增大,恒电压变频调速的机械特性如图 7-3 所示。

因为电磁功率 $P_m = T_e \omega_1$,其中,

$$T_e = K_m \Phi_m I_2' \cos\varphi_2 \tag{7-17}$$

$$\omega_1 = \frac{2\pi f_1}{n_P} \tag{7-18}$$

式中:K_m 为由异步电动机结构确定的转矩系数;$\cos\varphi_2$ 为异步电动机转子功率因数;I_2 为折算到定子侧的转子相电流。

当调速为充分利用绕组,保持 $I_2' = I_{2N}' =$ 常数时,有

$$T_e = K_i \Phi_m \cos\varphi_2 \tag{7-19}$$

式中:$K_i = K_m I_2'$ 为常数。

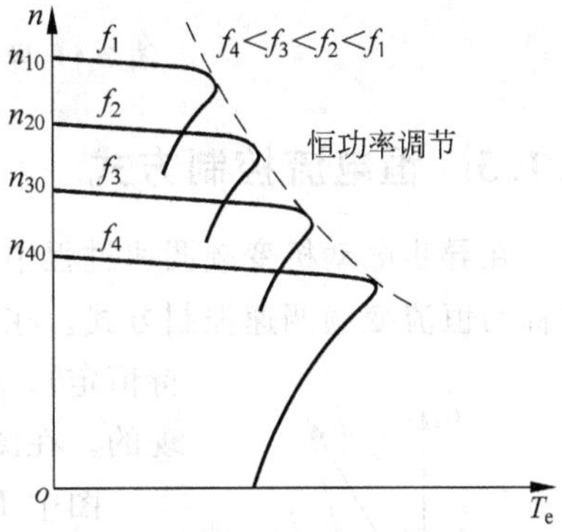

当 $U_1 = U_{1N}$ 时,磁通为

图 7-3　恒电压变频调速的机械特性

$$\Phi_m = \frac{E_g}{4.44 f_1 N_1 K_1} \approx \frac{U_1}{4.44 f_1 N_1 K_1} = \frac{U_{1N}}{4.44 f_1 N_1 K_1} = K_V \frac{1}{f_1} \tag{7-20}$$

式中:$K_V = \dfrac{U_{1N}}{4.44 f_1 N_1 K_1}$ 为常数。

在 $I_2' = I_{2N}'$ 时,s 较小,$R_2'/s \gg X_{20}'$,故可近似认为

$$\cos\varphi_2 = \frac{R_2'/s}{\sqrt{\left(\dfrac{R_2'}{s}\right)^2 + (X_{20}')^2}} \approx 1 = \text{常数} \qquad (7\text{-}21)$$

将式(7-20)、式(7-21)代入式(7-19),可近似得

$$T_e \approx K_i K_V \frac{1}{f_1} = K \frac{1}{f_1} \qquad (7\text{-}22)$$

式中:$K_V = K_i K_V$ 为常数。

将式(7-22)、式(7-18)代入式 $P_m = T_e \omega_1$ 中,得

$$P_m \approx K \frac{1}{f_1} \cdot \frac{1}{n_P} = \text{常数}$$

因此 $U_1 = U_{1N}$ 时的变频调速具有近似恒功率的性质,图7-3虚线所示即为恒功率线。

把恒磁通(基频以下)控制方式和恒电压(基频以上)控制方式两种情况结合起来,可得图7-4所示的异步电动机变压变频调速控制特性。在基频以下,磁通恒定时,转矩也恒定,属于恒转矩调速性质;而在基频以上,转速升高时,转矩降低,基本上属于恒功率调速。

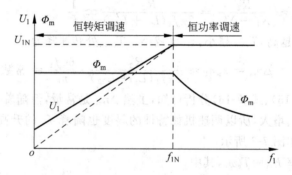

图7-4　异步电动机变压变频调速控制特性

7.1.3　恒电流控制方式

在异步电动机变频调速过程中,若保持定子电流 $\dot{I}_1$ 幅值恒定,这种变频调速的控制方式称为恒流变频调速控制方式。在这种控制方式中,要求变频电源为恒流源(电流幅值保持恒定)。电流幅值恒定是通过带PI调节器的电流闭环控制实现的。在图7-5上绘出了异步电动机的电流相量图。

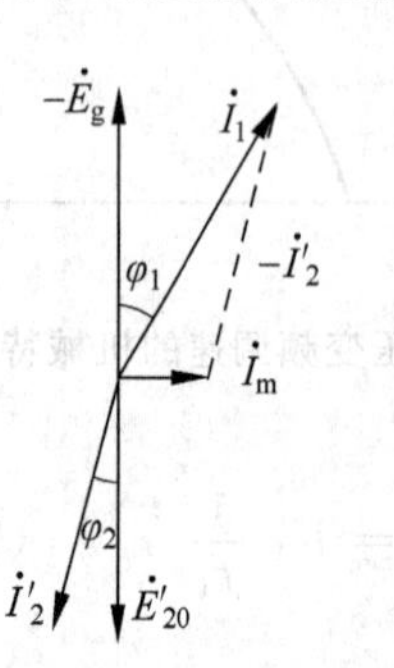

图中 I_m 为励磁电流,它与励磁电抗 X_m 之积为定子绕组中的感应电动势:

$$E_g = I_m X_m \qquad (7\text{-}23)$$

而

$$E_{20}' = I_2' \sqrt{\left(\frac{R_2'}{s}\right)^2 + (X_{20}')^2}$$

图7-5　电流相量图　又因为 $E_g = E_{20}'$,所以励磁电流为

$$I_{\mathrm{m}} = \frac{I_2'\sqrt{\left(\dfrac{R_2'}{s}\right)^2 + (X_{20}')^2}}{X_{\mathrm{m}}} \tag{7-24}$$

由图 7-5 可见,定子电流、转子电流和励磁电流之间有如下关系:

$$I_1^2 = I_2'^2 - 2I_{\mathrm{m}}I_2'\sin\varphi_2 + I_{\mathrm{m}}^2 \tag{7-25}$$

式中: $\sin\varphi_2 = \dfrac{X_{20}'}{\sqrt{(R_2'/s)^2 + X_{20}'^2}}$。

将式(7-24)和 $\sin\varphi_2$ 代入式(7-25),得

$$I_2' = \frac{I_1 X_{\mathrm{m}}}{\sqrt{\left(\dfrac{R_2'}{s}\right)^2 + (X_{\mathrm{m}} + X_{20}')^2}} \tag{7-26}$$

因为电磁转矩 $P_{\mathrm{m}} = 3I_2'\dfrac{R_2}{s}$,所以

$$T_{\mathrm{e}} = \frac{3I_2'^2 R_2'}{s\omega_1} = \frac{3n_{\mathrm{P}}I_2'^2 R_2'}{2\pi f_1 s} \tag{7-27}$$

将式(7-26)代入式(7-27),得

$$T_{\mathrm{e}} = \frac{3n_{\mathrm{P}}I_1^2 X_{\mathrm{m}}^2 \dfrac{R_2'}{s}}{2\pi f_1\left[\left(\dfrac{R_2'}{s}\right)^2 + (X_{\mathrm{m}} + X_{20}')^2\right]} \tag{7-28}$$

将式(7-28)对 s 求导,并令 $\mathrm{d}T_{\mathrm{e}}/\mathrm{d}s = 0$,可求出恒流机械特性产生最大转矩时的转差率和最大转矩值,分别为

$$s_{\mathrm{m}} = \frac{R_2'}{\omega_1(L_{\mathrm{m}} + L_{12}')} \tag{7-29}$$

$$T_{\mathrm{emax}} = \frac{3n_{\mathrm{p}}I_1^2 L_{\mathrm{m}}^2}{2(L_{\mathrm{m}} + L_{12}^2)} \tag{7-30}$$

将式(7-28)、式(7-29)、式(7-30)分别与式(7-5)、式(7-6)、式(7-7)相比较,可以看出,它们是相似的,因而机械特性形状也相似,都属于恒转矩性质。由于异步电动机的短路电抗 $X_{\mathrm{k}} = X_1 + X_{20}'$ 较励磁电抗 X_{m} 小得多,所以恒流变频的 T_{m} 比恒磁通变频的 T_{m} 要小,用同一台电动机的参数代入式(7-30)和式(7-6)可以证明这个结论。由于恒电流变频控制过载能力低,因而只适用于负载变化不大的场合。

7.2 变频电源

7.2.1 变频电源的分类

对交流电动机实现变频调速的变频电源装置叫变频器,其功能是将电网提供的恒压恒频(Constant Voltage Constant Frequency,CVCF)交流电变换为变压变频(Variable Voltage Variable Frequency,VVVF)交流电,变频的同时变压,对交流电动机实现无级调速。

变频器的基本分类如下所示。

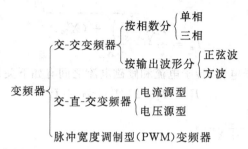

1. 交-交变压变频装置

交-交变频器将电网交流电直接转换为频率和电压可调的交流电,又称为直接变频器。

图 7-6   交-交变压变频装置

直接变压变频装置的结构如图 7-6 所示。它只有一个变换环节,因此称为"直接"变压变频装置或交-交变压变频装置。常用的交-交变压变频装置输出的每一相都是一个两组晶闸管整流装置反并联的可逆线路,见图 7-7(a),正、反向两组按一定周期相互切换,在负载上就获得交变的输出电压 u_0。u_0 的幅值决定于各组整流装置的控制角 α,u_0 的频率决定于两组整流装置的切换频率。根据控制角 α 为固定或按正弦规律变化,输出的交流电有方波与正弦波两种波形。

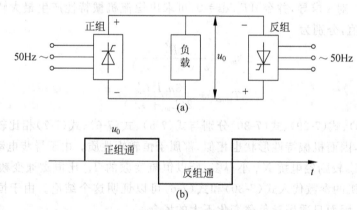

图 7-7   交-交变压变频装置的单相电路及方波电压波形
(a) 电路原理图;(b) 方波型平均输出电压波形

(1) 方波型交-交变频器

如果控制角 α 保持不变,则输出平均电压是方波,如图 7-7(b)所示。改变正、反组切换频率可以调节输出交流电的频率,而改变 α 的大小即可调节方波的幅值,从而调节输出交流电压的大小。

(2) 正弦波型交-交变频器

如果在每一组整流器导通期间不断地改变控制角 α,输出就为正弦波。在正向组导通的半个周期中,使控制角 α 由 $\pi/2$(对应 $u_0=0$)逐渐减小到 0(对应 u_0 最大),然后再逐

渐增加到 $\pi/2$,即使 α 角在 $\pi/2\sim0\sim\pi/2$ 变化,则整流的输出电压 u_0 就由零变到最大值再变到零,呈正弦规律变化。反向组负半周的控制与此相同。

以上只分析了交-交变压变频的单相输出,对于三相负载,其他两相也各用一套反并联的可逆线路,从而可以得到输出电压相位依次相差 120° 的三相交流电。

总之,交-交变频器由于其直接变换的特点,效率较高,可方便地进行可逆运行,但缺点是:①功率因数低;②主电路使用元件数量多,控制电路较复杂;③变频器输出频率受到电网频率的限制,最大变频范围在电网频率 1/2 以下。

因此,交-交变频器一般只适用于低速、大容量的调速系统,如轧钢机、球磨机、水泥回转窑、矿井提升机、电动车辆等。

2. 交-直-交变压变频装置

交-直-交变频器先将电网交流电转换为直流电,经过中间滤波环节(电容或电感)后,再进行逆变才能转换为变频变压的交流电,又称为间接变频器。按照中间滤波环节是电容性还是电感性的,可以将交-直-交变频器划分为电压源型和电流源型交-直-交变频器。图 7-8 给出了其主要构成环节。

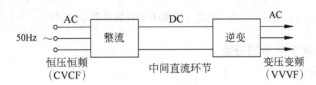

图 7-8 交-直-交变压变频装置

(1) 按照不同的控制方式分类

① 用可控整流器调压、用逆变器调频的交-直-交变压变频装置。

如图 7-9(a)所示的这种装置中,调压和调频在两个环节上分别进行,调压在可控整流时进行,调频在逆变时进行,两者要在控制电路上协调配合。这种装置结构简单,控制方便,但由于输入环节采用晶闸管可控整流器整流,当电压较低时,电网端功率因数较低。而输出环节多用由晶闸管组成的三相六拍逆变器,每周换相 6 次,输出的谐波较大。

② 用不可控整流器整流、斩波器调压,再用逆变器调频的交-直-交变压变频装置。

如图 7-9(b)所示的这种装置中,输入环节采用二极管不可控整流器,只整流不调压,再增设斩波器进行脉宽调压,调频在逆变时进行。这样虽然多了一个环节,但输入功率因数提高,克服了图 7-9(a)装置功率因数较低的缺点。但由于输出逆变环节未变,仍存在谐波较大的问题。

③ 用不可控整流器整流、PWM 逆变器同时调压调频的交-直-交变压变频装置。

如图 7-9(c)所示,在这类装置中,输入用不可控整流器,则输入功率因数高;用 PWM逆变,则输出谐波可减小。但 PWM 逆变器需要全控型电力电子器件,其输出谐波减小的程度取决于 PWM 开关的频率,而开关频率受器件开关时间的限制。采用 P-MOSFET或 IGBT 时,开关频率可达 10kHz 以上,输出波形已经非常接近正弦波,因而又称为正弦脉宽调制(sinusoidal PWM,SPWM)逆变器,是当前最有发展前途的一种装置形式。

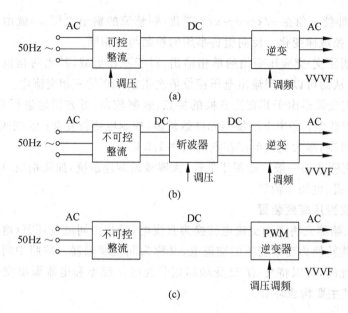

图 7-9　交-直-交变压变频装置的不同结构形式

（2）按中间直流环节不同分类

① 电压源型变频器。

在交-直-交变压变频装置中，当中间直流环节采用大电容滤波时，直流电压比较平直，在理想情况下是一个内阻为零的恒压源，输出交流电压是矩形波或阶梯波，这类变频装置叫做电压源型变频器。一般的交-交变压变频装置虽然没有滤波电容，但供电电源的低阻抗使它具有电压源的性质，这也属于电压源型变频器。

② 电流源型变频器。

当交-直-交变压变频装置的中间直流环节采用大电感滤波时，直流电流波形比较平直，因而电源内阻抗很大，对负载来说基本上是一个电流源，输出交流电流是矩形波或阶梯波，这类变频装置叫做电流源型变频器。有的交-交变压变频装置用电抗器将输出电流强制变成矩形波或阶梯波，具有电流源的性质，这也属于电流源型变频器。

（3）交-直-交电压源型变频器和电流源型变频器的性能比较

从主电路上来看，电压源型变频器和电流源型变频器的区别仅在于中间直流环节滤波器的形式不同，但是这样却造成两类变频器在性能上有相当大的差异，主要表现如下：

① 无功能量的缓冲。

对于变压变频调速系统来说，变频器的负载是异步电动机，属于感性负载，在中间直流环节与电动机之间，除了有功功率的传送外，还存在无功功率的交换。逆变器中的电力电子器件无法储能，无功能量只能靠直流环节中作为滤波器的储能元件来缓冲，使它不致影响到交流电网。因此也可以说，两类变频器的主要区别在于用什么储能元件（电容或电抗器）来缓冲无功能量。

② 回馈制动。

用电流源型变频器给异步电动机供电的变压变频调速系统，其显著特点是容易实现回馈制动,从而便于四象限运行,适用于需要制动和经常正、反转的机械。与此相反,采用电压源型变频器的调速系统要实现回馈制动和四象限运行却比较困难,因为其中间直流环节有大电容钳制着电压,使之不能迅速反向,因而电流也不能反向,所以在原装置上无法实现回馈制动。必须制动时,只好采用在直流环节中并联电阻的能耗制动,或者与可控整流器反并联设置另一组反向整流器,使之工作在有源逆变状态,通过反向的制动电流,维持电压极性不变,实现回馈制动。但相对来说,设备就复杂多了。

③ 调速时的动态响应。

由于交-直-交电流源型变压变频装置的直流电压可以迅速改变,所以由它供电的调速系统动态响应比较快,而电压源型变压变频调速系统的动态响应就慢得多。

④ 适用范围。

电压源型变频器属于恒压源,电压控制响应慢,所以适用于作为多台电动机同步运行时的供电电源,但不适用快速加减速的场合。电流源型变频器恰好相反,由于滤波电感的作用,系统对负载变化反应迟缓,不适用于多电动机传动,而更适用于一台变频器给一台电动机供电的单电动机传动,并且可以满足快速起制动和可逆运行的要求。

为了便于集中对比,现将两种变频器的性能加以比较,如表 7-1 所示。

表 7-1　电压源型与电流源型交-直-交变频器主要特点比较

比　　较	电 压 源 型	电 流 源 型
直流回路滤波环节	电容器	电抗器
输出电压波形	矩形波	决定于负载(对异步电动机负载近似微正弦波)
输出电流波形	决定于负载的功率因数,有较大的谐波分量	矩形波
输出阻抗	小	大
回馈制动	须在电源侧设置反并联逆变器	方便,主回路不需要附加设备
调速动态响应	较慢	快
适用范围	多电机传动,稳频稳压电源	单电机传动,可逆传动

7.2.2　脉冲宽度调制型(SPWM)变频器

SPWM 变压变频器的主要特点如下:

(1) 主电路只有一组可控的功率环节,简化了结构。

(2) 采用了不可控整流器,使电网功率因数接近1,且与输出电压大小无关。

(3) 逆变器同时实现调频与调压,系统的动态响应不受中间直流环节滤波器参数的影响。

(4) 可获得比常规六拍阶梯波更接近正弦波的输出电压波形,因而转矩脉动小,大大扩展了传动系统的调速范围,提高了系统的性能。

1. 正弦波脉宽调制(SPWM)原理

所谓的正弦脉宽调制(SPWM)波形,就是与正弦波等效的一系列等幅不等宽的矩形脉冲波形,如图 7-10 所示。等效的原则是每一区间的面积相等。如果把一个正弦半波分作 n 等份(图中 $n=12$),然后把每一等份的正弦曲线与横轴所包围的面积都用一个与此面积相等的矩形脉冲来代替,矩形脉冲的幅值不变,各脉冲的中点与正弦波每一等份的中点相重合,如图 7-10(b)所示。这样,由 n 个等幅不等宽的矩形脉冲所组成的波形就与正弦波的半周等效,称为 SPWM 波形。同样,正弦波的负半周也可用相同的方法与一系列负脉冲波等效。这种正弦波正、负半周分别用正、负脉冲等效的 SPWM 波形称作单极式 SPWM。

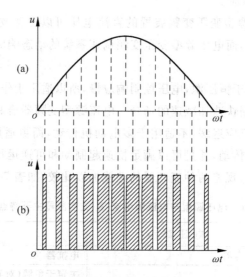

图 7-10 与正弦波等效的等幅不等宽的矩形脉冲波形
(a) 正弦波形;(b) 等效的 SPWM 波形

图 7-11 是 SPWM 变压变频器主电路的原理图,图中 $VT_1 \sim VT_6$ 是逆变器的 6 个全控式功率开关器件,它们各反并联了一个续流二极管。整个逆变器由三相不可控整流器供电,所提供的直流恒值电压为 U_s。为分析方便起见,认为异步电机定子绕组Y连接,其中点 O 与整流器输出端滤波电容的中点 O' 相连,因而当逆变器任意一相导通时,电机绕组上获得的相电压为 $U_s/2$。

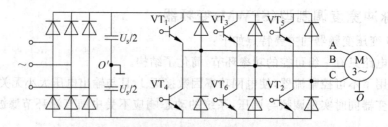

图 7-11 SPWM 变压变频器主电路原理图

图 7-12 给出了单极式 SPWM 波形,它是由逆变器上桥臂中一个功率开关器件反复导通和关断形成的,其等效正弦波为 $U_m \sin\omega_1 t$,而 SPWM 脉冲序列波的幅值为 $U_s/2$,各脉冲不等宽,但中心间距相同,都等于 π/n,n 为正弦波半个周期内脉冲数。

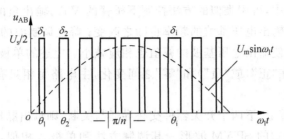

图 7-12 单极式 SPWM 电压波形

令第 i 个矩形脉冲的宽度为 δ_i，其中心点相位为 θ_i，根据面积相等的等效原则，可写成

$$\delta_i \frac{U_s}{2} = U_m \int_{\theta_i - \frac{\pi}{2n}}^{\theta_i + \frac{\pi}{2n}} \sin\omega_1 t \, \mathrm{d}(\omega_1 t) = 2U_m \sin\frac{\pi}{2n}\sin\theta_i$$

当 n 的数值较大时，$\sin(\pi/2n) \approx \pi/2n$，于是有

$$\delta_i \approx \frac{2\pi U_m}{nU_s}\sin\theta_i \tag{7-31}$$

式(7-31)表明，第 i 个脉冲的宽度与该处正弦波值近似成正比。因此，与半个周期正弦等效的 SPWM 波是两侧窄、中间宽，脉宽按正弦规律逐渐变化的序列脉冲波形。

根据上述原理，SPWM 脉冲波形的宽度可以严格地用计算方法求得，采用数字控制时，这是很容易实现的。但原始的脉宽调制方法是利用正弦波作为基准的调制波（Modulation Wave），受它调制的信号称为载波（Carrier Wave），在 SPWM 中常用等腰三角波当作载波。当调制波与载波相交时，如图 7-13(a)所示，由它们的交点确定逆变器开关器件的通断时刻。具体的做法是，当 A 相的调制波电压 u_{rA} 高于载波电压 u_t 时，使相应的开关器件 VT_1 导通，输出正的脉冲电压；当 u_{rA} 低于 u_t 时，使 VT_1 关断，输出电压为

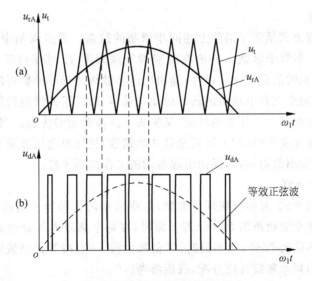

图 7-13 单极式脉宽调制波的形成
(a) 正弦调制波与三角载波；(b) 输出的 SPWM 波形

零。在 u_{rA} 的负半周中,可用类似的方法控制下桥臂的 VT_4,输出负的脉冲电压序列。改变调制波的频率时,输出电压基波的频率也随之改变;降低调制波的幅值时,各段脉冲的宽度都将变窄,从而使输出电压基波的幅值也相应减小。上述的单极式 SPWM 波形在半周内的脉冲电压只在"正"(或"负")和"零"之间变化,主电路每相只有一个开关器件反复通断。

如果让同一桥臂上、下两个开关器件交替导通与关断,则输出脉冲在"正"和"负"之间变化,就可得到双极式的 SPWM 波形。其调制方法和单极式相似,只是输出脉冲电压的极性不同。当 A 相调制波 $u_{rA} > u_t$ 时,VT_1 导通,VT_4 关断,使负载上得到的相电压 $u_{A0} = +U_s/2$。所以 A 相电压 $u_{A0} = f(t)$ 是以 $+U_s/2$ 和 $-U_s/2$ 为幅值作正、负跳变的脉冲波形。同理,按照上述规律可得到 B、C 相电压波形,再由相电压波形可得到线电压波形。具体波形这里不再画出。

2. SPWM 逆变频器调制方式

定义载波频率 f_t 与参考调制波频率 f_r 之比为载波比 N(Carrier Ratio),即

$$N = \frac{f_t}{f_r} \tag{7-32}$$

根据载波比的变化与否,有同步调制和异步调制之分。

(1) 同步调制

在同步调制方式中,载波比 N 为常数,变频时三角载波的频率与正弦调制波的频率同步改变,因而输出电压半波内的矩形脉冲数是固定不变的,如果取 N 等于 3 的倍数,则同步调制能保证输出波形的正、负半波始终保持对称,并能严格保证三相输出波形之间具有互差 120° 的对称关系。但是,当输出频率很低时,由于相邻两脉冲的间距增大,谐波会显著增加,使负载电动机产生较大的脉动转矩和较强的噪声,这是同步调制方式在低频时的主要缺点。

(2) 异步调制

采用异步调制方式是为了消除上述同步调制的缺点。异步调制中,在变频器的整个范围内,载波比 N 不等于常数。一般在改变调制波频率 f_r 时保持三角载波频率 f_t 不变,因而提高了低频时的载波比。这样,输出电压半波内矩形脉冲数可随输出频率的降低而增加,相应地可减少负载电动机的转矩脉动与噪声,改善了系统的低频工作性能。但异步调制方式在改善低频工作性能的同时,又失去了同步调制的优点。当载波比 N 随着输出频率的降低而连续变化时,它不可能总是 3 的倍数,使输出电压波形及其相位都发生变化,难以保持三相输出的对称性,因而引起电动机工作的不平稳。

(3) 分段同步调制

分段同步调制方式,又称分级同步调制,是将同步调制和异步调制结合起来,集二者优点于一身。把整个变频范围划分成若干频段,在每个频段内都维持载波比 N 恒定,而对不同的频段取不同的 N 值,频率低时,N 值取大些,一般按等比级数安排。表 7-2 给出了一个实际系统的频段和载波比分配,仅供参考。

由表 7-2 可知,在输出频率的不同频段内,用不同的 N 值进行同步调制,可使各频段开关频率的变化范围基本一致,以适应功率开关器件对开关频率的限制。

表 7-2　分段同步调制的频段和载波比

输出频率 f_1/Hz	载波比 N	开关频率 f_t/Hz	输出频率 f_1/Hz	载波比 N	开关频率 f_t/Hz
41~26	18	738~1116	11~17	66	726~1122
27~41	27	729~1107	7~11	102	714~1122
17~27	42	714~1134	4.6~7	159	731.4~1113

　　分段同步调制虽然比较麻烦,但在微电子技术迅速发展的今天,这种调制方式是很容易实现的。实用的 SPWM 变压变频器多采用此方法。

7.3　SPWM 变频调速系统

1. 系统组成

　　SPWM 变频调速系统的原理图如图 7-14 所示,这是一种转速开环的 PWM 变频调速系统。主回路是交-直-交电压型,整流器由二极管组成,逆变器由大功率晶体管组成,R 为外接能耗制动电阻,R_i 为过流保护敏感电阻,控制回路由信号给定(频率给定 f_1^*、给定积分器)、正弦参考信号幅值和频率控制电路(绝对值变换器、压控振荡器、函数发生器、极性鉴别器)、PWM 波发生器(三相正弦波发生器、锁相环、三角波载波发生器、比较器)、驱动、输出电路等组成。

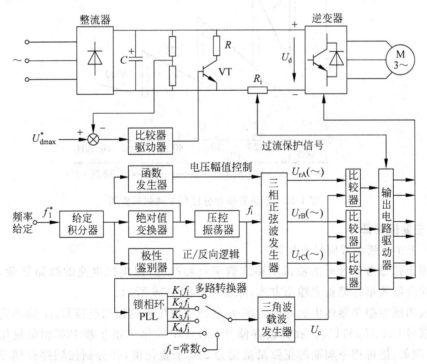

图 7-14　异步电动机 SPWM 变频调速系统原理图

2. 工作原理

施加的频率给定信号 f_1^*,首先通过给定积分器,限定输出频率的升降速率。当给定积分器输出为正弦时,通过极性鉴别器控制三相正弦信号的相序,再控制逆变器三相电压的输出相序,使电动机正转;反之,电动机反转。函数发生器用来实现低频电压补偿,以使在整个调频范围内 $U/f=$ 常数。给定积分器输出信号的大小可以控制电动机转速的高低。它经过绝对值变换器(作用同前)后一路经过压振荡器控制正弦参考信号的频率,另一路经过函数发生器控制参考正弦信号的幅值并保证正弦信号的幅频成比例地变化,然后去控制 PWM 波的脉宽和频率,进而控制逆变器输出调制波的脉宽和频率,使施加在异步电动机定子上的 U/f 成比例地变化,从而控制电动机转速的高低。

当快速停车($f_1^*=0$)或 f_1^* 急剧降低时,电动机将处于再生发电状态,向滤波电容 C 充电,直流电压 U_d 升高。当 U_d 升高到最大允许电压 U_{dmax}^* 时,晶体管 VT 导通,接入能耗制动电阻,电动机进行能耗制动。

控制电路中的锁相环 PLL 环节是为了保证载波与参考波的频率关系。如前在 SPWM 中所述,为了减少逆变器输出电压中谐波分量,在高频时一般采用分段同步调制,在低频时采用载波频率恒定的异步调制,如图 7-15 所示。

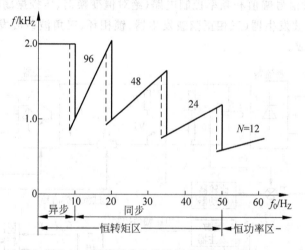

图 7-15 系统异步和分段同步调制示意图

3. 主要控制部件

(1) 三相正弦参考信号发生器

三相正弦参考信号可由模拟电路或数字电路产生,但模拟电路的线路复杂,调整困难。下面介绍数据存储查表输出方式,原理图如图 7-16 所示。

输入为压控振荡器输出脉冲的频率 f_1 和函数发生器的输出电压 U_{ref};输出为三相模拟参考信号 U_{rA}、U_{rB} 和 U_{rC}。在只读存储器 ROM 中固化三相互差 120°相角量化后的正弦数据,例如,把每相一周期的正弦量量化为 256 个量化值,并分别按顺序存储 256 个单元。而三相正弦量化值的起始地址不同,并且存储的起始正弦量化值应相差 120°,例如,在 100H~1FFH 地址区,从 sin0°值开始顺序存储 A 相正弦量化值;在 200H~2FFH 地址区,从 sin(-120°)值开始顺序存储 B 相正弦量化值;在 300H~3FFH 地址区,从

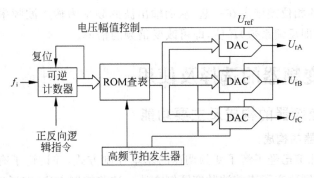

图 7-16　三相正弦参考信号发生器原理图

sin(+120°)值开始顺序存储 C 相正弦量化值。当有输入信号 f_i 时,可逆计数器开始计数,计数结果作为 ROM 查表的地址码;3 个地址区的选通由高频节拍发生器控制,分别把三相正弦量输出给各自的数模转换器 DAC,经过 DAC 变换,得到三相模拟正弦参考信号 U_{rA}、U_{rB} 和 U_{rC}。正弦参考信号的频率 $f_1 = f_i/256$。f_i 是压控振荡器输出脉冲的频率,它和频率给定值 f_1^* 成正比,因此,三相正弦参考信号的频率 f_1 可由频率给定信号 f_1^* 来控制。正弦参考信号的幅值,由函数发生器的输出施加到 DAC 上的参考电压 U_{ref} 控制,而函数发生器的输出受频率给定值 f_1^* 的控制。综上所述,改变频率给定值 f_1^*,可以按一定规律改变三相正弦参考信号的幅值和频率,从而改变逆变器输出电压的大小和频率,改变异步电动机的转速。

可逆计数器接受正向/反向逻辑命令后,改变三相正弦参考信号波的相序,实现电动机的正反转。

(2) 锁相环倍频

系统中锁相环的功能是作倍频器用,以实现如图 7-15 所示的分段同步调制。

设载波三角波采用数据存储输出方式,每周内三角波量化为 64 个量化值。为满足图 7-15 中分段同步调制的载波比 $N = f_t/f_r = 96、48、24$ 和 12 的要求,需要将载波三角波的输入进行 F 倍频,即

$$F = N\frac{64}{256} = 24、12、6 \text{ 和 } 3$$

锁相环倍频器的原理图如图 7-17 所示。输入信号为基准频率 f_1 的脉冲序列,反馈信号为频率 f_1' 的脉冲序列。如果输入波在频率(或相位)上趋于减退,则经过分频器后的反馈波与输入波在相位比较器中进行相位比较后,产生的与相位差值成正比的模拟误差信号将会通过放大器放大后去驱动压控振荡器,使其输出波频率升高。这样将使输入波

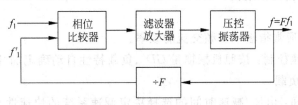

图 7-17　锁相环倍频原理图

和反馈波以微小的相位差锁定在一起,从而输出波的频率为输入波频率的 F 倍。改变分频器的分频倍率(即反馈系数)F 值,即可改变倍频的倍率。

7.4　通用变频器的选择及使用

7.4.1　通用变频器的构成及主要功能

1. 通用变频器的构成

在本章的前几节已经了解了变频调速的基本控制方式,并讨论了有关异步电动机的各种控制系统,特别研究了正弦波脉宽调制方法。这些控制方法,在通用变频器中几乎都被采用。目前生产的通用变频器采用最多的控制方法是正弦波脉宽调制方式。

通用变频器的构成如图 7-18 所示。它由整流器、中间直流环节、逆变器和控制电路组成。

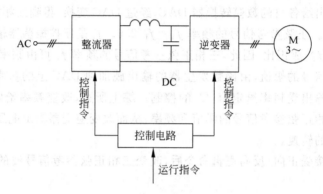

图 7-18　通用变频器的构成

(1) 整流器:整流器负责把工频交流变换成直流。

(2) 中间直流环节:由于逆变器的负载为异步电动机,属于感性负载,所以无论电动机处于电动还是发电制动阶段,其功率因数总不会为 1。因此,在中间直流环节和电动机之间总会有无功功率的交换。这种无功功率要靠中间直流环节的储能元件(电容器或电抗器)来缓冲。

(3) 逆变器:逆变器负责把直流变换成频率、电压均可控制的交流。

(4) 控制电路:根据控制方式对整流器和逆变器的开关功率器件进行控制,并完成各种保护功能。

2. 通用变频器的主要功能

(1) 基本功能

① 基本频率:通常指输入工频交流的频率。

② 自动加/减速控制:按照机械惯量 GD^2、负载特性自动确定加/减速时间。这一功能通常用于大惯性负载。

③ 加/减速时间:由加/减速时间的选择决定调速系统的快速性。如果选择较短的加/减速时间,会提高生产效率。但是,若加速时间选择得太短,会引起过电流;若减速时

间选择得太短,则会使频率下降得太快,电动机容易进入制动状态(电动机转速大于定子频率对应的同步转速,转差率变负),可能会引起过电压。

④ 加/减速方式:可选择线性加/减速方式和 S 形加/减速方式,如图 7-19 所示。

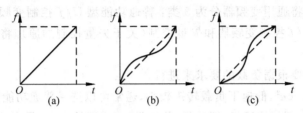

图 7-19　加/减速方式

(2) 特殊功能

① 低频定子电压补偿:通常称为电动机的转矩提升。

② 跳频:用变频器为交流电动机供电时,系统可能发生振荡。发生振荡的原因:一是电气频率与机械频率发生共振;二是由纯电气引起。通常发生振荡是在某些频率范围内,为了避免发生振荡,可设置跳频。

③ 瞬时停电再启动:由于电动机有很大的惯性,在停电的数秒钟时间内,电动机的转速可能还在期望值的范围内。这样,变频器可以在恢复供电后继续给电动机按正常运行供电,而不需要将电动机停止后再重新启动。

7.4.2　通用变频器及外部设备选择

1. 通用变频器的标准规格

通用变频器的选择,包括变频器形式选择和容量选择两个方面。

(1) 变频器容量

大多数变频器的容量均以所适用的电动机功率、变频器输出功率和变频器输出电流来表征。其中最重要的是额定电流,其值是指变频器连续运行时所允许的输出电流值。额定容量是指额定输出电流与额定输出电压下的三相表观功率。日本生产的通用变频器,其额定电压往往是 200V、220V 或 400V、440V 共用,变频器的输入电源电压允许在一定范围内变动,所以使用额定容量(kVA)常会产生混乱。因此,输出容量一般可以用作衡量变频器容量的一种辅助手段。而德国西门子公司生产的变频器,则对电源电压规定得较为严格,其额定容量能够比较准确地衡量变频器容量。至于变频器所适用电动机的功率(kW),是以标准的 4 极电动机为对象,在变频器的额定电流限度内可以拖动的电动机的功率。如果是 6 极以上的异步电动机,在同样的功率下,由于效率(主要是功率因数)的降低,其额定电流较 4 极异步电动机大,所以变频器的容量应该相应扩大,以免使变频器的电流超过其允许值。

(2) 瞬时过载能力

考虑到成本,基于主电路半导体器件的过载能力,通用变频器的电流瞬时过载能力常设计成 150% 额定电流(1min),或 120% 额定电流(1min)。与标准异步电动机(过载能力通常 200% 额定电流左右)相比较,变频器的过载能力稍小。因此,在变频器传动的情况下,异步电动机的过载能力常得不到充分发挥。另外,考虑到普通电动机散热能力的变化,在不同转速下电动机的转矩过载能力还要有所变化。

2. 通用变频器的类型选择

根据控制功能将通用变频器分为3类:普通功能型 U/f 控制变频器、具有转矩控制功能的高性能型 U/f 控制变频器和矢量控制(关于矢量控制的原理将在第8章中介绍)高性能型变频器。

变频器的选择要根据负载的要求来进行。

风机、泵类,$T_L \propto n^2$,低速下负载转矩较小,通常可以选择普通功能型。

恒转矩类负载,例如挤压机、搅拌机、传送带、厂内运输电车、吊车的平移机构、吊车的提升机构和提升机等,可以分两种情况选择。采用普通功能型的例子不少,为了实现恒转矩调速,常采用加大电动机和变频器容量的方法,以提高低速转矩;如果采用具有转矩控制功能的高性能型变频器实现恒转矩调速,则是比较理想的。因为这种变频器低速转矩大,静态机械特性硬度大,不怕冲击负载,具有挖土机特性。从目前看,这种变频器具有较好的性价比。

在恒转矩负载情况下,如果采用普通标准型电动机,则应考虑低速下的强迫通风冷却。新设备投产,可以采用专门为变频调速设计的、加强了绝缘等级,并考虑了低速下强迫通风冷却的电动机。

轧钢、造纸、塑料薄膜加工线这一类对动态性能要求较高的生产机械,原来多采用直流传动方式。目前,矢量控制型变频器已经通用化,加之鼠笼型异步电动机具有坚固耐用、不用维护、价格便宜等优点,对于要求精度、快响应的生产机械,采用矢量控制高性能型通用变频器是一种很好的方案。

3. 通用变频器的计算

选择变频器容量的基本原则:最大负载电流不能超过变频器的额定电流。一般情况下,按照变频器使用说明书所规定的配用电动机容量进行选择。

选择时应注意:变频器的过载能力允许电流瞬时过载为 150% 额定电流(1min)或 120% 额定电流(1min),按照这个条件设定电动机的启动和制动过程才有意义,而对于在电动机短时过载的场合,变频器的容量都应加大一挡。

4. 变频器外部设备的选择

异步电动机利用通用变频器进行调速传动时,应合理地选择变频器的容量和外围设备。变频器外围设备如图7-20所示。图中,①为电源变压器 T;②为电源侧断路器 QF;③为电磁接触器 1KM;④为高频滤波器 FIL;⑤为交流电抗器 1ACL 和 2ACL;⑥为制动电阻 R;⑦为电动机侧电磁接触器 2KM;⑧为工频电网切换用接触器 3KM。

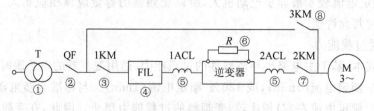

图 7-20 变频器外围设备

选用外部设备常常是为了达到下述目的：①提高变频器的某种性能；②变频器和电动机的保护；③减小变频器对其他设备的影响。

(1) 电源变压器 T

① 选用目的：如果电网电压不是变频器所需要的电压等级，使用电源变压器将高压电源变换到通用变频器所需要的电压等级。

② 电源变压器容量的确定：

$$变压器容量（kVA） > \frac{变频器的输出功率}{变频器输入功率因数 \times 变频器的效率} \qquad (7\text{-}33)$$

其中，变频器输入功率因数为：在有输入交流电抗器 1ACL 时，取 $0.8 \sim 0.85$；没有输入交流电抗器 1ACL 时，取 $0.6 \sim 0.8$。变频器的效率一般取 $0.9 \sim 0.95$。

(2) 电源侧断路器 QF

① 选用目的：用于变频器、电动机与电源的通断。在出现过流或短路事故时能自动切断变频器与电源的联系，以防事故扩大。

② 选择方法：如果没有工频电网切换电路（接触器 3KM），考虑在变频调速系统中，电动机的启动电流可以控制在较小范围内，因此电源侧断路器 QF 的额定电流可按变频器的额定电流来选用。如果有工频电网切换电路，当变频器停止工作时，电源直接通过工频电网切换电路直接给电动机供电，所以电源侧断路器 QF 应按电动机的启动电流进行选择，最好选用无熔断丝断路器。

(3) 电磁接触器 1KM

① 选用目的：电源一旦断电后，能够自动将变频器与电源脱开，以免在电网重新供电时变频器自行工作，以保护设备和人身安全；在变频器内部保护功能起作用时，通过电磁接触器 1KM 将变频器与电源脱开。当然变频器即使无电磁接触器 1KM 也可使用。

使用时应注意如下事项：不要用电磁接触器 1KM 频繁地启动和停止（变频器输入电路的开闭寿命大约为 10 万次）；不能用电磁接触器 1KM 停止变频器。

② 选择方法：接触器选用方法与低压断路器相同。但接触器一般不会有同时控制多台变频器的情形。

(4) 高频滤波器 FIL

用于限制变频器因高次谐波对外界的干扰，可酌情选用。

(5) 交流电抗器 1ACL 和 2ACL

1ACL 用于抑制变频器输入侧的谐波电流，改善功率因数。选用与否要视电源变压器与变频器容量的匹配情况及电网电压允许的畸变程度而定。一般情况下应选用。2ACL 用于改善变频器输出电流的波形，减小电动机的噪声。

(6) 制动电阻 R

制动电阻用于吸收电动机再生制动的再生电能。它可以缩短大惯性负载的自由停车时间，还可以在位能负载下放时，实现再生运行。

各种变频器的说明书上都提供了该公司的外接制动电阻的规格和型号，可以按规定选用。当无法知道外接制动电阻的规格和型号时，可按照下述原则进行选配：

$$R \geqslant 2U_s / I_N \qquad (7\text{-}34)$$

$$P \geqslant (0.3 \sim 0.5)\frac{U_s^2}{R} \tag{7-35}$$

式中：U_s 为整流器的输出电压；I_N 为变频器额定电流。选择系数 $0.3 \sim 0.5$，电动机容量较小时取小值，反之取大值。

(7) 电磁接触器 2KM 和 3KM

用于变频器和工频电网之间的切换运行。在这种方式下 2KM 是必不可少的，它和 3KM 之间的连锁可以防止变频器的输出端接到工频电网上。一旦发生错误使变频器的输出端连接到工频电网，将损坏变频器。如果不需要变频器和工频电网之间切换的功能，可以不要 2KM 和 3KM。注意，有些变频器要求 2KM 只能在电动机和变频器停机状态下进行开闭。

对于外部设备的选择，涉及的问题较多。如果需要，应具体地针对变频器，根据说明书尽量选用厂家推荐的外部设备。

7.4.3   通用变频器的安装、接线、调试和使用方法

1. 通用变频器的安装

(1) 变频器对安装环境的要求

变频器内部的关键部件是功率开关器件和控制板，它们对安装环境的要求如下。

① 环境温度：一般要求为 $-10 \sim +40 \, ℃$。如果散热条件好，则上限温度可提高到 $+50 \, ℃$。

② 环境湿度：相对湿度不超过 90%（无结露现象）。

③ 变频器的安装位置：变频器安装时，上下左右都要留出一定的空间。如果几台变频器并排安装，则变频器之间必须留有足够的空间。变频器安装处应避免阳光直射，无腐蚀性气体和易燃气体，灰尘要少。

(2) 变频器的发热与散热

① 变频器的发热：变频器的发热是由内部的损耗引起的。通常情况下，逆变器的损耗约占 50%，整流及直流电路约占 40%，控制及保护电路约占 10%。变频器的损耗一般为输入功率的 10% 左右。

② 变频器的散热：由于变频器内部的损耗引起发热，因此在变频器安装时，必须保证散热途径畅通。通常采用的方法是通过风扇将热量带走。

2. 变频器的接线

(1) 主电路的接线

① 主电路的基本接线如图 7-21 所示。其中 Q 是空气开关，KM 是接触器触头，R、S、T 是变频器的输入端，U、V、W 是变频器的输出端，U、V、W 与电动机相连。

② 变频器的输入端和输出端绝对不允许接错。如果将输入电源接到了 U、V、W 端，则不管逆变器哪只管导通，都将引起两相短路。

③ 在不允许停机的情况下，需设置逆变器与市电切换电路。当逆变器发生故障时，可将电动机迅速切换到市电运行。

(2) 控制电路的接线

模拟量控制线：主要包括输入侧的给定信号线、输出侧的频率信号线和电流信号线。

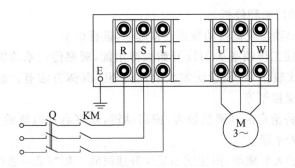

图 7-21　变频器主电路的接线

模拟量信号线的抗干扰较低,因此必须使用屏蔽线。屏蔽层靠近变频器的一端接电路的公共端(COM),而不要接到变频器的地端(E)或大地。屏蔽层的另一端应该悬空。

开关量控制线:如启动、点动、多挡转速控制等的控制线,都是开关量控制线。开关量的抗干扰能力较强,可以不使用屏蔽线,但需使用双绞线。

(3) 变频器的接地

通用变频器都有一个接地端子"E",此端子应与大地相接。当变频器与其他设备,或有多台变频器一起接地时,每台设备都必须分别和地线相接。不允许将一台设备的接地端与另一台设备的接地端相接后再接地。

3. 通用变频器的调试

对变频调速系统的调试,并没有严格规定的步骤,只是大体上应遵循"先空载、继轻载、后重载"的一般规律。

(1) 变频器的通电和预置

一台新的变频器在通电时,输出端可先不接电动机,而是首先熟悉它,在熟悉的基础上进行各种功能的预置。

按说明书要求进行"启动"和"停止"等基本操作,观察变频器的工作是否正常,同时熟悉键盘的操作。按说明书进行功能预置,预置完毕,先就几个较易观察的项目,如升速和降速时间、点动频率、多挡变速时的各挡频率等,检查变频器的执行情况是否与预置的内容相符合。

将外接输入控制线接好,逐项检查各外接控制功能的执行情况。

检查三相输出电压是否平衡。

(2) 电动机空载试验

变频器输出端接上电动机,电动机尽可能与负载脱开,进行通电试验。其目的是观察变频器配上电动机后的工作情况,顺便校准电动机的旋转方向。试验步骤如下。

① 将频率设置为 0 位,合上电源后,微微提升工作频率,观察电动机的起转情况以及旋转方向是否正确。

② 将频率上升到额定频率,让电动机运行一段时间。如一切正常,再选若干个常用的工作频率,也使电动机运行一段时间。

③ 将给定频率信号突降至 0(或按停止按钮),观察电动机的停车情况。

（3）传动系统的启动和停机

将电动机的输出轴与机械传动装置连接起来，进行试验。

① 起转试验：使工作频率从0Hz开始微微增加，观察传动系统能否起转、在多大频率下起转。如起转比较困难，应设法加大启动转矩。具体方法有：加大启动频率、加大U/f比以及采用矢量控制等。

② 启动试验：将给定信号调至最大，按启动键，观察启动电流的变化及整个传动系统在升速过程中是否平稳。

如因启动电流过大而跳闸，则应适当延长升速时间。如在某一速度段启动电流偏大，则应设法通过改变启动方式（S形、半S形等）来解决。

③ 停机试验：将运行频率调至最高工作频率，按停止键，观察传动系统在停机过程中是否出现因过电压或过电流而跳闸，有则应适当延长降速时间。当输出频率为0Hz时，观察传动系统是否有爬行现象，有则应适当加强直流制动。

（4）传动系统的负载试验

负载试验的主要内容有：

如果最高频率大于额定频率，即$f_{max} > f_N$，则应进行最高频率时的带负载能力试验，也就是在正常负载下能不能带得动。

在负载的最低工作频率下，应考察电动机的发热情况，使传动系统工作在负载所要求的最低转速下，施加该转速下的最大负载，按负载所要求的连续运行时间进行低速连续运行，观察电动机的发热情况。

过载试验，按负载可能出现的过载情况及持续时间进行试验，观察传动系统能否继续工作。

4. 通用变频器的使用方法

通用变频器的可靠性很高，但是如果使用、维护不当，仍可能发生故障或运行状况不佳。因此了解通用变频器的使用和维护方法是十分重要的。

（1）通用变频器的维护

检查变频器时的注意事项：操作者必须熟悉变频器的基本原理、功能特点、指标等。维护前必须切断电源。注意要确认主电路滤波电容器放电结束后再进行作业。测量仪表应正确使用。

日常检查项目：变频器安装地点的环境是否正常；冷却系统是否正常；变频器、电动机、变压器、电抗器等是否过热、变色或有异味；变频器和电动机是否有异常振动、异常声音；主电路电压和控制电路电压是否正常；主电路滤波电容器是否有异味，不凸肩（安定阀）是否胀出；各种显示是否正常。

定期检查项目：清扫空气过滤器，同时检查冷却系统是否正常；检查螺钉、螺栓等紧固件是否松动，进行必要的紧固；导体、绝缘物是否有腐蚀、过热的痕迹，是否变色或破损；检查绝缘电阻是否在正常范围内；检查及更换冷却风扇、滤波电容器、接触器等；检查端子排是否有损伤，触点是否粗糙；确认控制电压的正确性，进行顺序保护动作试验，确认保护、显示电路无异常；确认变频器在单体运行时输出电压的平衡度。

一般的定期检查应一年进行一次，绝缘电阻检查可三年进行一次。

零部件更换：变频器某些零部件经过长期使用后性能降低，这是发生故障的主要原因。为了长期安全生产，某些零部件如冷却风扇、滤波电容器、接触器等必须及时更换。

（2）通用变频器的故障原因

① 过电流跳闸的原因分析

重新启动时，一升速就跳闸，这是过电流的表现。主要原因有：负载侧短路、工作机械卡住、逆变管损坏、电动机启动转矩过小。

重新启动时并不跳闸，而是在运行过程（包括升速和降速运行）中跳闸。主要原因有：升/降速时间设定太短、U/f 比设定较大引起低频时空载电流过大。

热继电器整定不当，动作电流设定得太小，引起误动作。

② 过电压跳闸的原因分析

过电压跳闸，主要原因有：电源电压过高、降速时间设定太短、降速过程中再生制动的放电单元工作不理想（应增加外接制动电阻）。

欠电压跳闸，主要原因有：电源电压过低、电源缺相、整流桥故障等。

③ 电动机不转的原因分析

功能预置不当，如上限频率与最高频率或基本频率与最高频率设定矛盾，最高频率的预置值必须大于上限频率和基本频率预置值；使用外接给定时，未对"键盘给定/外接给定"的选择进行预置；其他的不合理预置。

在使用外接给定方式时，无"启动"信号。在使用外接给定信号时，必须由启动按钮或其他触点来控制其启动。如不需要由启动按钮或其他触点来控制，应将 RUN 端（或 FWD 端）与 COM 端之间短接起来。

其他原因有：机械有卡住现象、电动机启动转矩不够、变频器故障等。

7.5　小结

异步电动机的变频调速属于转差功率不变型调速，是各种调速方案中效率最高和性能最好的一种调速方法，更是交流调速的主要发展方向。

1. 变频调速的基本控制方式应考虑基频以下和基频以上两种情况。在基频以下，磁通恒定时转矩也恒定，属于恒转矩调速性质；而在基频以上，转速升高时转矩降低，基本上属于恒功率调速。

2. 变频器分为交-交变频器、交-直-交变频器及脉冲宽度控制型变频器；按照中间滤波环节的不同，交-直-交变频器又可分为电压源型和电流源型两种。要求理解各种变频器的原理及使用场合。

3. 正弦波脉宽调制（SPWM）变频器以其特别的优势已经占据了现代变频器产品中的主导市场。熟悉同步调制、异步调制及分段同步调制的原理，是正确理解、设计 SPWM 变频调速系统的基础。

4. 学习的目的在于应用。根据各种变频调速原理，国内外各厂家研制出了各种变频器，这对控制工程界无疑是件好事。本章介绍了一些关于通用变频器的选择及使用常识。从某种意义上说，学会选择和使用变频器，对自动化系统工作者来说，显得更为重要和实用。

7.6   习题

1. 异步电动机变频调速时为什么同时要调压?

2. 异步电动机变频调速时,采用 $U_1/f_1=$ 常数控制方式,在低频时会出现何现象,通常采用何方法克服?

3. 交-直-交电压源型变频器和电流源型变频器在性能上有什么不同?

4. 异步电动机变压变频调速系统的基本控制方式在基频以下调速采用何方式,基频以上调速采用何方式?

5. 对于异步电动机要保持 φ_m 不变,当频率 f_1 从额定值 f_{1N} 向下调节时,必须保持 $E_g/f_1=$ const。这句话对否?

6. 什么是 SPWM 调制的同步调制、异步调制、分段同步调制? 试比较各自的优、缺点。

7. 简述通用变频器的构成及主要功能。

8. 在实际应用中如何选择通用变频器的容量和类型?

9. 通用变频器在安装时应注意哪些问题?

10. 通用变频器的主电路如何接线? 在控制电路接线时应注意哪些问题?

11. 通用变频器的调试一般应如何进行?

12. 使用通用变频器应如何维护?

第 8 章

异步电动机矢量变换控制系统

前面介绍的几种变压变频调速系统,解决了异步电动机平滑调速的问题,能够满足许多工业应用中的要求。然而,当生产机械对调速系统的静、动态性能要求进一步提高时,这些系统的调速指标仍不如直流调速系统。为了能提高交流变压变频调速系统的性能,改进设计方法,只有从本质上弄清楚交流电动机的动态数学模型,研究形成完全与直流电动机调速性能相一致的交流电动机调速系统才行。这就是目前得到普遍应用的矢量变换控制变压变频调速系统。

本章首先介绍矢量变换控制的工作原理,阐明矢量变换运算功能的规律及实现,然后建立异步电动机的数学模型,导出矢量变换的控制方程式,最后作为示例,介绍一个矢量变换控制的调速系统,引出磁链观测器问题。

8.1 异步电动机矢量变换控制的工作原理

8.1.1 矢量变换控制的基本概念

矢量变换控制(Transvector Control)是 1971 年德国西门子公司的 F. Blaschke 等人首先提出来的。它的基本想法是要把交流电动机模拟成直流电动机,使其能够像直流电动机一样容易控制。显然,它正是交流电动机调速系统所追求的目标。因此,矢量变换控制一提出来就受到普遍的关注和重视。

为了阐明矢量变换控制的基本概念,先分析交、直流电动机电磁转矩的异同点。

直流他励电动机转矩与电枢电流 I_a 的关系是

$$T_e = C_m \Phi I_a \tag{8-1}$$

当磁场保持恒定时,转矩与电枢电流 I_a 成正比,控制电枢电流 I_a,就可以控制转矩。这样,很容易获得良好的动态性能。例如,采用转速、电流双闭环调速系统能获得四象限运行的恒加、减速特性。

对于交流异步电动机来说,情况要复杂得多。三相异步电动机转矩与转子电流 I_2' 的关系是

$$T_e = C_m \Phi_m I_2' \cos\varphi_2 \tag{8-2}$$

它是气隙磁场 Φ_m 和转子电流有功分量 $I_2' \cos\varphi_2$ 相互作用而产生的。即使气隙磁场保持

恒定,电动机转矩不但与转子电流的大小有关,而且还取决于转子电流的功率因数角 φ_2。它随转子电流的频率变化而变化,即随电动机的转差率变化。况且异步电动机的气隙磁场是由定子电流 I_1 和转子电流 I_2' 共同产生的,随着负载的变化,磁通 Φ_m 也要变化。因而在动态过程中要准确地控制异步电动机的电磁转矩就显得比较困难。

为了解决这个问题,方法之一是在普通的三相交流电动机上设法模拟直流电动机控制转矩的规律,即采取矢量变换控制。矢量变换控制的基本思路是将三相交流电动机绕组产生的旋转磁场变换为和直流电动机类似的两绕组产生的旋转磁场,然后控制这两个绕组中的电流,从而得到像直流电动机一样的转矩控制特性。即它是按照产生同样的旋转磁场这一等效原则建立起来的。

下面是建立这种等效变换的讨论分析。

由电机学理论可知,三相位置固定的对称绕组 A、B、C,通以三相正弦平衡交流电流 i_a、i_b、i_c 时,既产生转速为 ω_1 的旋转磁场 Φ,如图 8-1(a)所示。

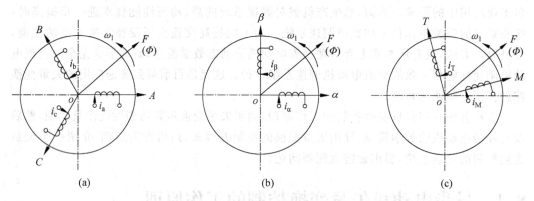

图 8-1　等效的交流电动机绕组与直流电动机绕组物理模型
(a) 三相交流绕组;(b) 两相交流绕组;(c) 旋转交流绕组

产生旋转磁场不一定非要三相不可,除单相以外,二相、三相、四相等任意多相对称绕组,通以多相平衡电流,都能产生旋转磁场。图 8-1(b)所示是两相固定绕组 α、β(位置上相差90°),通以两相平衡电流 i_a、i_β(相位互差90°)时所产生的旋转磁场 Φ。当旋转磁场的大小和转速都相同时,如图 8-1(a)所示的三相绕组 A、B、C 和图 8-1(b)所示的两相固定绕组 α、β 是等效的。

图 8-1(c)中有两个匝数相等、空间上相互垂直的绕组 M 和 T,分别通以直流电流 i_M 和 i_T,产生位置固定的磁通 Φ。如果使两个绕组同时以同步转速 ω_1 旋转,磁通 Φ 自然跟着旋转,也可以和图 8-1(a)、(b)中的绕组等效。当观察者站到电动机转子铁心上和绕组一起旋转时,观察者看到的是,M 和 T 是两个通以直流电流的互相垂直的固定绕组。既然图 8-1(a)、(b)、(c)中的绕组等效,当观察者站到一个以同步转速 ω_1 旋转的坐标系上时,看到的则是图(a)的三相绕组及图(b)的两相绕组,等效为图(c)的通以直流电流的相互垂直的固定绕组。

这样,以产生同样的旋转磁场为准则,可以将异步电动机三相绕组经过三相到两相的变换,再经过旋转坐标系变换而得到模拟的直流两相绕组。控制模拟的直流两相绕组中

的电流 i_{M} 和 i_{T}，也就可以得到和直流电动机类似的控制特性了。要保持 i_{M} 和 i_{T} 为某一定值，i_{a}、i_{b}、i_{c} 必须按一定的规律变化。

8.1.2　矢量变换控制系统的构想

　　既然异步电动机经过坐标系变换以后可以等效成直流电动机，那么模仿直流电动机的控制方法，求得直流电动机的控制量，经过相应的坐标系反变换，就能够控制异步电动机了。由于进行的坐标变换是电流(代表磁动势)的空间矢量，因此这样通过坐标系变换实现的控制系统就称作矢量变换控制系统(Transvector Control System)。所设想的控制系统结构如图 8-2 所示。

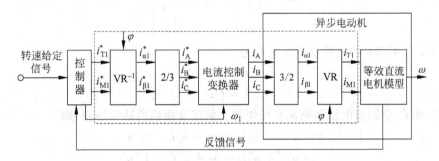

图 8-2　矢量变换控制系统的构想

　　图中转速给定信号和从异步电动机来的反馈信号经过类似于直流调速系统所用的控制器，产生励磁电流的给定信号 i_{M1}^{*} 和电枢电流的给定信号 i_{T1}^{*}，经过反旋转变换 VR^{-1} 得到等效两相交流绕组电流 $i_{\alpha1}^{*}$ 和 $i_{\beta1}^{*}$，再经过两相/三相变换得到三相交流电流给定信号 i_{A}^{*}、i_{B}^{*}、i_{C}^{*}。把这 3 个电流控制信号和由控制器输出的频率控制信号 ω_{1} 加到带电流控制的变频器中，就可以输出异步电动机调速所需的三相变频电流。在异步电动机的粗实线框内，根据前面模拟直流电动机的思路描绘出了异步电动机的坐标系变换结构图。

　　在设计矢量变换控制系统时，可以认为，在控制器后面引入的反旋转变换器 VR^{-1} 与异步电动机内部的旋转变换器 VR 相抵消，2/3 变换器与电动机内部 3/2 变换器相抵消，如果再忽略变频器中可能产生的滞后，则图 8-2 中虚线框内的部分就可以完全删除，剩下的部分和直流电动机调速系统相似。于是，需要研究的问题就是这个用以模拟异步电动机的等效直流电动机电路的数学模型了。

8.2　矢量变换运算规律及实现

　　由矢量变换控制的工作原理可知，它是以产生同样的旋转磁场为准则，用矢量变换为工具，将定子电流矢量分解为两个相互垂直的分量：一个相当于直流电动机的磁场电流，称为励磁电流分量；另一个相当于电枢电流，称为转矩电流分量。对这两个相互独立的电流分量进行控制，就构成了把异步电动机模拟成直流电动机的矢量变换控制。

8.2.1　在功率不变条件下的坐标系变换矩阵

　　设在某坐标系下电路或系统的电压和电流向量分别为 u 和 i，在新的坐标系下，电压

和电流向量分别为 $\boldsymbol{u}'$ 和 $\boldsymbol{i}'$,且

$$\boldsymbol{u} = \begin{bmatrix} u_1 \\ u_2 \\ \vdots \\ u_n \end{bmatrix}; \quad \boldsymbol{i} = \begin{bmatrix} i_1 \\ i_2 \\ \vdots \\ i_n \end{bmatrix}$$

而

$$\boldsymbol{u}' = \begin{bmatrix} u'_1 \\ u'_2 \\ \vdots \\ u'_n \end{bmatrix}; \quad \boldsymbol{i}' = \begin{bmatrix} i'_1 \\ i'_2 \\ \vdots \\ i'_n \end{bmatrix}$$

定义 $\boldsymbol{u}$ 和 $\boldsymbol{i}$ 与 $\boldsymbol{u}'$ 和 $\boldsymbol{i}'$ 的坐标系变换关系为

$$\boldsymbol{u} = \boldsymbol{C}_u \boldsymbol{u}' \tag{8-3}$$

$$\boldsymbol{i} = \boldsymbol{C}_i \boldsymbol{i}' \tag{8-4}$$

式中: $\boldsymbol{C}_u$ 和 $\boldsymbol{C}_i$ 分别为电压和电流变换矩阵。假定变换前后功率不变,则

$$p = u_1 i_1 + u_2 i_2 + \cdots + u_n i_n = \boldsymbol{i}^{\mathrm{T}} \boldsymbol{u}$$
$$= u'_1 i'_1 + u'_2 i'_2 + \cdots + u'_n i'_n = \boldsymbol{i}'^{\mathrm{T}} \boldsymbol{u}' \tag{8-5}$$

将式(8-3)、式(8-4)代入式(8-5),得

$$\boldsymbol{i}^{\mathrm{T}} \boldsymbol{u} = (\boldsymbol{C}_i \boldsymbol{i}')^{\mathrm{T}} \boldsymbol{C}_u \boldsymbol{u}' = \boldsymbol{i}'^{\mathrm{T}} \boldsymbol{C}_i^{\mathrm{T}} \boldsymbol{C}_u \boldsymbol{u}' = \boldsymbol{i}'^{\mathrm{T}} \boldsymbol{u}'$$

因此

$$\boldsymbol{C}_i^{\mathrm{T}} \boldsymbol{C}_u = \boldsymbol{E} \tag{8-6}$$

式中: $\boldsymbol{E}$ 为 n 维单位矩阵。式(8-6)为功率不变条件下坐标系变换关系的矩阵。

在一般情况下,为了使变换简单,把电压和电流变换矩阵取为同一矩阵,即令

$$\boldsymbol{C}_u = \boldsymbol{C}_i = \boldsymbol{C} \tag{8-7}$$

则式(8-6)变成

$$\boldsymbol{C}^{\mathrm{T}} \boldsymbol{C} = \boldsymbol{E}$$

或

$$\boldsymbol{C}^{\mathrm{T}} = \boldsymbol{C}^{-1} \tag{8-8}$$

即在变换前后功率不变的条件下,如果把电压和电流变换矩阵取为同一矩阵,则变换矩阵的逆矩阵与其转置阵相等,这样的坐标系变换属于正交变换。

8.2.2　三相/二相变换(3/2 变换)

三相/二相变换是指在 ABC 三相静止坐标系和 $\alpha\beta$ 二相静止坐标系之间的变换,简称 3/2 变换。

图 8-3 中绘出两个静止的坐标系:三相静止坐标系 ABC 和二相静止坐标系 $\alpha\beta$。为了简单起见,令三相坐标系的 A 轴与二相坐标系的 α 轴重合。设 ABC 三相坐标系中电流为 i_A、i_B、i_C,$\alpha\beta$ 二相坐标系中电流为 i_α、i_β。各矢量只表示方向,不表示大小。另外,为

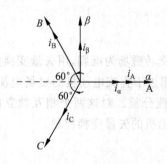

图 8-3　三相/二相电流变换示意图

了满足变换前后功率不变的条件。引入系数 k_1。于是可得

$$i_\alpha = k_1(i_A - i_B\cos60° - i_C\cos60°) = k_1\left(i_A - \frac{1}{2}i_B - \frac{1}{2}i_C\right) \left.\right\}$$

$$i_\beta = k_1(i_B\sin60° - i_C\sin60°) = k_1\left(\frac{\sqrt{3}}{2}i_B - \frac{\sqrt{3}}{2}i_C\right) \qquad (8\text{-}9)$$

为了便于求反变换,将变换矩阵表示成方阵。在二相静止坐标系 $\alpha\beta$ 中再增加一个虚拟的零轴分量,并定义为

$$i_0 = k_1 k_2(i_A + i_B + i_C) \qquad (8\text{-}10)$$

将式(8-9)、式(8-10)合在一起,写成矩阵形式,有

$$\begin{bmatrix} i_\alpha \\ i_\beta \\ i_0 \end{bmatrix} = k_1 \begin{bmatrix} 1 & -\dfrac{1}{2} & -\dfrac{1}{2} \\ 0 & \dfrac{\sqrt{3}}{2} & -\dfrac{\sqrt{3}}{2} \\ k_2 & k_2 & k_2 \end{bmatrix} \begin{bmatrix} i_A \\ i_B \\ i_C \end{bmatrix} = \boldsymbol{C}_{3/2} \begin{bmatrix} i_A \\ i_B \\ i_C \end{bmatrix} \qquad (8\text{-}11)$$

式中

$$\boldsymbol{C}_{3/2} = k_1 \begin{bmatrix} 1 & -\dfrac{1}{2} & -\dfrac{1}{2} \\ 0 & \dfrac{\sqrt{3}}{2} & -\dfrac{\sqrt{3}}{2} \\ k_2 & k_2 & k_2 \end{bmatrix} \qquad (8\text{-}12)$$

是三相 ABC 坐标系变换到二相 $\alpha\beta$ 坐标系的变换矩阵。

当满足功率不变条件时,应有

$$\boldsymbol{C}_{3/2}^{-1} = \boldsymbol{C}_{3/2}^{T} = k_1 \begin{bmatrix} 1 & 0 & k_2 \\ -\dfrac{1}{2} & \dfrac{\sqrt{3}}{2} & k_2 \\ -\dfrac{1}{2} & -\dfrac{\sqrt{3}}{2} & k_2 \end{bmatrix} \qquad (8\text{-}13)$$

由式(8-6),有 $\boldsymbol{C}_{3/2}^{T}\boldsymbol{C}_{3/2} = \boldsymbol{E}$,即

$$\boldsymbol{C}_{3/2}^{T}\boldsymbol{C}_{3/2} = k_1^2 \begin{bmatrix} 1 & 0 & k_2 \\ -\dfrac{1}{2} & \dfrac{\sqrt{3}}{2} & k_2 \\ -\dfrac{1}{2} & -\dfrac{\sqrt{3}}{2} & k_2 \end{bmatrix} \begin{bmatrix} 1 & -\dfrac{1}{2} & -\dfrac{1}{2} \\ 0 & \dfrac{\sqrt{3}}{2} & -\dfrac{\sqrt{3}}{2} \\ k_2 & k_2 & k_2 \end{bmatrix}$$

$$= k_1^2 \begin{bmatrix} 1+k_2^2 & -\dfrac{1}{2}+k_2^2 & -\dfrac{1}{2}+k_2^2 \\ -\dfrac{1}{2}+k_2^2 & 1+k_2^2 & -\dfrac{1}{2}+k_2^2 \\ -\dfrac{1}{2}+k_2^2 & -\dfrac{1}{2}+k_2^2 & 1+k_2^2 \end{bmatrix} = \begin{bmatrix} 1 & 0 & 0 \\ 0 & 1 & 0 \\ 0 & 0 & 1 \end{bmatrix} \qquad (8\text{-}14)$$

由此可计算出

$$k_2 = \frac{1}{\sqrt{2}}, \quad k_1 = \sqrt{\frac{2}{3}}$$

将其代入式(8-12),即得到三相/二相变换矩阵为

$$\boldsymbol{C}_{3/2} = \sqrt{\frac{2}{3}} \begin{bmatrix} 1 & -\dfrac{1}{2} & -\dfrac{1}{2} \\ 0 & \dfrac{\sqrt{3}}{2} & -\dfrac{\sqrt{3}}{2} \\ \dfrac{1}{\sqrt{2}} & \dfrac{1}{\sqrt{2}} & \dfrac{1}{\sqrt{2}} \end{bmatrix} \tag{8-15}$$

反之,如果要从二相坐标系变换到三相坐标系(简称 2/3 变换),可求其反变换矩阵为

$$\boldsymbol{C}_{2/3} = \boldsymbol{C}_{3/2}^{-1} = \sqrt{\frac{2}{3}} \begin{bmatrix} 1 & 0 & \dfrac{1}{\sqrt{2}} \\ -\dfrac{1}{2} & \dfrac{\sqrt{3}}{2} & \dfrac{1}{\sqrt{2}} \\ -\dfrac{1}{2} & -\dfrac{\sqrt{3}}{2} & \dfrac{1}{\sqrt{2}} \end{bmatrix} \tag{8-16}$$

式(8-15)、式(8-16)即为电流和电压的变换矩阵。

为了变换的统一,也将式(8-15)、式(8-16)作为磁动势的变换矩阵,由此得出三相坐标系和二相坐标系之间变换时绕组匝数的关系。

由于矢量变换控制是以产生同样的旋转磁场为准则,因此,三相/二相变换应以三相 ABC 坐标系和二相 $\alpha\beta$ 坐标系中磁动势相等为原则。设三相系统每相绕组的有效匝数为 N_3,二相系统每相绕组的有效匝数为 N_2,各相磁动势均为有效匝数与瞬时电流的乘积,且方向与各相电流的方向相同。这些矢量的方向和大小是不断变化的。图 8-4 为某瞬间的磁动势变换示意图。

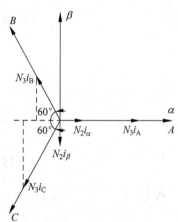

图 8-4　三相/二相磁动势变换示意图

设磁动势是正弦分布的,当三相总磁动势与二相总磁动势相等时,两套绕组瞬时磁动势在 $\alpha\beta$ 坐标轴上的投影应相等,于是

$$\begin{cases} N_2 i_\alpha = N_3(i_A - i_B\cos 60° - i_C\cos 60°) = N_3\left(i_A - \dfrac{1}{2}i_B - \dfrac{1}{2}i_C\right) \\ N_2 i_\beta = N_3(i_B\sin 60° - i_C\sin 60°) = N_3\left(\dfrac{\sqrt{3}}{2}i_B - \dfrac{\sqrt{3}}{2}i_C\right) \end{cases} \tag{8-17}$$

将式(8-17)与式(8-9)比较,得

$$N_3/N_2 = k_1 = \sqrt{\frac{2}{3}} \tag{8-18}$$

即变换后的二相绕组的匝数是原三相绕组匝数的 $\sqrt{\dfrac{3}{2}}$ 倍。

这样就将三相/二相坐标系电压、电流和磁链变换矩阵统一起来,其变换矩阵为 $\boldsymbol{C}_{3/2}$。反之,二相/三相坐标系变换矩阵为 $\boldsymbol{C}_{2/3}$。另外,零轴分量是为了让变换矩阵可逆而引进的,实际电动机中并没有这些零轴分量,它们都为零。

8.2.3 二相/二相旋转坐标系转换(2s/2r 变换)

图 8-1(b)和(c)中二相静止坐标系 $\alpha\beta$ 和二相旋转坐标系 MT 之间的变换称为二相/二相旋转坐标系变换,简称 2s/2r 变换。其中 s 表示静止(state),r 表示旋转(rotation)。把两个坐标系画在一起,即为图 8-5。图中静止坐标系的二相交流电流 i_α、i_β 和旋转坐标系的两个直流电流 i_M、i_T 产生同样的以同步转速 ω_1 旋转的合成磁动势 F_1。由于 F_1 在数值上与定子电流有效值成正比,因此在矢量变换控制系统中通常用电流符号 i_1 来代替 F_1。但必须注意,矢量 i_1 及其分量 i_α、i_β、i_M、i_T 所表示的实际上是空间磁动势矢量,而不是电流的时间相量。

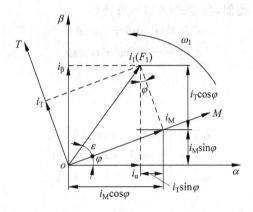

图 8-5 二相静止和旋转坐标系与磁动势空间矢量

在图 8-5 中,M 轴、T 轴和矢量 $i_1(F_1)$ 都以同步转速 ω_1 旋转,因此分量 i_M、i_T 的大小不变,相当于 M、T 绕组的直流磁动势。但 $\alpha\beta$ 二相坐标系是静止的,α 轴与 M 轴的夹角 φ 随时间而变化,因此 i_1 在 α 轴和 β 轴上的分量 i_α、i_β 的大小也随时间变化,相当于 α、β 绕组的交流磁动势的瞬时值随时间变化。由此可见,i_α、i_β 与 i_M、i_T 之间存在着下列关系:

$$i_\alpha = i_M\cos\varphi - i_T\sin\varphi$$
$$i_\beta = i_M\sin\varphi + i_T\cos\varphi$$

写成矩阵形式,得

$$\begin{bmatrix} i_\alpha \\ i_\beta \end{bmatrix} = \begin{bmatrix} \cos\varphi & -\sin\varphi \\ \sin\varphi & \cos\varphi \end{bmatrix} \begin{bmatrix} i_M \\ i_T \end{bmatrix} = \boldsymbol{C}_{2r/2s} \begin{bmatrix} i_M \\ i_T \end{bmatrix} \tag{8-19}$$

式中:

$$\boldsymbol{C}_{2r/2s} = \begin{bmatrix} \cos\varphi & -\sin\varphi \\ \sin\varphi & \cos\varphi \end{bmatrix} \tag{8-20}$$

是二相旋转坐标系变换到二相静止坐标系的变换矩阵。

对式(8-19)两边都左乘以 $\boldsymbol{C}_{2r/2s}^{-1}$,得

$$\begin{bmatrix} i_{\text{M}} \\ i_{\text{T}} \end{bmatrix} = \begin{bmatrix} \cos\varphi & -\sin\varphi \\ \sin\varphi & \cos\varphi \end{bmatrix}^{-1} \begin{bmatrix} i_{\alpha} \\ i_{\beta} \end{bmatrix} = \begin{bmatrix} \cos\varphi & \sin\varphi \\ -\sin\varphi & \cos\varphi \end{bmatrix} \begin{bmatrix} i_{\alpha} \\ i_{\beta} \end{bmatrix} \tag{8-21}$$

则二相静止坐标系变换到二相旋转坐标系的变换矩阵为

$$\boldsymbol{C}_{2\text{s}/2\text{r}} = \begin{bmatrix} \cos\varphi & \sin\varphi \\ -\sin\varphi & \cos\varphi \end{bmatrix} \tag{8-22}$$

电压和磁链的旋转变换矩阵也与电流(磁动势)旋转变换矩阵相同。

8.2.4 三相静止坐标系到任意二相旋转坐标系的变换(3s/2r)

如果要从三相静止坐标系 ABC 变换到任意二相旋转坐标系 $dq0$(其中"0"是为了使变换阵可逆而加入的假想轴),可以利用前面已经导出的变换矩阵,先将 ABC 坐标系通过式(8-15)变换到 $\alpha\beta0$ 坐标系,然后再从静止的 $\alpha\beta0$ 坐标系变换到旋转的 $dq0$ 坐标系。设二相旋转坐标系 $dq0$ 以转速 ω 旋转,d 轴与 α 轴之间的夹角为 θ,和前述静止的 $\alpha\beta0$ 坐标系变换到 MT 旋转坐标系类似,参考式(8-21),可得到

$$i_{\text{d}} = i_{\alpha}\cos\theta + i_{\beta}\sin\theta$$
$$i_{\text{q}} = -i_{\alpha}\sin\theta + i_{\beta}\cos\theta$$

且

$$i_0 = i_0$$

写成矩阵形式为

$$\begin{bmatrix} i_{\text{d}} \\ i_{\text{q}} \\ i_0 \end{bmatrix} = \begin{bmatrix} \cos\theta & \sin\theta & 0 \\ -\sin\theta & \cos\theta & 0 \\ 0 & 0 & 1 \end{bmatrix} \begin{bmatrix} i_{\alpha} \\ i_{\beta} \\ i_0 \end{bmatrix}$$

再由式(8-15)可知

$$\begin{bmatrix} i_{\alpha} \\ i_{\beta} \\ i_0 \end{bmatrix} = \boldsymbol{C}_{3/2} \begin{bmatrix} i_{\text{A}} \\ i_{\text{B}} \\ i_C \end{bmatrix} = \sqrt{\frac{2}{3}} \begin{bmatrix} 1 & -\dfrac{1}{2} & -\dfrac{1}{2} \\ 0 & \dfrac{\sqrt{3}}{2} & -\dfrac{\sqrt{3}}{2} \\ \dfrac{1}{\sqrt{2}} & \dfrac{1}{\sqrt{2}} & \dfrac{1}{\sqrt{2}} \end{bmatrix} \begin{bmatrix} i_{\text{A}} \\ i_{\text{B}} \\ i_C \end{bmatrix}$$

将以上二式合并,可得到三相静止坐标系 ABC 变换到任意二相旋转坐标系 $dq0$ 的变换阵 $\boldsymbol{C}_{3\text{s}/2\text{r}}$ 为

$$\begin{aligned} \boldsymbol{C}_{3\text{s}/2\text{r}} &= \sqrt{\frac{2}{3}} \begin{bmatrix} \cos\theta & \sin\theta & 0 \\ -\sin\theta & \cos\theta & 0 \\ 0 & 0 & 1 \end{bmatrix} \begin{bmatrix} 1 & -\dfrac{1}{2} & -\dfrac{1}{2} \\ 0 & \dfrac{\sqrt{3}}{2} & -\dfrac{\sqrt{3}}{2} \\ \dfrac{1}{\sqrt{2}} & \dfrac{1}{\sqrt{2}} & \dfrac{1}{\sqrt{2}} \end{bmatrix} \\ &= \sqrt{\frac{2}{3}} \begin{bmatrix} \cos\theta & \cos(\theta-120°) & \cos(\theta+120°) \\ -\sin\theta & -\sin(\theta-120°) & -\sin(\theta+120°) \\ \dfrac{1}{\sqrt{2}} & \dfrac{1}{\sqrt{2}} & \dfrac{1}{\sqrt{2}} \end{bmatrix} \end{aligned} \tag{8-23}$$

其反变换式为

$$C_{2r/3s} = C_{3s/2r}^{-1} = C_{3s/2r}^{T} = \sqrt{\frac{2}{3}} \begin{bmatrix} \cos\theta & -\sin\theta & \dfrac{1}{\sqrt{2}} \\ \cos(\theta-120°) & -\sin(\theta-120°) & \dfrac{1}{\sqrt{2}} \\ \cos(\theta+120°) & -\sin(\theta+120°) & \dfrac{1}{\sqrt{2}} \end{bmatrix} \quad (8\text{-}24)$$

式(8-23)和式(8-24)同样适用于电压和磁链的变换。

8.2.5　直角坐标/极坐标变换（K/P 变换）

在图 8-5 中,电流矢量 I_1 与 F_A、F_B、F_C 的合成定子磁通势 F_1 同向,基幅值等于三相定子电流幅值,电流矢量 I_1 和 M 轴的夹角为 θ_1,可以证明 φ(M 轴与 A 轴夹角)$+\theta_1$ 即为 A 相电流的相位。三相定子电流为

$$\begin{cases} i_A = |I_1|\cos(\varphi+\theta_1) \\ i_B = |I_1|\cos(\varphi+\theta_1-120°) \\ i_C = |I_1|\cos(\varphi+\theta_1+120°) \end{cases} \quad (8\text{-}25)$$

已知 i_M、i_T 求 I_1 幅值和 θ_1 就是直角/极坐标变换,简称 K/P 变换,其变换式为

$$I_1 = \sqrt{i_M^2 + i_T^2} \quad (8\text{-}26)$$

$$\theta_1 = \arctan\frac{i_T}{i_M} \quad (8\text{-}27)$$

当 θ_1 在 $0°\sim90°$ 变化时,$\tan\theta_1$ 的变化范围是 $0\sim\infty$,变化幅度太大,不易制成表格查表。一般是用下列式来表示 θ_1 的值:

$$\tan\frac{\theta_1}{2} = \frac{\sin\theta_1}{1+\cos\theta_1} = \frac{i_T/I_1}{1+i_M/I_1} = \frac{i_T}{I_1+i_M}$$

则

$$\theta_1 = 2\arctan\frac{i_T}{I_1+i_M} \quad (8\text{-}28)$$

这样只需制作 $0°\sim45°$ 的余切函数的表格(余切值在 $0\sim1$)即可。

8.3　异步电动机的数学模型及其矢量变换

8.3.1　异步电动机的数学模型

异步电动机的动态模型是一个高阶、非线性和强耦合的多变量系统。在建立异步电动机的数学模型时,作如下假设:

(1) 忽略空间谐波。三相定子绕组及三相转子绕组在空间对称分布(在空间上互差120°),各相电流所产生的磁动势沿气隙圆周按正弦规律分布。

(2) 忽略磁路饱和。各相绕组的自感和互感都是线性的,从而可以使用叠加原理。

(3) 忽略铁心损耗。

(4) 不考虑温度和频率变化对电动机参数的影响。

　　无论电动机转子绕组是鼠笼式还是绕线式,都将它等效成绕线式转子,并折算到定子侧,折算后的每相绕组匝数都相等,这样,实际电动机绕组就被等效为图8-6所示的三相异步电动机的物理模型。在图8-6中,定子三相绕组轴线A、B、C在空间上是固定的,以A轴为参考坐标轴;转子三相绕组轴线a、b、c随转子旋转,转子a轴与定子A轴之间的电角度θ为空间角位移变量,并规定各绕组电压、电流、磁链的正方向符合电动机惯例和右手螺旋定则。这时,异步电动机的数学模型由电压方程、磁链方程、转矩方程和运动方程组成。

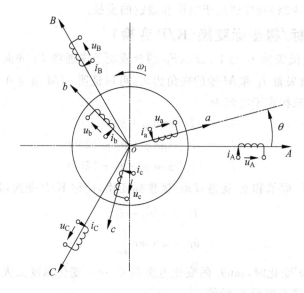

图8-6　三相异步电动机的物理模型

1. 电压方程

三相定子绕组的电压平衡方程式为

$$\begin{cases} u_A = i_A R_1 + \dfrac{\mathrm{d}\boldsymbol{\Psi}_A}{\mathrm{d}t} \\[2mm] u_B = i_B R_1 + \dfrac{\mathrm{d}\boldsymbol{\Psi}_B}{\mathrm{d}t} \\[2mm] u_C = i_C R_1 + \dfrac{\mathrm{d}\boldsymbol{\Psi}_C}{\mathrm{d}t} \end{cases} \tag{8-29}$$

相应的,三相转子绕组折算到定子侧后的电压方程式为

$$\begin{cases} u_a = i_a R_2 + \dfrac{\mathrm{d}\boldsymbol{\Psi}_a}{\mathrm{d}t} \\[2mm] u_b = i_b R_2 + \dfrac{\mathrm{d}\boldsymbol{\Psi}_b}{\mathrm{d}t} \\[2mm] u_c = i_c R_2 + \dfrac{\mathrm{d}\boldsymbol{\Psi}_c}{\mathrm{d}t} \end{cases} \tag{8-30}$$

式中:u_A、u_B、u_C、u_a、u_b、u_c为定子和转子相电压瞬时值;i_A、i_B、i_C、i_a、i_b、i_c为定子和转子相电流瞬时值;$\boldsymbol{\Psi}_A$、$\boldsymbol{\Psi}_B$、$\boldsymbol{\Psi}_C$、$\boldsymbol{\Psi}_a$、$\boldsymbol{\Psi}_b$、$\boldsymbol{\Psi}_c$为定子和转子各相绕组的磁链瞬时值;R_1、R_2为

定子和转子的绕组电阻。

上述各量都已折算到定子侧。为了方便起见,表示折算后的上角标"′"均省略,下同。

将电压方程式写成矩阵形式,并以微分算子"P"代替微分符号"$\dfrac{\mathrm{d}}{\mathrm{d}t}$",则

$$\begin{bmatrix} u_{\mathrm{A}} \\ u_{\mathrm{B}} \\ u_{\mathrm{C}} \\ u_{\mathrm{a}} \\ u_{\mathrm{b}} \\ u_{\mathrm{c}} \end{bmatrix} = \begin{bmatrix} R_1 & 0 & 0 & 0 & 0 & 0 \\ 0 & R_1 & 0 & 0 & 0 & 0 \\ 0 & 0 & R_1 & 0 & 0 & 0 \\ 0 & 0 & 0 & R_2 & 0 & 0 \\ 0 & 0 & 0 & 0 & R_2 & 0 \\ 0 & 0 & 0 & 0 & 0 & R_2 \end{bmatrix} \begin{bmatrix} i_{\mathrm{A}} \\ i_{\mathrm{B}} \\ i_{\mathrm{C}} \\ i_{\mathrm{a}} \\ i_{\mathrm{b}} \\ i_{\mathrm{c}} \end{bmatrix} + P \begin{bmatrix} \Psi_{\mathrm{A}} \\ \Psi_{\mathrm{B}} \\ \Psi_{\mathrm{C}} \\ \Psi_{\mathrm{a}} \\ \Psi_{\mathrm{b}} \\ \Psi_{\mathrm{c}} \end{bmatrix} \tag{8-31}$$

或写成

$$\boldsymbol{u} = \boldsymbol{R}\boldsymbol{i} + P\boldsymbol{\Psi}$$

2. 磁链方程

每个绕组的磁链是它本身的自感磁链和其他绕组对它的互感磁链之和,因此磁链方程式可写为

$$\begin{bmatrix} \Psi_{\mathrm{A}} \\ \Psi_{\mathrm{B}} \\ \Psi_{\mathrm{C}} \\ \Psi_{\mathrm{a}} \\ \Psi_{\mathrm{b}} \\ \Psi_{\mathrm{c}} \end{bmatrix} = \begin{bmatrix} L_{\mathrm{AA}} & L_{\mathrm{AB}} & L_{\mathrm{AC}} & L_{\mathrm{Aa}} & L_{\mathrm{Ab}} & L_{\mathrm{Ac}} \\ L_{\mathrm{BA}} & L_{\mathrm{BB}} & L_{\mathrm{BC}} & L_{\mathrm{Ba}} & L_{\mathrm{Bb}} & L_{\mathrm{Bc}} \\ L_{\mathrm{CA}} & L_{\mathrm{CB}} & L_{\mathrm{CC}} & L_{\mathrm{Ca}} & L_{\mathrm{Cb}} & L_{\mathrm{Cc}} \\ L_{\mathrm{aA}} & L_{\mathrm{aB}} & L_{\mathrm{aC}} & L_{\mathrm{aa}} & L_{\mathrm{ab}} & L_{\mathrm{ac}} \\ L_{\mathrm{bA}} & L_{\mathrm{bB}} & L_{\mathrm{bC}} & L_{\mathrm{ba}} & L_{\mathrm{bb}} & L_{\mathrm{bc}} \\ L_{\mathrm{cA}} & L_{\mathrm{cB}} & L_{\mathrm{cC}} & L_{\mathrm{ca}} & L_{\mathrm{cb}} & L_{\mathrm{cc}} \end{bmatrix} \begin{bmatrix} i_{\mathrm{A}} \\ i_{\mathrm{B}} \\ i_{\mathrm{C}} \\ i_{\mathrm{a}} \\ i_{\mathrm{b}} \\ i_{\mathrm{c}} \end{bmatrix} \tag{8-32}$$

或写成

$$\boldsymbol{\Psi} = \boldsymbol{L}\boldsymbol{i} \tag{8-33}$$

式中:$\boldsymbol{L}$ 为 6×6 电感矩阵,其对角线元素 L_{AA}、L_{BB}、L_{CC}、L_{aa}、L_{bb}、L_{cc} 为各有关绕组的自感,其余各量则是绕组间的互感。下面对其作一讨论。

实际上,与电动机某一相绕组交链的磁通可分为两类:一类是漏磁通,它只与该相绕组相交链而不穿过气隙,另一类是穿过气隙的与其他相绕组相交链的磁通,且后者是主要的。定子各相绕组漏磁通所对应的电感称为定子漏感 L_{l1},由于各相绕组的对称性,各相定子漏感值都相等;同样,转子各相绕组漏磁通所对应的电感称作转子漏感 L_{l2},各相转子漏感值也都相等。穿过气隙的与其他相绕组相交链的磁通对应于异步电动机的气隙磁通,它是由定子绕组和转子绕组共同产生的,因此,对应于定子和转子的这部分电感值相等,记为 L_{m1}。由此得到各相绕组的自感为

$$L_{\mathrm{AA}} = L_{\mathrm{BB}} = L_{\mathrm{CC}} = L_{\mathrm{m1}} + L_{\mathrm{l1}} \tag{8-34}$$

$$L_{\mathrm{aa}} = L_{\mathrm{bb}} = L_{\mathrm{cc}} = L_{\mathrm{m1}} + L_{\mathrm{l2}} \tag{8-35}$$

两相绕组之间有互感。互感分为定子各相绕组之间的互感、转子各相绕组之间的互感以及定子各相绕组与转子各相绕组之间的互感。对于定子各相绕组之间的互感,由于定子三相绕组彼此之间的位置都是固定的,因此其值为一常值;同样,转子各相绕组之间的互感也为一常值。由于对应于定子各相绕组之间的互感、转子各相绕组之间的互感的

磁通都为气隙磁通,因此互感值相同。考虑到定子和转子三相绕组的轴线在空间上互差120°,在假定气隙磁通在空间上按正弦分布的条件下,由于对应于最大气隙磁通的电感为 L_{m1},因此互感值为

$$L_{AB} = L_{BA} = L_{BC} = L_{CB} = L_{CA} = L_{AC} = L_{m1}\cos120° = -\frac{1}{2}L_{m1} \tag{8-36}$$

$$L_{ab} = L_{ba} = L_{bc} = L_{cb} = L_{ca} = L_{ac} = L_{m1}\cos120° = -\frac{1}{2}L_{m1} \tag{8-37}$$

至于定子各相绕组与转子各相绕组之间的互感,由于它们之间的位置不同(见式 8-34),有

$$L_{Aa} = L_{aA} = L_{Bb} = L_{bB} = L_{Cc} = L_{cC} = L_{m1}\cos\theta \tag{8-38}$$

$$L_{Ab} = L_{bA} = L_{Bc} = L_{cB} = L_{Ca} = L_{aC} = L_{m1}\cos(\theta+120°) \tag{8-39}$$

$$L_{Ac} = L_{cA} = L_{Ba} = L_{aB} = L_{Cb} = L_{bC} = L_{m1}\cos(\theta-120°) \tag{8-40}$$

当定、转子两相绕组轴线一致时,如定子 A 相和转子 a 相绕组的 $\theta=0$,它们之间的互感值最大,此互感就是对应于最大气隙磁通的电感 L_{m1}。定子绕组与转子绕组之间的互感与转子位置 θ 有关,它们是变参数,这是导致系统非线性的一个根源所在。

3. 运动方程

在一般情况下,电力拖动系统的运动方程是

$$T_e = T_L + \frac{J}{n_P} \cdot \frac{d\omega}{dt} + \frac{D}{n_P}\omega + \frac{K}{n_P}\theta \tag{8-41}$$

式中:T_e 为异步电动机的电磁转矩;T_L 为负载阻转矩;J 为机组的转动惯量;D 为与转速成正比的阻转矩阻尼系数;K 为扭转弹性转矩系数;n_P 为异步电动机的极对数。

对于恒转矩负载,$D=0$,$K=0$,则

$$T_e = T_L + \frac{J}{n_P} \cdot \frac{d\omega}{dt} \tag{8-42}$$

4. 转矩方程

根据机电能量转换原理,在多绕组电机中,磁场的储能为

$$W_m = \frac{1}{2}i^T\boldsymbol{\Psi} = \frac{1}{2}i^T\boldsymbol{L}i \tag{8-43}$$

而电磁转矩等于电流不变且只有机械位移角变化时磁场储能对机械位移角 θ_m 的偏导数,且 $\theta_m = \theta/n_P$,即

$$T_e = \left.\frac{\partial W_m}{\partial \theta_m}\right|_{i=\text{const}} \tag{8-44}$$

将式(8-43)代入式(8-44),并考虑式(8-32)、式(8-33)中的电感矩阵 $\boldsymbol{L}$,得

$$\begin{aligned}
T_e &= \frac{1}{2}n_P i^T \frac{\partial \boldsymbol{L}}{\partial \theta}i \\
&= -n_P L_{m1}\big[(i_A i_a + i_B i_b + i_C i_c)\sin\theta + (i_A i_b + i_B i_c + i_C i_a)\sin(\theta+120°) \\
&\quad + (i_A i_c + i_B i_a + i_C i_b)\sin(\theta-120°)\big]
\end{aligned} \tag{8-45}$$

应该指出,上述公式是在磁路为线性、磁场在空间按正弦分布的假设条件下得出的,但对定、转子电流的波形并没有作任何假定,它们可以是任意的。因此,上述电磁转矩公式对研究变频器供电的三相异步电动机调速系统很有实用意义。

5. 三相异步电动机的数学模型

将式(8-31)、式(8-33)、式(8-42)和式(8-45)归纳在一起,即得出在恒转矩负载下三相异步电动机的数学模型

$$\begin{cases} \boldsymbol{u} = \boldsymbol{Ri} + P\boldsymbol{\Psi} = \boldsymbol{Ri} + \boldsymbol{L}\dfrac{\mathrm{d}\boldsymbol{i}}{\mathrm{d}t} + \omega\dfrac{\partial \boldsymbol{L}}{\partial \theta}\boldsymbol{i} \\[2mm] \boldsymbol{\Psi} = \boldsymbol{Li} \\[2mm] \dfrac{1}{2}n_{\mathrm{P}}\boldsymbol{i}^{\mathrm{T}}\dfrac{\partial \boldsymbol{L}}{\partial \theta}\boldsymbol{i} = T_{\mathrm{L}} + \dfrac{J}{n_{\mathrm{P}}} \cdot \dfrac{\mathrm{d}\omega}{\mathrm{d}t} \\[2mm] \omega = \dfrac{\mathrm{d}\theta}{\mathrm{d}t} \end{cases} \tag{8-46}$$

8.3.2　异步电动机数学模型的矢量变换

得出异步电动机的数学模型以后,注意到其定子绕组与转子绕组之间的互感与转子位置 θ 有关,它们是变参数。由式(8-46)可以看出,在恒转矩负载下三相异步电动机的数学模型由于电感矩阵 $\boldsymbol{L}$ 与转子位置 θ 有关,它不是一个常系数微分方程,而是一个变系数微分方程。按照线性控制理论的原理,不可能设计出参数固定的控制器对其进行精确的转速和转矩控制。为此,我们需要寻求更有效的方法,通过控制一些特定的量,达到对电动机转速的间接控制。而这些特定的量能够完整地描述异步电动机的状态,且它们之间的关系可以用一个常系数微分方程来描述。这种方法已经被找到,那就是异步电动机的矢量变换控制。

首先定义 MT 坐标系:将沿着异步电动机转子总磁链矢量 $\boldsymbol{\Psi}_2$ 的方向规定为磁轴,并称之为 M 轴(magnetization);因为通电导体在磁场中的受力与磁场方向垂直,因此,沿 M 轴逆时针旋转 $90°$,即垂直于矢量 $\boldsymbol{\Psi}_2$ 的方向为转矩轴,称之为 T 轴(torque)。由于异步电动机转子总磁链矢量 $\boldsymbol{\Psi}_2$ 以同步角速度 ω_1 旋转,因此 MT 坐标系实际上是一个旋转的直角坐标系。

1. 电压方程的矢量变换

为了描述异步电动机的定子电压,选择特定的电压量为 MT 坐标系中的量 u_{M1}、u_{T1}。显然 u_{M1}、u_{T1} 与异步电动机的定子电压 u_{A}、u_{B}、u_{C} 的关系可以通过坐标变换式表达如下:

$$\begin{bmatrix} u_{\mathrm{A}} \\ u_{\mathrm{B}} \\ u_{\mathrm{C}} \end{bmatrix} = \sqrt{\dfrac{2}{3}} \begin{bmatrix} \cos\theta_1 & -\sin\theta_1 & \dfrac{1}{\sqrt{2}} \\[2mm] \cos(\theta_1 - 120°) & -\sin(\theta_1 - 120°) & \dfrac{1}{\sqrt{2}} \\[2mm] \cos(\theta_1 + 120°) & -\sin(\theta_1 + 120°) & \dfrac{1}{\sqrt{2}} \end{bmatrix} \begin{bmatrix} u_{\mathrm{M1}} \\ u_{\mathrm{T1}} \\ u_{01} \end{bmatrix} \tag{8-47}$$

式中:θ_1 为 MT 坐标系中 M 轴与 ABC 三相坐标系中 A 轴之间的夹角。

同样,选择 MT 坐标系中的量 i_{M1}、i_{T1} 来描述定子电流 i_{A}、i_{B}、i_{C},选择 $\boldsymbol{\Psi}_{\mathrm{M1}}$、$\boldsymbol{\Psi}_{\mathrm{T1}}$ 来描述绕组的磁链 $\boldsymbol{\Psi}_{\mathrm{A}}$、$\boldsymbol{\Psi}_{\mathrm{B}}$、$\boldsymbol{\Psi}_{\mathrm{C}}$,它们之间的关系也通过与式(8-47)一样的矩阵变换式来表达,即

$$\begin{bmatrix} i_A \\ i_B \\ i_C \end{bmatrix} = \sqrt{\frac{2}{3}} \begin{bmatrix} \cos\theta_1 & -\sin\theta_1 & \frac{1}{\sqrt{2}} \\ \cos(\theta_1-120°) & -\sin(\theta_1-120°) & \frac{1}{\sqrt{2}} \\ \cos(\theta_1+120°) & -\sin(\theta_1+120°) & \frac{1}{\sqrt{2}} \end{bmatrix} \begin{bmatrix} i_{M1} \\ i_{T1} \\ i_{01} \end{bmatrix} \tag{8-48}$$

$$\begin{bmatrix} \Psi_A \\ \Psi_B \\ \Psi_C \end{bmatrix} = \sqrt{\frac{2}{3}} \begin{bmatrix} \cos\theta_1 & -\sin\theta_1 & \frac{1}{\sqrt{2}} \\ \cos(\theta_1-120°) & -\sin(\theta_1-120°) & \frac{1}{\sqrt{2}} \\ \cos(\theta_1+120°) & -\sin(\theta_1+120°) & \frac{1}{\sqrt{2}} \end{bmatrix} \begin{bmatrix} \Psi_{M1} \\ \Psi_{T1} \\ \Psi_{01} \end{bmatrix} \tag{8-49}$$

异步电动机的电压、电流和磁链都是用矢量的形式表示的,因此上述矩阵变换被称作矢量变换。在上述各矢量变换表达式中,以"01"为下标的量均称作零轴分量,它们是为了让变换矩阵可逆而选择的,以后将发现,它们都不会在控制变量中出现。

下面来推导上面所选择的这组特定量 u_{M1}、u_{T1}、i_{M1}、i_{T1}、Ψ_{M1}、Ψ_{T1} 之间的关系,它们可以用一个常微分方程式来描述。

首先讨论 A 相,由式(8-47)、式(8-48)和式(8-49)可分别得到如下关系:

$$u_A = \sqrt{\frac{2}{3}} \left(u_{M1}\cos\theta_1 - u_{T1}\sin\theta_1 + \frac{1}{\sqrt{2}} u_{01} \right) \tag{8-50}$$

$$i_A = \sqrt{\frac{2}{3}} \left(i_{M1}\cos\theta_1 - i_{T1}\sin\theta_1 + \frac{1}{\sqrt{2}} i_{01} \right) \tag{8-51}$$

$$\Psi_A = \sqrt{\frac{2}{3}} \left(\Psi_{M1}\cos\theta_1 - \Psi_{T1}\sin\theta_1 + \frac{1}{\sqrt{2}} \Psi_{01} \right) \tag{8-52}$$

在 ABC 三相坐标系上,A 相电压方程式为

$$u_A = i_A R_1 + P\Psi_A \tag{8-53}$$

将式(8-50)、式(8-51)、式(8-52)代入式(8-53),整理后得

$$(u_{M1} - R_1 i_{M1} - P\Psi_{M1} + \Psi_{T1}P\theta_1)\cos\theta_1 - (u_{T1} - R_1 i_{T1} - P\Psi_{T1} - \Psi_{M1}P\theta_1)\sin\theta_1 +$$

$$\frac{1}{\sqrt{2}}(u_{01} - R_1 i_{01} - P\Psi_{01}) = 0$$

令 $P\theta_1 = \dfrac{\mathrm{d}\theta_1}{\mathrm{d}t} = \omega_1$,则它代表异步电动机的同步转速(见图 8-6)。这样,由于 $\theta_1 = \omega_1 t$,要使上式在任意时刻都成立,下式必须成立:

$$\begin{cases} u_{M1} = R_1 i_{M1} + P\Psi_{M1} - \omega_1 \Psi_{T1} \\ u_{T1} = R_1 i_{T1} + P\Psi_{T1} + \omega_1 \Psi_{M1} \\ u_{01} = R_1 i_{01} + P\Psi_{01} \end{cases} \tag{8-54}$$

用同样的方法,对 B 相、C 相进行讨论,可以得出与上式完全一样的结论。式(8-54)就是矢量变换后的 MT 坐标系中的定子电压方程。

同理,变换到 MT 坐标系的转子电压方程为

$$\begin{cases} u_{M2} = R_2 i_{M2} + P\Psi_{M2} - \omega_s \Psi_{T2} \\ u_{T2} = R_2 i_{T2} + P\Psi_{T2} + \omega_s \Psi_{M2} \\ u_{02} = R_2 i_{02} + P\Psi_{02} \end{cases} \tag{8-55}$$

式中：ω_s 为电动机转子与 MT 坐标系之间的相对转速，也就是转差角速度。

2. 磁链方程的矢量变换

式(8-54)和式(8-55)中的各量都已在 MT 坐标系中。而我们定义的 MT 坐标系是一个旋转的直角坐标系，M 轴和 T 轴始终是相互垂直的，两轴之间没有互感耦合关系，互感磁链只能与折算到本轴的磁链有关。设异步电动机三相定子绕组的自感变换到 MT 坐标系为 L_S，三相转子绕组的自感变换到 MT 坐标系为 L_R，定子绕组和转子绕组之间的互感变换到 MT 坐标系为 L_M。另外，磁链的零轴分量 $\Psi_{01} = L_{01} i_{01}$，$\Psi_{02} = L_{02} i_{02}$。则 MT 坐标系上的磁链方程式为

$$\begin{cases} \Psi_{M1} = L_S i_{M1} + L_M i_{M2} \\ \Psi_{T1} = L_S i_{T1} + L_M i_{T2} \\ \Psi_{M2} = L_M i_{M1} + L_R i_{M2} \\ \Psi_{T2} = L_M i_{T1} + L_R i_{T2} \\ \Psi_{01} = L_{01} i_{01} \\ \Psi_{02} = L_{02} i_{02} \end{cases} \tag{8-56}$$

为了求出 L_S、L_R、L_M 等各量，现在来考察 Ψ_A。将式(8-56)代入式(8-52)，得

$$\Psi_A = \sqrt{\frac{2}{3}} \left(L_S i_{M1} \cos\theta_1 + L_M i_{M2} \cos\theta_1 - L_S i_{T1} \sin\theta_1 - L_M i_{T2} \sin\theta_1 + \frac{1}{\sqrt{2}} L_{01} i_{01} \right) \tag{8-57}$$

由于转子三相电流 i_a、i_b、i_c 到 i_{M2}，i_{T2} 的变换矩阵和定子三相电流 i_A、i_B、i_C 到 i_{M1}、i_{T1} 的变换矩阵为 $C_{3s/2r}$，可得

$$\begin{bmatrix} i_{M1} \\ i_{T1} \\ i_{01} \end{bmatrix} = \sqrt{\frac{2}{3}} \begin{bmatrix} \cos\theta_1 & \cos(\theta_1 - 120°) & \cos(\theta_1 + 120°) \\ -\sin\theta_1 & -\sin(\theta_1 - 120°) & -\sin(\theta_1 + 120°) \\ \frac{1}{\sqrt{2}} & \frac{1}{\sqrt{2}} & \frac{1}{\sqrt{2}} \end{bmatrix} \begin{bmatrix} i_A \\ i_B \\ i_C \end{bmatrix} \tag{8-58}$$

$$\begin{bmatrix} i_{M2} \\ i_{T2} \\ i_{02} \end{bmatrix} = \sqrt{\frac{2}{3}} \begin{bmatrix} \cos\theta_2 & \cos(\theta_2 - 120°) & \cos(\theta_2 + 120°) \\ -\sin\theta_2 & -\sin(\theta_2 - 120°) & -\sin(\theta_2 + 120°) \\ \frac{1}{\sqrt{2}} & \frac{1}{\sqrt{2}} & \frac{1}{\sqrt{2}} \end{bmatrix} \begin{bmatrix} i_a \\ i_b \\ i_c \end{bmatrix} \tag{8-59}$$

式中 θ_2 为固定在转子上的坐标系与 MT 坐标系的夹角。

将以上两式代入式(8-57)，得

$$\begin{aligned} \Psi_A = \frac{2}{3} \Big[& \left(\frac{1}{2} L_{01} + L_S \right) i_A + \left(\frac{1}{2} L_{01} - \frac{1}{2} L_S \right) i_B + \left(\frac{1}{2} L_{01} - \frac{1}{2} L_S \right) i_C \\ & + L_M i_a \cos(\theta_2 - \theta_1) + L_M i_b \cos(\theta_2 - \theta_1 - 120°) \\ & + L_M i_c \cos(\theta_2 - \theta_1 + 120°) \Big] \end{aligned} \tag{8-60}$$

再将式(8-60)与静止 ABC 坐标系中的磁链方程式(8-32)中第一行进行比较，$\theta_2 - \theta_1$ 对应

于式(8-38)中的 θ,因此

$$\begin{cases} L_S = L_{l1} + \dfrac{3}{2}L_{M1} \\[2mm] L_M = \dfrac{3}{2}L_{M1} \\[2mm] L_{01} = L_{l1} \end{cases} \tag{8-61}$$

用与以上同样的方法考察 Ψ_a,可得

$$L_R = L_{l2} + \frac{3}{2}L_{M1} \tag{8-62}$$

对电动机其他相绕组进行分析可得出同样的结论。

由于将 M 轴定位在转子总磁链矢量 Ψ_2 的方向上,因此有

$$\Psi_{M2} = \Psi_2, \quad \Psi_2 = 0 \tag{8-63}$$

对于零轴分量,它们是各自独立的,对 M、T 轴磁链毫无影响,以后在数学模型中都不予以考虑。这样,将式(8-61)、式(8-62)和式(8-63)代入式(8-56),则 MT 坐标系中的磁链方程式变为

$$\begin{cases} \Psi_{M1} = L_S i_{M1} + L_M i_{M2} \\ \Psi_{T1} = L_S i_{T1} + L_M i_{T2} \\ \Psi_2 = L_M i_{M1} + L_R i_{M2} \\ 0 = L_M i_{T1} + L_R i_{T2} \end{cases} \tag{8-64}$$

式中:$L_M = \dfrac{3}{2}L_{M1}$ 为定子绕组与转子绕组之间的互感变换到 MT 坐标系的值;$L_S = L_{l1} + \dfrac{3}{2}L_{M1}$ 为三相定子绕组的自感变换到 MT 坐标系的值;$L_R = L_{l2} + \dfrac{3}{2}L_{M1}$ 为三相转子绕组的自感变换到 MT 坐标系的值。

将式(8-64)代入 MT 坐标系中的电压方程式(8-54)和式(8-55),整理后得

$$\begin{bmatrix} u_{M1} \\ u_{T1} \\ u_{M2} \\ u_{T2} \end{bmatrix} = \begin{bmatrix} R_1 + L_S P & -\omega_1 L_S & L_M P & -\omega_1 L_M \\ \omega_1 L_S & R_1 + L_S P & \omega_1 L_M & L_M P \\ L_M P & 0 & R_2 + L_R P & 0 \\ \omega_s L_M & 0 & \omega_s L_R & R_2 \end{bmatrix} \begin{bmatrix} i_{M1} \\ i_{T1} \\ i_{M2} \\ i_{T2} \end{bmatrix} \tag{8-65}$$

这是一个一阶常系数微分方程组,且在第 3、第 4 行中出现了零元素,使异步电动机的数学模型得到简化,比较容易求解。

3. MT 坐标系上的转矩方程

解出式(8-58)和式(8-59)中的 $i_a, i_b, i_c, i_A, i_B, i_C$,然后代入转矩公式(8-45),并注意到转子和定子的相对位置,即

$$\theta = \theta_2 - \theta_1$$

经化简,最后可以得到很简单的 MT 坐标系上的转矩公式:

$$T_e = n_P L_M (i_{T1} i_{M2} - i_{M1} i_{T2}) \tag{8-66}$$

如果再考虑式(8-64)中第 3、第 4 行的关系,可将式(8-66)进一步化简为

$$T_e = n_P L_M \left[i_{T1} i_{M2} - \frac{\Psi_2 - L_R i_{M2}}{L_M} \left(-\frac{L_M}{L_R} i_{T1} \right) \right]$$

$$= n_P L_M \left(i_{T1} i_{M2} + \frac{\Psi_2}{L_R} i_{T1} - i_{M2} i_{T1} \right)$$

$$= n_P \frac{L_M}{L_R} i_{T1} \Psi_2 \tag{8-67}$$

这个关系式就更简单了,而且和直流电动机的转矩方程式非常相似。式(8-67)表明,异步电动机的转矩与 MT 坐标系中的 T 轴电流分量 i_{T1} 成正比,即

$$T_e \propto i_{T1}$$

这就是将 T 轴定义为转矩轴的根本原因。

　　以上导出了异步电动机在 MT 坐标系中的数学模型,由于它是一组一阶的微分方程式,因此,可以据此设计电动机的线性控制系统。实际设计时,先将 ABC 坐标系中的状态变量变换到 MT 坐标系中,在 MT 坐标系中对各个量进行处理,之后再将其反变换回 ABC 三相坐标系中,从而完成了控制系统的处理。

8.4　异步电动机矢量变换控制基本方程式

　　对于鼠笼式异步电动机,转子相当于短路,即 $u_{M2} = u_{T2} = 0$,于是数学模型中的电压方程式(8-65)可简化为

$$\begin{bmatrix} u_{M1} \\ u_{T1} \\ 0 \\ 0 \end{bmatrix} = \begin{bmatrix} R_1 + L_S P & -\omega_1 L_S & L_M P & -\omega_1 L_M \\ \omega_1 L_S & R_1 + L_S P & \omega_1 L_M & L_M P \\ L_M P & 0 & R_2 + L_R P & 0 \\ \omega_s L_M & 0 & \omega_s L_R & R_2 \end{bmatrix} \begin{bmatrix} i_{M1} \\ i_{T1} \\ i_{M2} \\ i_{T2} \end{bmatrix} \tag{8-68}$$

　　在矢量控制系统中,被控制的量是定子电流,因此必须从数学模型中找到定子电流的两个分量,即 i_{M1}、i_{T1} 与其他变量的关系。

8.4.1　磁通控制基本方程式

　　展开式(8-68)的第 3 行,得

$$0 = L_M P i_{M1} + (R_2 + L_R P) i_{M2}$$

$$= R_2 i_{M2} + P(L_M i_{M1} + L_R i_{M2}) \tag{8-69}$$

由磁链方程式(8-64)的第 3 行,有

$$\Psi_2 = L_M i_{M1} + L_R i_{M2} \tag{8-70}$$

考虑上式,再由式(8-69),可以得到

$$i_{M2} = -\frac{P \Psi_2}{R_2} \tag{8-71}$$

将式(8-71)再代入磁链方程式(8-70),解出 i_{M1},得

$$i_{M1} = \frac{\tau_2 P + 1}{L_M} \Psi_2 \tag{8-72}$$

或

$$\Psi_2 = \frac{L_M}{\tau_2 P + 1} i_{M1} \tag{8-73}$$

式中：$\tau_2 = \dfrac{L_R}{R_2}$ 为转子励磁时间常数。

式（8-73）表明，转子磁链 Ψ_2 仅由 i_{M1} 产生，和 i_{T1} 无关，因而 i_{M1} 被称为定子电流的励磁分量。该式还表明，Ψ_2 与 i_{M1} 之间的传递函数是一个一阶惯性环节（P 相当于拉氏变换变量 s），其含义是：当励磁分量 i_{M1} 突变时，Ψ_2 的变化量要受到励磁惯性的影响，这和直流电动机励磁绕组的惯性作用是一致的。再考虑式（8-71），更能看清楚励磁过程的物理意义。当定子电流励磁分量 i_{M1} 突变而引起 Ψ_2 变化时，立即在转子中感应出转子电流励磁分量 i_{M2}，阻止 Ψ_2 的变化，使 Ψ_2 只能按时间常数 τ_2 的指数规律变化。当 Ψ_2 达到稳定时，$P\Psi_2 = 0$，因而 $i_{M2} = 0$，$\Psi_{2\infty} = L_M i_{M1}$，即 Ψ_2 的稳定值由 i_{M1} 唯一决定。这样磁通就可以控制了，式（8-72）就是磁通控制基本方程式。

8.4.2   转矩控制基本方程式

T 轴上定子电流 i_{T1} 和转子电流 i_{T2} 的动态关系应满足式（8-64）的第 4 行，或写成

$$i_{T2} = -\frac{L_M}{L_R} i_{T1} \tag{8-74}$$

式（8-74）说明，如果定子电流 i_{T1} 发生变化，转子电流 i_{T2} 立即跟着变化，没有惯性，这是因为按转子磁场定向后，在 T 轴上不存在转子磁通的缘故。再看式（8-67）的转矩公式

$$T_e = n_P \frac{L_M}{L_R} i_{T1} \Psi_2 \tag{8-75}$$

式（8-75）表明，当保持 Ψ_2 恒定时，如果定子电流 i_{T1} 发生变化，转矩 T_e 将立即随之成正比地变化，没有任何滞后。由此可见，i_{T1} 就是定子电流的转矩分量。

由式（8-68）第 4 行，有

$$0 = \omega_s L_M i_{M1} + \omega_s L_R i_{M2} + R_2 i_{T2} = \omega_s (L_M i_{M1} + L_R i_{M2}) + R_2 i_{T2} \tag{8-76}$$

考虑磁链方程式（8-70）以后，由式（8-76）得到

$$i_{T2} = -\frac{\omega_s \Psi_2}{R_2} \tag{8-77}$$

再结合式（8-74），可得

$$-\frac{\omega_s \Psi_2}{R_2} = -\frac{L_M}{L_R} i_{T1}$$

由此解出

$$i_{T1} = \frac{L_R \omega_s}{R_2 L_M} \Psi_2 = \frac{\tau_2 \omega_s}{L_M} \Psi_2 \tag{8-78}$$

式中：$\tau_2 = L_R / R_2$ 为转子励磁时间常数。

式（8-72）和式（8-78）是矢量变换控制系统所用的基本方程式。一并列出如下：

$$\begin{cases} i_{M1} = \dfrac{\tau_2 P + 1}{L_M} \Psi_2 \\[3mm] i_{T1} = \dfrac{\tau_2 \omega_s}{L_M} \Psi_2 \end{cases} \tag{8-79}$$

与直流电动机数学模型比较,式(8-79)中的 i_{M1} 相当于直流电机的励磁电流 I_f,i_{T1} 相当于直流电机的电枢电流 I_d。而式(8-73)的 Ψ_2 对应于直流电机的磁通 $\Phi = K_m I_f$,式(8-75)的 T_e 对应于直流电机的 $T_e = K_m I_d$,式(8-78)可改写为

$$\omega_s = \frac{L_M i_{T1}}{\tau_2 \Psi_2}$$

于是

$$\omega = \omega_1 - \omega_s = \omega_1 - \frac{L_M i_{T1}}{\tau_2 \Psi_2}$$

它正对应于直流电机的转速 $n = \dfrac{U_d - R I_d}{K_e}$。

有了上述分析的结论,则可以模仿直流他励电动机的控制方式,对交流电机的控制线路进行设计。

8.5　磁链开环、转差型矢量控制的交-直-交电流源变频调速系统

8.5.1　系统原理及特点

系统原理框图如图 8-7 所示。系统的主要特点如下。

(1) 外环为转速环:角速度给定值 ω^* 与角速度反馈值比较后作为转速调节器 ASR 的输入;ASR 的输出为定子电流转矩分量的给定值,与双闭环直流调速系统的电枢电流给定信号相当。

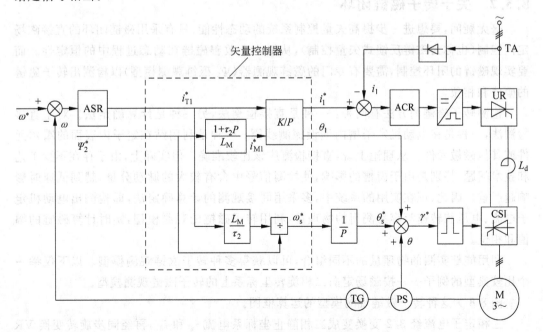

图 8-7　转差型矢量控制变频调速系统

(2) 内环为电流环:矢量控制器的输出之一是定子电流的幅值作为电流调节器 ACR 的给定信号,它与反映定子电流大小的反馈信号进行比较,比较后的差值作为 ACR 的输入信号;而 ACR 的输出用以控制变频装置电流的幅值。

(3) 矢量控制器的输入为定子电流转矩分量 i_{T1}^* 和转子磁链给定信号 Ψ_2^*;输出为定子电流给定信号的大小 i_1^* 和相位 θ_1(对 M 轴)以及转差角频率 ω_s^*。定子电流励磁分量给定值 i_{M1}^* 是通过矢量基本方程式(8-68)建立的,即 $i_{M1}^* = \Psi_2(1+\tau_2 P)/L_M$。$i_{M1}^*$ 和 i_{T1}^* 再经过直角坐标/极坐标变换器 K/P 变换后,得到输出定子电流的大小 i_1^* 和相位 θ_1。由于定子电流励磁分量 i_{M1}^* 是用转子磁链给定 Ψ_2^* 经比例微分环节 $(1+\tau_2 P)/L_M$ 而得到的,故在动态过程中 i_{M1}^* 获得强迫磁效应可以克服实际磁链的滞后。矢量控制器另一输出 ω_s^* 是经矢量控制基本方程式(8-74)建立的,即 $\omega_s = i_{T1} L_M/(\tau_2 \Psi_2)$。

(4) 矢量控制器的输出 ω_s^* 经积分后,得到转差角信号 θ_s^*;再与转子位置检测器 PS 检测出的转子位置角 θ 相加后,得到转子磁链 Ψ_2 的瞬时相位角 φ;然后与定子电流 i_1^* 相对于 M 轴的相位角 θ_1 相加便得到定子电流的瞬时相位角给定值 γ^*,用以控制逆变器换相的触发时刻,决定定子电流的相位。

综上所述,转差型矢量控制变频调速系统的结构简单,具有较好的动态性能,基本上达到了直流双闭环控制系统的水平,得到了普遍的应用。不足之处是对磁链的控制是开环的,并没有在系统运行中实际检测转子磁链的大小和相位,所以磁场定向只是由给定信号确定和矢量控制基本方程式来保证的(也称为间接磁场定向),在动态中肯定会存在偏差。此外,实际参数和矢量控制方程中的参数有误差,再加上实际参数随温度的变化,都会影响系统的动态性能。

8.5.2   关于转子磁链闭环

毫无疑问,要想进一步提高矢量控制系统的动态性能,只有采用磁链闭环的直接磁场定向控制(也称为磁链反馈式矢量控制),从根本上改善磁链在动态过程中的恒定性。而要实现磁链的闭环控制,需要有专门的磁链观测器(Ψ_2 磁链观测模型)以检测出转子磁链的幅值和相位。

检测转子磁链的方法有两种:一种是直接检测法,另一种是计算确定法。对于直接检测法,一种是在电动机定子槽内埋设探测线圈;一种是利用贴在定子内表面的霍尔元件或其他磁敏元件。从理论上说,直接检测应该比较准确。但实际上,由于存在不少工艺和技术问题,特别是由于齿槽的影响,使检测信号中含有较大的脉动分量,越到低速时影响越严重。因此,现在实用的系统中,多采用间接观测的计算确定法,即检测出电动机定子电流、电压和转速等容易测得的物理量,利用转子磁链的观测模型,实时计算磁链的幅值和相位。

利用能够实测的物理量的不同组合,可以获得多种转子磁链观测模型。以下仅举一个比较典型的例子——按磁场定向二相旋转坐标系上的转子磁链观测模型。

图 8-8 为这种转子磁链观测模型的运算框图。

三相定子电流经 3/2 变换变成二相静止坐标系电流 $i_{\alpha1}$ 和 $i_{\beta1}$,再经同步旋转变换 VR 并按转子磁场定向,得到 MT 坐标系上的电流 i_{M1} 和 i_{T1}。利用矢量变换控制方程式可以

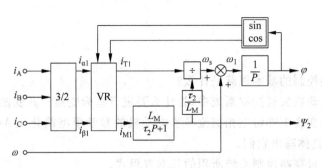

图 8-8　在 MT 坐标系中估算转子磁链的运算电路框图

获得 Ψ_2 和 ω_s 信号，由 ω_s 信号与实测转速信号 ω 相加得到定子频率信号 ω_1，再经积分，即得转子磁链的相位信号 φ，这个相位信号同时又是同步旋转变换的旋转相位角。

　　和其他观测器相比，这种模型更适合于微型计算机实时计算，一般都容易稳定，而且比较准确。但是，无论哪一种模型都依赖于电动机的参数 τ_2 和 L_M，它们的精确度都要受到这些参数变化的影响，一旦导致反馈信号失真，磁链闭环控制系统的精度还不一定能优于磁链开环转差控制的系统，这是间接观测法的主要缺点。

8.6　小结

　　矢量变换控制系统，从理论和实践上逐渐成熟，控制性能更佳，基本上达到或已经达到了直流电动机的调速水平。异步电动机矢量变换控制，是一门新技术，它可以使交流异步电动机获得和直流电动机一样的高性能调速指标，从而为交流电力拖动的应用开辟了更为广阔的前景。

　　1. 矢量变换控制的基本思路是利用等效的方法，通过矢量坐标变换的手段，把三相交流电动机的 i_M、i_T 分离出来，然后对这两个分量分别进行控制，最后通过坐标反变换将所需的控制量重新转变成三相交流量去控制实际的三相交流电动机。把交流电动机模拟成直流电动机，使其能够像直流电动机一样容易控制。通过坐标变换实现的控制系统就称作矢量变换控制系统（transvector control system）。

　　2. 坐标变换和矢量变换有三相/二相（3/2 变换）、二相/二相旋转坐标系变换（2s/2r 变换）和三相静止坐标系到任意二相旋转坐标系的变换（3s/2r）等。

　　3. 交流异步电动机的数学模型相当复杂，它是一个高阶、非线性、强耦合的多变量系统，坐标变换的目的就是要简化数学模型。由电压方程、磁链方程、转矩方程和运动方程四个方程组成三相异步电动机的数学模型。

　　4. 模仿直流他励电动机控制所用的基本方程式有式（8-79）、式（8-73）、式（8-75）和式（8-78）等。

　　5. 要实现磁链的闭环控制，改善磁链在动态过程中的恒定性，需要有专门的磁链观测器（Ψ_2 磁链观测模型），用以检测出转子磁链的幅值和相位。检测转子磁链的方法有两种：一种是直接检测法，另一种是计算确定法。

8.7 习题

1. 矢量变换控制的基本思路是什么？
2. 在异步电动机矢量控制系统中，为什么要进行坐标变换？其变换原则是什么？
3. 通过哪些变换矩阵将三相交流异步电动机的数学模型简化成 MT 坐标系电动机的数学模型？请具体写出它们。
4. 试写出矢量变换控制系统所用的基本方程式。
5. 试写出构成转差型矢量控制系统的 3 个基本方程式。

第 9 章

异步电动机直接转矩控制

直接转矩控制(Direct Torgue Control, DTC)系统是继矢量控制系统之后发展起来的另一种高动态性能交流变压变频调速系统。矢量控制技术以转子磁场定向,用矢量变换的方法,实现了对交流电动机转速和磁链控制的完全解耦,在理论上可使交流调速系统的动、静态性能与直流传动相媲美。然而,转子磁链难以实际准确观测,系统特性受电动机参数的影响较大,真实的控制效果较难达到理论分析的水平,这是矢量控制技术在实践上的不足。1985 年,德国鲁尔大学 Depenbrock 教授发明了不同于矢量控制技术的直接转矩控制理论,解决了矢量控制中计算控制复杂、特性易受电动机参数变化影响、实际性能难以达到理论分析结果的一些重大问题。

应用直接转矩控制技术的系统结构简洁明了,静、动态特性得到很大进步,成为国际电力传动领域的一个研究热点。国际上又开发了多种不同的具体控制方案,但基本特点没有改变。

9.1 直接转矩控制概述

9.1.1 直接转矩控制系统的特点

图 9-1 给出了按定子磁场控制的直接转矩控制系统原理框图。和矢量控制系统一样,它也是分别控制异步电动机的转速和磁链,而且采用在转速环内再设置转矩内环的方法,以抑制磁链变化对转速子系统的影响。因此,转速与磁链子系统也是近似解耦的。

在此系统中,每个采样周期采集现场定子磁链值 Ψ_1 和转矩值 T_e 数据之后,分别同给定的定子磁链值 Ψ_1^* 和转矩值 T_e^* 相比较,以控制定子磁链值偏差 $\Delta\Psi_1 = \Psi_1^* - \Psi_1$ 和转矩偏差 $\Delta T_e = T_e^* - T_e$ 分别在相应的范围内(磁链宽带和转矩宽带)为目的,从而确定选择逆变器 6 个电力开关的开关状态(开关策略)。转矩和定子磁链这种控制方式为直接反馈的双位式砰-砰控制,它避开了将定子电流分解成转矩分量和励磁分量,省去旋转坐标变换,简化了控制系统结构。其副作用是带来转矩脉动,调速范围受到限制。

该控制系统选择定子磁链作为控制磁链,而不像矢量控制系统那样选择转子磁链,使控制性能不受转子参数变化影响,这是它优于矢量控制系统的主要方面。

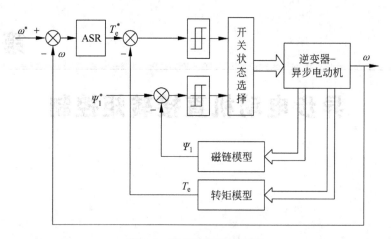

图 9-1　直接转矩控制系统

9.1.2　直接转矩控制系统的原理

1. 转矩和定子磁链观测模型

直接转矩控制系统的核心问题是：转矩和定子磁链观测模型以及如何根据转矩和磁链的偏差信号来选择电压空间矢量控制器的开关状态。这里以 Depenbrock 的方案为基础，进行介绍和分析。

为了使数学模型简化，由三相静止坐标 ABC 到二相静止坐标 $\alpha\beta$ 的变换(3/2 变换)是必要的。直接转矩控制理论仅使用在第 8 章所提到的静止两相坐标($\alpha\beta$ 坐标)，而不用旋转坐标(MT 坐标)。在 $\alpha\beta$ 坐标中有

$$u_{\alpha 1} = R_1 i_{\alpha 1} + P\Psi_{\alpha 1}$$
$$u_{\beta 1} = R_1 i_{\beta 1} + P\Psi_{\beta 1}$$

移相并积分后，得

$$\Psi_{\alpha 1} = \int (u_{\alpha 1} - R_1 i_{\alpha 1}) \, \mathrm{d}t \tag{9-1}$$

$$\Psi_{\beta 1} = \int (u_{\beta 1} - R_1 i_{\beta 1}) \, \mathrm{d}t \tag{9-2}$$

采用式(9-1)和式(9-2)构成的定子磁链观测模型如图 9-2 所示。

在静止坐标系 $\alpha\beta$ 上，电磁转矩的表达式为

$$T_e = n_p L_m (i_{\beta 1} i_{\alpha 2} - i_{\alpha 1} i_{\beta 2}) \tag{9-3}$$

又因为

$$i_{\alpha 2} = (\Psi_{\alpha 1} - L_s i_{\alpha 1})/L_m$$
$$i_{\beta 2} = (\Psi_{\beta 1} - L_s i_{\beta 1})/L_m$$

代入式(9-3)，得

$$T_e = n_P (i_{\beta 1} \Psi_{\alpha 1} - i_{\alpha 1} \Psi_{\beta 1}) \tag{9-4}$$

式(9-4)构成的转矩观测模型如图 9-3 所示。

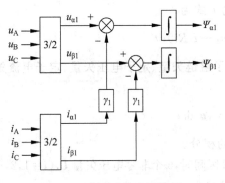

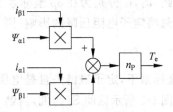

图 9-2 定子磁链观测模型　　　　图 9-3 转矩模型结构图

2. 根据转矩和磁链偏差信号选择电压空间矢量控制器的开关状态

（1）电压空间矢量对定子磁链的控制。三相逆变器-异步电动机调速系统主电路的原理图绘在图 9-4 中，图中 6 个开关器件都用开关符号代替，上桥臂器件导通用数字"1"表示，下桥臂器件导通用数字"0"表示，共有 8 种开关模式，按照 ABC 相序依次排列为 $100,110,010,011,001,101$ 以及 111 和 000。各种开关模式下三相相电压在 $\alpha\beta$ 坐标系下的电压矢量，其中有 6 个幅值相等，角度不同。另外 2 种开关模式的电压矢量为零矢量。将这 8 个电压矢量表示在图 9-5 中，6 个非零矢量将 $\alpha\beta$ 坐标系分为 6 个区，即 $S_1 \sim S_6$。

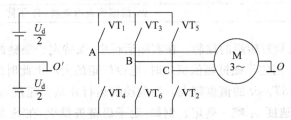

图 9-4 三相逆变器-异步电动机调速系统主电路原理图

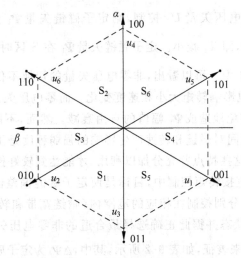

图 9-5 空间电压矢量

将式(9-1)和式(9-2)写成矢量表达式的形式为

$$\boldsymbol{\Psi}_1 = \int (\boldsymbol{u}_1 - \boldsymbol{i}_1 R_1) \mathrm{d}t \tag{9-5}$$

式中:$\boldsymbol{\Psi}_1$,$\boldsymbol{u}_1$,$\boldsymbol{i}_1$ 分别为在 $\alpha\beta$ 坐标系下的定子磁链矢量、定子电压矢量、定子电流矢量。

若忽略定子电阻压降的影响,则

$$\boldsymbol{\Psi}_1 = \int \boldsymbol{u}_1 \mathrm{d}t \tag{9-6}$$

在 $\alpha\beta$ 坐标系下,定子磁链矢量是电压矢量的积分。

以图 9-5 所示区间 S_4 为例,当 $\boldsymbol{\Psi}_1$ 处于该区间时,6 个非零电压矢量 $\boldsymbol{U}_i$($i=1,2,\cdots,6$)和零电压矢量 $\boldsymbol{U}_0$ 对于 $\boldsymbol{\Psi}_1$ 幅值的调节作用如表 9-1。

表 9-1 空间电压矢量调节作用表

定子电压矢量号	调节作用
U_4	对 $\boldsymbol{\Psi}_1$ 的幅值影响不大,T_e 迅速增大
U_6	$\boldsymbol{\Psi}_1$ 的幅值减小,T_e 增大
U_2	$\boldsymbol{\Psi}_1$ 的幅值减小,T_e 减小
U_3	对 $\boldsymbol{\Psi}_1$ 的幅值影响不大,T_e 迅速下降
U_1	$\boldsymbol{\Psi}_1$ 的幅值增大,T_e 迅速下降
U_5	$\boldsymbol{\Psi}_1$ 的幅值增大,T_e 增大
U_0	$\boldsymbol{\Psi}_1$ 的幅值自由衰减,T_e 下降

(2)电压空间矢量对转矩的控制。在实际运行中,保持定子磁链的幅值为额定值,以便充分利用电动机。当定子磁链幅值恒定时,电磁转矩的大小由此时的转差角频率 ω_s 唯一确定。ω_s 值越大,$\mathrm{d}T_\mathrm{e}/\mathrm{d}t$ 的值也越大。当电动机运行在某个速度 ω 时,ω_s 的大小由定子磁链 $\boldsymbol{\Psi}_1$ 的旋转角速度 ω_1 唯一确定。例如,定子磁链矢量 $\boldsymbol{\Psi}_1$ 在 S_4 区时,如果选取定子电压矢量 $\boldsymbol{U}_6$ 控制,则定子磁链矢量 $\boldsymbol{\Psi}_1$ 矢量角度 φ 增加,因为 $\omega_1 = \dfrac{\mathrm{d}\varphi}{\mathrm{d}t}$,所以 $\mathrm{d}T_\mathrm{e}/\mathrm{d}t > 0$,即 T_e 增加;如果选取定子电压矢量 $\boldsymbol{U}_2$ 控制,则定子磁链矢量 $\boldsymbol{\Psi}_1$ 矢量角度 φ 减小,因为 $\omega_1 = \dfrac{\mathrm{d}\varphi}{\mathrm{d}t}$,所以 $\mathrm{d}T_\mathrm{e}/\mathrm{d}t < 0$,即 T_e 减小。定子磁链矢量 $\boldsymbol{\Psi}_1$ 在 S_4 区时,各定子电压矢量对 T_e 的控制作用也示于表 9-1 中。可以看出,非零电压矢量的切换不仅可以调节定子磁链 $\boldsymbol{\Psi}_1$ 的幅值和转速 ω_1,同时也影响转矩大小和速度变化。而零电压矢量的插入不仅会造成转矩下降,而且还会不可避免地造成 $\boldsymbol{\Psi}_1$ 幅值的自由衰减。然而,不同的电压矢量在定子磁链矢量 $\boldsymbol{\Psi}_1$ 所在的不同区间对磁链和转速产生影响的强弱程度是不同的,可仿照表 9-1 逐一列出。只有充分考虑这些特点并充分加以利用,才能达到较好控制效果。

(3)开关策略。在直接转矩控制中,目标是使定子磁链偏差值 $\Delta\boldsymbol{\Psi}_1 = \boldsymbol{\Psi}_1^* - \boldsymbol{\Psi}_1$ 和转矩偏差值 $\Delta T = T_\mathrm{e}^* - T_\mathrm{e}$ 分别控制在相应的范围内(磁链宽带和转矩宽带)。为正确反映当前定子磁链和转矩的状态并据此正确选择最合适的非零电压矢量,定子磁链 $\boldsymbol{\Psi}_1$ 当前状态由 Φ_1 和 Φ_2 两个量来表征,如表 9-2 所示,其中,$\overline{\Delta\boldsymbol{\Psi}_1}$ 为定子磁链滞环宽;转矩 T_e 当前状态由 τ_1 和 τ_2 来表征,如表 9-3 所示,其中 $\overline{\Delta T}$ 是转矩滞环宽。

表 9-2　定子磁链 Ψ_1 当前状态表

Φ_1	Φ_2	定子磁链 Ψ_1 当前状态
0	0	$\Delta\Psi_1 < -0.5\,\overline{\Delta\Psi_1}$
0	1	$\Delta\Psi_1$ 在滞环内,呈上升状态
1	0	$\Delta\Psi_1$ 在滞环内,呈下降状态
1	1	$\Delta\Psi_1 > -0.5\,\overline{\Delta\Psi_1}$

表 9-3　转矩 T_e 当前状态表

τ_1	τ_2	转矩 T_e 当前状态
0	0	$\Delta T < -0.5\,\overline{\Delta T}$
0	1	ΔT 在滞环内,呈上升状态
1	0	ΔT 在滞环内,呈下降状态
1	1	$\Delta T > -0.5\,\overline{\Delta T}$

$\Delta\Psi_1$ 在滞环内是呈上升状态还是下降状态,由当前取样时刻定子磁链幅值和前一取样时刻定子磁链幅值比较获得。

ΔT 在滞环内是呈上升状态还是下降状态,也是由当前取样时刻转矩值和前一取样时刻转矩值比较获得。

根据定子磁链和转矩的当前状态,应用表 9-1,能确定当定子磁链在 S_4 区时的开关策略(即所选择的电压矢量),见表 9-4。其他区域的开关策略可仿此建立。

表 9-4　S_4 当区的开关策略

τ_1	τ_2	Φ_1	Φ_2	选择的电压矢量	τ_1	τ_2	Φ_1	Φ_2	选择的电压矢量
0	0	0	0	U_3	1	0	0	0	U_3
0	0	0	1	U_4	1	0	0	1	U_0
0	0	1	0	U_4	1	0	1	0	U_0
0	0	1	1	U_5	1	0	1	1	U_5
0	1	0	0	U_2	1	1	0	0	U_2
0	1	0	1	U_0	1	1	0	1	U_1
0	1	1	0	U_0	1	1	1	0	U_1
0	1	1	1	U_6	1	1	1	1	U_6

9.1.3　直接转矩控制系统和矢量控制系统的比较

直接转矩控制系统和矢量控制系统都是已经获得实际应用的高性能异步电动机调速系统,两者都采用转矩和磁链分别控制。两者在性能上各有特点:矢量控制系统强调转矩与转子磁链的解耦,有利于分别设计转速调节器和转子磁链调节器,可实行连续控制,调速范围宽。但转子磁链的测量受电动机转子参数影响,降低了鲁棒性。直接转矩控制系统则是直接进行转矩和定子磁链的砰-砰控制,不用旋转坐标变换,控制过程中所需的运算大大减少,控制定子磁链而不是转子磁链,不受转子参数影响。但不可避免地产生转矩脉动,降低了调速性能。表 9-5 列出了两种系统的特点和性能比较。

表 9-5　直接转矩控制系统和矢量控制系统的比较

性 能 指 标	直接转矩控制系统	矢量控制系统
磁链控制	定子磁链	转子磁链
转矩控制方式	砰-砰控制,脉动	连续控制,平滑
坐标变换形式	3/2 变换	3/2 变换和 2s/2r 变换
转子参数变化影响	无	有
调速范围	不够宽	较宽

从表 9-5 中可以看出,如能将直接转矩控制系统和矢量控制系统结合起来,取长补短,就能构成性能更优越的控制系统。这正是当前国内外交流异步电动机变频调速的研究方向。

9.2　直接转矩控制中定子磁链观测模型的切换

直接转矩控制直接在定子坐标系下(静止的二维 $\alpha\beta$ 坐标系下)分析交流电动机的数学模型,控制电动机的定子磁链和电磁转矩。它不需要将交流电动机与直流电动机作比较、等效、转化,省掉了矢量旋转变换等复杂的变换与计算。因此,它所需要的信号处理工作特别简单,所用的控制信号使观察者对于交流电动机的物理过程能够做出直接和明确的判断。直接转矩磁场定向所用的是定子磁链,只要知道定子电阻就可以把它观测出来。这样大大减小了矢量控制技术中控制性能易受参数变化影响的问题。

定子磁链的观测准确性,可以说是 DTC 技术的关键。定子磁链无论其幅值还是相位,一旦出现较大误差,控制性能都会变坏,甚至出现不稳定。定子磁链观测模型一般有 3 种:$U\text{-}I$ 模型,$I\text{-}n$ 模型,$U\text{-}n$ 模型。其中,$U\text{-}I$ 模型最为简单和常用,它在高转速区精度高,很有优势,但在低速时因积分项的误差致使模型精度严重下降;$I\text{-}n$ 模型虽然使得系统不受定子电阻的影响,但受主电感、漏电感、转子电阻的影响,高速下模型的精度无法保证;$U\text{-}n$ 模型综合了 $U\text{-}I$,$I\text{-}n$ 的优点,在高速区时采用 $U\text{-}I$ 模型,低速区时则采用 $I\text{-}n$ 模型,而且解决了 2 种模型的平滑切换问题。

9.2.1　磁链模型

9.1 节中式(9-1)、式(9-2)是在定子电压、电流来确定定子磁链的,此种方法称为定子磁链观测的 $U\text{-}I$ 模型法。

$U\text{-}I$ 模型的最大优点是:模型简单,计算量少,所涉及的电动机参数是易于确定的定子电阻。然而这一磁链观测模型只有在 30% 额定转速以上时,才能非常准确地确定定子磁链。

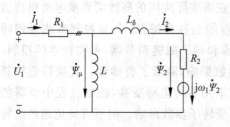

图 9-6　异步电动机空间矢量等效电路图

在实际应用中,30% 额定转速以下时,定子磁链观测采用 $I\text{-}n$ 模型法,也就是由定子电流与转速来确定定子磁链。图 9-6 是异步电动机的空间矢量等效电路图,由此等效电路可得 $I\text{-}n$ 模型计算公式：

$$\Psi_{\alpha 1} = \frac{i_{\alpha 1} L_\delta + \Psi_{\alpha 2}}{1 + L_\delta / L} \tag{9-7}$$

$$\Psi_{\beta 1} = \frac{i_{\beta 1} L_\delta + \Psi_{\beta 2}}{1 + L_\delta / L} \tag{9-8}$$

式(9-7)、式(9-7)的 $\Psi_{\alpha 2}$、$\Psi_{\beta 2}$ 为

$$\Psi_{\alpha 2} = (R_2 / L_\delta)(\Psi_{\alpha 1} - \Psi_{\alpha 2}) - \omega \Psi_{\beta 2}$$

$$\Psi_{\beta 2} = (R_2 / L_\delta)(\Psi_{\beta 1} - \Psi_{\beta 2}) - \omega \Psi_{\alpha 2}$$

式中：$\Psi_{\alpha 1}$、$\Psi_{\beta 1}$ 为定子磁链分别在 α、β 轴上的分量；$\Psi_{\alpha 2}$、$\Psi_{\beta 2}$ 为转子磁链分别在 α、β 轴上的分量；$i_{\alpha 1}$、$i_{\beta 1}$ 为定子电流矢量分别在 α、β 轴上的分量；ω 为转子旋转角速度(用电角度表示)；R_2 为折算到定子侧的转子每相电阻；L 为主电感；L_δ 为转子折算到定子侧的每相漏电感。

图 9-7 表示出由式(9-7)、式(9-8)构成的定子磁链观测 I-n 模型法，该模型法中不出现定子电阻，即它不受定子电阻变化的影响，但受转子电阻、漏电感、主电感这些电动机参数影响，此外 I-n 模型还要求有较高的速度检测精度。

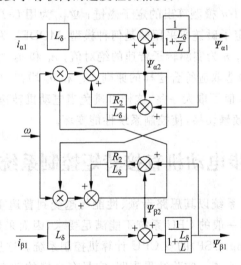

图 9-7 定子磁链观测的 I-n 模型

9.2.2 U-n 模型

U-I 模型只有在被积分的差值，即 $u_1 - i_1 R_1$ 的值较大时才能提供正确的结果。当定子频率接近零时，用这种方法确定定子磁链是不可能的，因为用做积分的定子电压和定子电阻压降之间的差值消失了，以致只有误差被积分。因而此模型只有在 10% 额定转速以上时，特别是在 30% 额定转速以上时，才能非常准确地确定定子磁链。I-n 模型在低速范围内，则没有 U-I 模型上述的缺点。I-n 模型的缺点是在调高速范围内不如 U-I 模型观测精度高。

由以上的比较，自然得到将 2 种模型结合起来，使系统在高速范围(30% 额定转速以上)采用 U-I 模型，在低速范围(30% 额定转速以下)切换为 I-n 模型，这样可充分利用 2

种模型的优点。图 9-8 为 2 种观测模型平滑切换模型,即 *U-n* 模型。

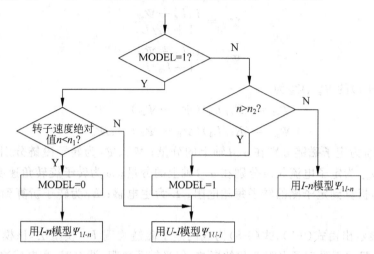

图 9-8　定子磁链 *U-n* 观测模型流程图

在图 9-8 中,$\Psi_{1I\text{-}n}$ 为 *I-n* 模型算出的定子磁链;$\Psi_{1U\text{-}I}$ 为用 *U-I* 模型算出的定子磁链;MODEL 表示当前观测定子磁链所采用的是何种模型,MODEL 为 1 则表示采用的是 *U-I* 法,为 0 表示用 *I-n* 模型;n 为实测转子转速的绝对值;n_1 和 n_2 为需要进行模型切换的 2 个速度界限。n_1 和 n_2 的选取应符合这样的原则:n_1 和 n_2 均在 30% 额定转速附近,n_2 要大于 n_1,且它们之间的差值可取大一些,这样可避免当电动机转速在 n_1 和 n_2 附近时所选取的定子磁链观测模型频繁切换,使控制系统性能变坏。

9.3　全数字异步电动机直接转矩控制系统

异步电动机的 DTC 系统以其思路新颖、性能优越受到普遍重视。DTC 的数字化对计算时间要求很高,采用一般的 CPU 系统不能满足要求,因而采用包括数字信号处理器(Digital Signal Processing,DSP)的双 CPU 计算机控制系统。这里介绍一种以 DSP 为主控制器的全数字化 DTC 系统。实验结果表明,它具有良好的动态特性的低速特性,为构成以 DTC 系统为内环的交流伺服系统创造了有利条件。

9.3.1　系统硬件结构

系统结构框图如图 9-9 所示,图中变频器使用智能功率模块(Intelligent Power Module,IPM)。控制线路用 IBM-PC 上位机和 DSP 构成双计算机系统。系统的定子磁链观测、转矩运算、定子磁链空间矢量位置判断、开关状态确定均由以 DSP 为主控制器的全数字化系统实现。用上位机键盘输入"给定转速"、"给定直流电压"、"给定转矩"、"给定定子磁链"、"开关频率"、"模型参数"、"开始/停止命令",向 DSP 输出"给定转速"、"给定直流电压"、"给定转矩"、"给定定子磁链"、"定子磁链滞环宽"、"转矩滞环宽"、"模型参数"、"开始/停止信号",同时上位机还将 DSP 传递过来的一些数据进行显示。控制线路结构如图 9-10 所示。位置传感器分辨率为 4096 脉冲/转。上位机通过一套 DSP 开发软件完成 DTC 控制程序的开发与调试。定子磁链环和转矩环采样周期为 $50\mu s$,转速环采样周期为 2ms。

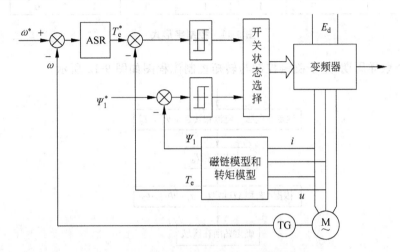

图 9-9　直接转矩控制调速系统框图

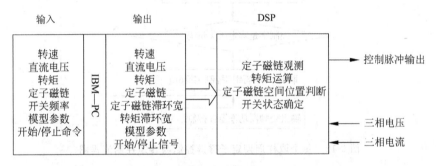

图 9-10　双计算机控制调速系统构成图

9.3.2　定子磁链控制与转矩控制

1. 定子磁链和转矩的调节作用

采用 9.1 节介绍的控制方法,6 个区域(每个区域有 16 种开关策略,见表 9-4)共有 96 种开关策略,将每个区域的开关策略按顺序(从 $\tau_1,\tau_2,\Phi_1,\Phi_2$,为 0000~1111)保存在 DSP 中的一张表里,共有 6 张表。为减少查表操作和复杂的逻辑判断,每一个开关策略用一个控制字存放。控制字的结构设计成如下形式:其低 6 位(b0~b5)为对应于当前控制策略变频器 6 个功率开关的控制电平。b7 位和 b6 位为对应于当前开关策略的电压零矢量(这 2 位为"00"时,表示零电压矢量"000",这 2 位为"01"时,表示零电压矢量"111"),要选取与当前开关策略只有一位不同的电压零矢量。如当前开关策略为电压零矢量,控制字 b7 位和 b6 位为"01",控制字低 6 位(b0~b5)为上一取样周期控制字 b7 位与 b6 位表示的电压零矢量所对应的变频器 6 个功率开关的控制电平。例如,表 9-4 中第 1 个开关策略:$\tau_1,\tau_2,\Phi_1,\Phi_2$ 为 0000,开关策略为 U_3,U_3 为电压矢量"011",与它只有一位不同的电压零矢量为"111",则它的控制字如图 9-11 所示。

零矢量编号	A相上桥臂管控制电平	A相下桥臂管控制电平	B相上桥臂管控制电平	B相下桥臂管控制电平	C相上桥臂管控制电平	C相下桥臂管控制电平
1	0	1	1	0	1	0

图 9-11　控制字形式

在每个取样周期,定子磁链控制与转矩控制流程图如图 9-12 所示。

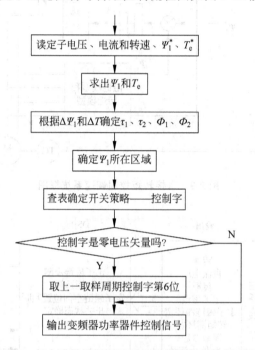

图 9-12　每个取样周期定子磁链控制与转矩控制流程图

2. 当前定子磁链所在区间判断

在确定开关策略中,判断当前定子磁链所在区域至关重要。为确定定子磁链所在区域,可采用如下方法:

将当前定子磁链在 $\alpha\beta$ 坐标系上的 2 个分量 $\Psi_{\alpha 1}$ 和 $\Psi_{\beta 1}$ 经过 2/3 变换,得到 Ψ_A,Ψ_B,Ψ_C。

$$\begin{bmatrix} \Psi_A \\ \Psi_B \\ \Psi_C \end{bmatrix} = \sqrt{\frac{2}{3}} \begin{bmatrix} 1 & 0 \\ -\dfrac{1}{2} & \sqrt{\dfrac{2}{3}} \\ -\dfrac{1}{2} & -\sqrt{\dfrac{2}{3}} \end{bmatrix} \begin{bmatrix} \Psi_{\alpha 1} \\ \Psi_{\beta 1} \end{bmatrix}$$

定义开关函数:

$$S_i = \begin{cases} 0, & \Psi_i \geqslant 0 \\ 1, & \Psi_i < 0 \end{cases}$$

则通过 $S_i (i = A, B, C)$ 即可判断当前定子磁链所在区域,如表 9-6 所示。

表 9-6　当前定子磁链所在区域判断表

S_A	S_B	S_C	区域
0	0	1	S_1
0	1	0	S_2
0	1	1	S_3
1	0	0	S_4
1	0	1	S_5
1	1	0	S_6

3. 初始定子磁链建立

为提高转矩响应速度,必须保证电动机启动前定子磁链幅值已达到要求的稳定值。为实现这一要求,本系统在定子绕组接通后,首先向变频器输出一个固定不变的非零电压矢量,强迫定子磁链快速增长。由于此时定子磁链的旋转速度 $\omega_1 = 0$,故电动机实际上并未进入启动状态,当检测到定子磁链达到给定值后,立即转入正常非零电压矢量切换状态,系统投入正常启动过程。

9.4　小结

直接转矩控制系统选择定子磁链作为控制磁链,而不像矢量控制系统那样选择转子磁链,使控制性能不受转子参数变化影响,这是它优于矢量控制系统的主要方面。本章分析了直接转矩控制系统的特点和基本原理。和矢量控制系统比较,直接转矩控制系统则是直接进行转矩和定子磁链的砰-砰控制,不用旋转坐标变换,控制过程中所需的运算大大减少,控制定子磁链而不是转子磁链,不受转子参数影响。定子磁链观测的准确性是 DTC 技术的关键。定子磁链观测模型一般有 3 种:$U\text{-}I$ 模型,$I\text{-}n$ 模型,$U\text{-}n$ 模型。其中 $U\text{-}I$ 模型最为简单和常用。最后介绍一种以 DSP 为主控制器的全数字化 DTC 系统,描述了系统硬件结构和定子磁链控制与转矩控制的方法。

9.5　习题

1. 直接转矩控制系统主要在哪个方面优于矢量控制系统?

2. 直接转矩控制系统的核心问题是什么?

3. 逆变器的 6 个开关器件 $VT_1 \sim VT_6$ 按照 ABC 相序依次顺序导通,可形成哪 6 种有效开关状态模式(空间电压矢量)?2 个零电压矢量的开关模式是什么?

4. 定子磁链观测模型一般有哪 3 种?各有何特点?

数学实验

实验指导书

电力拖动控制系统是一门实践性很强的课程,当具备了一定的理论知识后,还必须通过一定数量的实验和不断地实践,才能更清楚地掌握控制系统的组成和本质。在实验中一定会遇到许多具体问题,应用所学理论去分析和解决它,就会使认识得到升华,理论得到深化,并使理论和实践融为一体。在课程的最后部分单独设立有关实验的内容,其目的在于培养学生掌握基本的实验方法和操作技能,特别着重于能力的培养,包括自学能力、实践能力、数据分析和处理能力、应用理论分析并解决实际问题的能力、组织能力和文字表达能力等。实验是本课程必不可少的重要环节,没有实验是不可能真正掌握这门课程的。

本指导书共列出了 11 个实验,实验 1 是调速系统实验对象的认识实验,这是基础性的准备实验。实验 2 是带电流截止负反馈的转速单闭环调速系统。实验 3 是转速、电流双闭环不可逆调速系统,这是本课程最重要的两个基本实验,条件许可应该都做。实验 4~实验 11 是有关通用变频器的使用与操作实验。由于机型的不同,操作方法上可能略有不同,因此这部分实验仅供参考。可以把几个实验合并,在 2 学时之内完成。

本课程实验综合性很强,涉及的知识面广,实验时环节多,需多人协同进行。为了提高工作效率,讲求实验效果,建议按以下方式进行。

1. 预习

在实验前做好预习工作,是保证实验顺利进行的必要步骤,也是培养学生独立工作能力,提高实验质量与效率的重要环节。要求做到:

(1) 实验前应复习有关课程的章节,熟悉有关理论知识。

(2) 认真阅读实验指导书及有关实验装置的介绍,了解实验目的、内容、要求、方法和系统的工作原理,明确实验过程中应注意的问题,有些内容可到实验室对照实物预习(如熟悉所用仪器设备,抄录被试机组的铭牌参数,选择设备、仪器、仪表等)。

(3) 画出实验线路图,明确接线方式,拟出实验步骤,列出实验时所需记录的各项数据表格,算出要求事先计算的数据。

(4) 实验分组进行,每组 3~4 人,每人都必须预习,实验前可每人或每组写一份预习报告。各小组在实验前应认真讨论一次,确定组长,合理分工,预测实验结果及大致趋势,做到心中有数。

2. 实验进行过程

每个人在整个实验过程中必须严肃认真,集中精力,准时完成实验。

(1) 预习检查,严格把关

实验开始前,由指导教师检查预习质量(包括对本次实验的理解、认识及预习报告)。当确认已做好了实验前的准备工作后,方可开始实验。如发现未预习者,应拒绝其实验。

(2) 分工配合,协调工作

每次实验以小组为单位进行。组长负责实验的安排,可分工进行系统接线、启动操作、调节负载、测量转速及其他物理量、数据记录等工作。在实验过程中务求人人动手,个个主动,分工配合,协调操作,做到实验内容完整、数据记录正确。

(3) 按图接线,力求简明

根据拟定的实验线路及选用的仪表设备,按图接线,力求简单明了。接线原则是先串联后并联,即由电源开始先连接主要的串联电路,例如单相或直流电路,从一极出发,经过主要线路的各仪表、设备,最后返回到另一极。串联电路接好后再把并联支路逐段并上。主回路与控制回路应分清,根据电流大小,主回路选用粗导线联接,控制回路选用细导线连接,导线的长短要合适,不宜过长或过短,每个接线柱上的接线尽量不超过两根。接线要牢,不能松动,这样可以减少实验时的故障。

(4) 确保安全,检查无误

为了确保安全,线路接好后应互相校对或请指导教师检查,确认无误后方可合闸通电。

(5) 按照计划,操作测试

按实验步骤由简到繁逐步进行操作测试。实验中要严格遵守操作规程和注意事项,仔细观察实验中的现象,认真做好数据测试工作,并结合理论分析与预测趋势相比较,判断数据的合理性。

(6) 认真负责,完成实验

实验完毕,应将记录数据交指导教师审阅,经指导教师认可后才允许拆线、整理现场,并将导线分类整理,仪表、工具物归原处。

3. 实验报告

实验报告是实验工作的总结及成果,通过书写实验报告,可以进一步培养学生的分析能力和工作能力。因此必须独立书写,每人一份。应对实验数据及实验中观察和发现的问题,进行整理讨论,分析研究,得出结论,写出心得体会,以便积累一定的实际经验。

编写实验报告应持严肃认真的科学态度,要求简明扼要,条理清楚,字迹端正,图表整洁,分析认真,结论明确。

实验报告应包括以下几方面的内容:

(1) 实验名称,专业班级,组别,姓名,同组同学姓名,实验日期。

(2) 实验用机组,主要仪器、仪表设备的型号、规格。

(3) 实验目的要求。

(4) 实验所用线路图。

(5) 实验项目,调试步骤,调试结果。

(6) 整理实验数据,注明试验条件。

(7) 画出实验所得曲线或记录波形。

(8) 分析实验中遇到的问题,总结实验心得体会。

4. 实验注意事项

为了按时顺利完成实验,确保实验时人身及设备安全,养成良好的用电习惯,应严格遵守实验室的安全操作规程并注意下列事项:

(1) 人体不可接触带电线路。

(2) 电源必须经过开关接入设备;接线或拆线均需在切断电源的情况下进行。

(3) 合闸时应招呼同组同学注意,如发现问题应立即切断电源,保持现场,协同教师查清原因后方能继续进行实验。

(4) 使用电流互感器时,二次侧不得开路,以免产生高压而损坏设备、仪器及危及人身安全。

(5) 确保各类负反馈极性的正确性。

(6) 使用仪器、仪表时,要注意看清量程范围,以防损坏仪器、仪表,保证测量数据的正确性。

(7) 不要乱动与本实验无关的设备、仪器。

实验 1　调速系统实验对象的认识

1. 实验目的

(1) 了解晶闸管-电动机系统的组成及基本结构(以 KZS-1 型电机控制系统实验装置为例)。

(2) 认识在调速系统实验装置中所用的直流电动机、仪表、变阻器等组件及使用方法。

(3) 复习他励电动机的接线、启动、改变电动机方向与调速的方法。

(4) 复习直流电动机的基本特性等实验,为系统实验打下良好的基础。

(5) 了解教学实验系统中使用的直流稳压电源、变阻器、多量程直流电压表、电流表、毫安表及直流电动机的使用方法。

(6) 用伏安法测直流电动机和直流发电机的电枢绕组的冷态电阻。

2. 实验原理

(1) 预习如何正确选择使用仪器仪表,特别是电压表、电流表的量程。

(2) 直流电动机调速及改变转向的方法。

3. 实验设备及仪器

(1) KZS-1 型实验教学系统

(2) 电机导轨及转速表测量转速

（3）直流并励电动机、直流发电机

（4）220V 直流可调稳压电源

（5）直流电压表、毫安表、安培表

4. 实验内容及步骤

（1）由实验指导人员讲解电机实验的基本要求，实验设备各面板的布置及使用方法，注意事项。

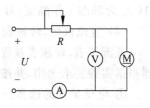

图实验-1　测电枢绕组直流
电阻接线图

（2）在实验系统中依次连接各个实验组件。

（3）用伏安法测电枢的直流电阻，接线原理见图实验-1。

图中 U 为可调直流稳压电源；R 为 3000Ω 磁场调节电阻；V 为直流电压表；A 为直流安培表；M 为直流电动机电枢。

① 经检查接线无误后，调节磁场调节电阻 R 使至最大。直流电压表量程选为 300V 挡，直流安培表量程选为 5A 挡。

② 建立直流电源，并调节直流电源至 220V 输出。

调节 R 使电枢电流达到 0.5A（如果电流太大，可能由于剩磁的作用使电机旋转，测量无法进行，如果此时电流太小，可能由于接触电阻产生较大的误差），迅速测取电机电枢两端电压 U_M 和电流 I_a。将电机转子分别旋转 1/3 和 2/3 周，同样测取 U_M、I_a，填入表实验-1。

表实验-1　室温_____℃

序号	U_M/V	I_a/A	R/Ω		R_a 平均/Ω	R_{aref}/Ω
1			R_{a11}	R_{a1}		
			R_{a12}			
			R_{a13}			
2			R_{a21}	R_{a2}		
			R_{a22}			
			R_{a23}			
3			R_{a31}	R_{a3}		
			R_{a32}			
			R_{a33}			

注：$R_{a1}=(R_{a11}+R_{a12}+R_{a13})/3$；$R_{a2}=(R_{a21}+R_{a22}+R_{a23})/3$；$R_{a3}=(R_{a31}+R_{a32}+R_{a33})/3$。

③ 增大 R（逆时针旋转）使电流分别达到 0.3A 和 0.1A，用上述方法测取 6 组数据，填入表实验-1。

取 3 次测量的平均值作为实际冷态电阻值 $R_a=(R_{a1}+R_{a2}+R_{a3})/3$。

④ 计算基准工作温度时的电枢电阻。

由实验测得电枢绕组电阻值，此值为实际冷态电阻值，冷态温度为室温。按下式换算到基准工作温度时的电枢绕组电阻值：

$$R_{aref} = R_a \frac{235+\theta_{ref}}{235+\theta_a}$$

式中：R_{aref} 为换算到基准工作温度时电枢绕组电阻 Ω；R_a 为电枢绕组的实际冷态电阻，

Ω；θ_{ref} 为基准工作温度，对于 E 级绝缘为 75℃；θ_a 为实际冷态时电枢绕组的温度，℃。

（4）直流仪表、转速表和变阻器的选择。

直流仪表、转速表量程是根据电机的额定值和实验中可能达到的最大值来选择，变阻器根据实验要求选用，并按电流的大小选择串联、并联或串并联的接法。

① 电压量程的选择。

如测量电动机两端为 220V 的直流电压，选用直流电压表为 300V 量程挡。

② 电流量程的选择。

因为直流并励电动机的额定电流为 10A，测量电枢电流的电表可选用 15A 量程挡，额定励磁电流小于 1A，测量励磁电流的毫安表选用 1500mA 量程挡。

③ 电机额定转速为 1600r/min，若采用指针表和测速发电机，则选用 1800r/min 量程挡，若采用光电编码器，则不需要量程选择。

④ 变阻器的选择。

变阻器选用的原则是根据实验中所需的阻值和流过变阻器的最大电流来确定。在本实验中采用大功率可调电阻。

（5）直流电动机的启动。

① 按图实验-2 接线，图中，R_L 为电枢调节电阻；R_F 为磁场调节电阻；U_1 为可调直流稳压电源；U_2 为直流电机励磁电源；V_1 为可调直流稳压电源自带电压表；V_2 为直流电压表，量程为 300V。检查电动机励磁回路接线是否牢靠，仪表的量程，极性是否正确选择。

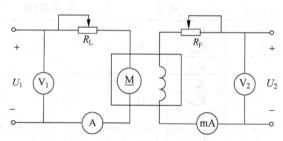

图实验-2　直流电动机启动换向电路

② 将电机电枢调节电阻 R_1 调至最大，磁场调节电阻 R_f 调至最小，转矩设定电位器（电动机负载电阻）调到最大。

③ 加载励磁电源，加载电枢电源，旋转电压调节电位器，使可调直流稳压电源输出 220V 电压。

④ 减小 R_1 电阻至最小。

（6）调节他励电动机的转速。

① 分别改变串入电动机电枢回路的调节电阻 R_1 和励磁回路的调节电阻 R_f。

② 调节转矩设定电位器（电动机的负载电阻），以上两种情况可分别观察转速变化情况。

（7）改变电动机的转向。

将电枢回路调节电阻 R_1 调至最大值，"转矩设定"电位器调到零，先断开可调直流电源的开关,再断开励磁电源的开关,使他励电动机停机,将电枢或励磁回路的两端接线对调后,再按前述启动电机,观察电动机的转向及转速表的读数。

5. 实验注意事项

(1) 直流他励电动机启动时,须将励磁回路串联的电阻 R_f 调到最小,先接通励磁电源,使励磁电流最大,同时必须将电枢串联启动电阻 R_1 调至最大,然后方可接通电源,使电动机正常启动,启动后,将启动电阻 R_1 调至最小,使电机正常工作。

(2) 直流他励电机停机时,必须先切断电枢电源,然后断开励磁电源。同时,必须将电枢串联电阻 R_1 调回最大值,励磁回路串联的电阻 R_f 调到最小值,给下次启动做好准备。

(3) 测量前注意仪表的量程及极性和接法。

6. 实验报告

(1) 画出直流并励电动机电枢串电阻启动的接线图。说明电动机启动时,启动电阻 R_1 和磁场调节电阻 R_f 应调到什么位置? 为什么?

(2) 增大电枢回路的调节电阻,电机的转速如何变化? 增大励磁回路的调节电阻,转速又如何变化?

(3) 用什么方法可以改变直流电动机的转向?

实验 2　带电流截止负反馈的转速单闭环调速系统

1. 实验目的

(1) 了解转速单闭环直流调速系统的组成。

(2) 掌握单闭环直流调速系统的调试步骤和方法,以及电流截止负反馈的整定。

(3) 加深理解转速负反馈在调速系统中的作用。

(4) 测定晶闸管—电动机调速系统的机械特性和转速单闭环调速系统的静特性。

2. 实验原理

调速系统中为了提高系统的动静态性能指标,必须采用闭环系统,转速单闭环调速系统是常用的一种方式,系统实验原理图如图实验-3所示。

图中电动机的电枢回路由晶闸管整流电路(三相零式或桥式电路)供电,通过与电动机同轴刚性连接的测速发电机 CSF 检测电机的转速,并经转速反馈环节 SF 分压后取出合适的反馈电压 U_{fn},此电压与转速给定电压 U_{gd} 经转速调节器 ST 综合调节,ST 的输出作为移相触发器 CF 的控制电压 U_k,由此组成转速单闭环系统。

本系统中转速调节器采用比例调节器,属于有静差调速系统,增加了 ST 的比例放大倍数即可提高系统的静特性硬度。为防止启动和运行中过大的电流冲击,系统中引入了电流截止负反馈,由变阻器 R_{b1} 和电位器 R_{w2} 上取出的与电流成正比的电压信号,当电枢回路电流超过一定值时,此信号使稳压管 D_w 击穿,送出电流反馈信号 U_{fi},并进入 ST 输入端进行综合,以限制电流不超过其允许的最大值,改变 U_{gd} 即可调整电动机的转速。

3. 实验设备及仪器

(1) 三相整流变压器

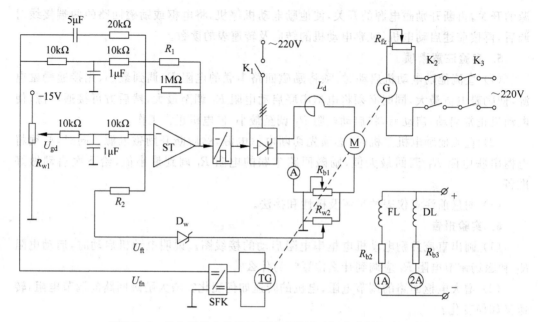

图实验-3　带电流截止负反馈的转速单闭环调速系统实验原理图

（2）平波电抗器

（3）直流电动机发电机机组

（4）KZS-1 型可控硅直流调速实验装置

（5）变阻器（串入励磁回路）

（6）直流电流表

（7）万用表

（8）慢扫描双踪示波器

4. 实验内容及步骤

（1）系统调试的基本原则。

① 先部件，后系统。即先将各个环节特性调节好，然后才能组成系统。整定部件包括：核对电源相位、调整移相触发器并测定其放大倍数 K_s、整定运算放大器正负限幅。

② 先开环，后闭环。即先使系统能正常开环运行，然后再确定电流负反馈，组成闭环系统。

（2）测定和比较晶闸管-电动机调速系统的开环机械特性和转速单闭环系统的静特性

① 测定两条完整的开环机械特性（包括电流连续段和电流断续段），另外测定两条与开环空载转速相同的闭环静特性。

② 计算和比较机械特性和静特性的静差率 S。

③ 改变 ST 的放大倍数 K_p，比较静特性中静差率的变化。

（3）整定电流截止负反馈的转折点，并检验电流负反馈的效应，用示波器观察和记录系统加入电流截止负反馈后，突加给定启动时电流 I_a 和转速 n 的波形。

（4）单元部件参数整定和调试。

欲分析单闭环调速系统，首先要调整好晶闸管整流电路，保证整流电路能够正常供电。

① 整定相序。

若主整流变压器按△/Y-11 连接，则同步变压器的连接方式也是△/Y-11，各个元件所受阳极电压和触发板对应相同的同步电压关系如表实验-2 所示。

表 实验-2

晶闸管	KZ1	KZ2	KZ3	KZ4	KZ5	KZ6
对应的阳极电压	u_a	$-u$	u_b	$-u_a$	u_c	$-u_b$
同步电源	$-u_a$	u_c	$-u_b$	u_a	$-u_c$	u_b

用示波器观测，当电源接线相序正确时，阳极电压的相位关系符合表中所示的关系。

② 触发器整定。

电源相位校对正确后，进一步检查和调整锯齿波触发器，用双踪示波器观察六块触发板的锯齿波，通过调节恒流充电回路的电位器，使得六个锯齿波斜率和高度近似相同。再检测六个双脉冲触发波形，保证各脉冲之间相位差都接近 60°，并调整总偏电压 U_p，使控制电压 $U_k=0$ 时触发控制角 $\alpha=90°$，此时晶闸管整流电路即可以正常工作，改变 U_k 即可以绘制出 $\alpha=f(U_k)$ 的曲线。

（5）晶闸管-电动机系统开环机械特性的研究。

① 测定晶闸管-电动机系统开环机械特性时，不必使用转速调节器 ST，可以将给定电压 U_{gd} 直接接到触发器 CF 的输入端，此时电动机和发电机应分别加额定励磁，为了使电动机的电流从满载减小到接近理想空载，实验中负载发电机须有一段工作于电动顺拉状态的区域，为此须事先判定当直流发电机供以直流电源时其运转方向必须与电动机的运转方向相同。

② 为使电动机带负载时的机械特性和负载发电机处于电动顺拉状态时的小电流机械特性连续过渡，测定每一条机械特性时，须先选择电动机空载（发电机负载回路开路）运行时的转速，并记录下对应的 U_d 和 α 值，考虑到理想空载时电流断续、特性非线性上翘，故空载转速不宜取得太高，建议取 $20\% \sim 40\% n_{ed}$ 为宜。

③ 电动机运转时，先将发电机的负载电阻 R_{fz} 放在最大值处，然后调节 R_{fz}，使得电枢电流由空载电流 I_k 增加至 I_{ed}，记录若干组 I_d 和 n 的数值。

④ 切除负载电阻并将电动机转速恢复到上面调节的空载转速处，并更换低量程电流表，记录此时的空载电流 I_k，并对负载发电机供以直流电源，使其工作在电动顺拉状态下。开始时 R_{fz} 处于最大处，然后改变 R_{fz} 的数值，使电枢电流由 I_k 减到零，此时转速达到理想空载转速，同样记录几组 I_d 与 n 的数值，即可绘制出晶闸管-电动机系统完整的开环机械特性曲线。

（6）转速负反馈单闭环系统静特性研究。

① 转速反馈信号极性判别与整定。转速调节器 ST 仍不接入，电动机开环运行，用万用表测量转速反馈信号的极性。缓慢的增加给定电压 U_{gd}，使得转速达到 n_{ed}，调整反馈电

位器使得 U_{fn} 等于或略小于 U_{gd}，测出转速反馈系数 α_n 的值。

② 检查和调整运算放大器。首先将运算放大器输入端按实际线路接好(取 $k_p = 10 \sim 20$)，在主回路交流电源未接入前调整运算放大器。当控制回路给定电压 $U_{\text{gd}} = 0$ 时，运算放大器输出应该为零，否则用调零电位器调整到零。

检测运算放大器输出的正负限幅值，当输入加足够大的给定电压 U_{gd} 时，调节上限幅电位器，使其最大输出限幅值为 $U_{\text{gd}} = \dfrac{90° - \alpha_{\min}}{k_a}$，其中 K_a 为触发器的放大系数，单位为 (°)/V，最小控制角 $\alpha_{\min} = 15° \sim 30°$($\alpha_{\min}$ 的选取以 $U_d \leqslant 1 \sim 1.1 U_{\text{ed}}$ 为限)，负限幅的绝对值可取与正限幅值相同。

③ 测量闭环系统的静特性。按图实验-3 接入速度调节器 ST 以及转速负反馈环节，取 ST 的放大倍数 $K_p = 1$，启动电机时逐渐增加 U_{gd}(U_{gd} 为负值)，在相同的 U_{gd} 下，如转速较开环运行时降低，则说明反馈接线极性正确，否则必须改换反馈接线极性。

确认转速负反馈极性无误后停车，再使 ST 的放大倍数 $K_p = 10 \sim 20$，重新启动电机，缓慢地增加给定电压，使得电机稳定运行在与测定开环机械特性时相同的空载转速处，记录此时的 U_d 和 α 值，然后按测定开环机械特性相同的方法，记录相应的几组 I_d 和 n 的数值，绘制晶闸管-电动机系统的闭环静特性曲线。

④ 加电流截止保护环节并检查其效应。按照图实验-3 接好电流截止负反馈连线，预先测定电位器的 R_{b1} 的数值，使得 $I_{\text{ed}} R_{\text{b1}} \approx 10 \sim 20\text{V}$，逐步增加 U_{gd}，并使得 $U_{\text{d0}} = 50\% \sim 70\% U_{\text{ed}}$，然后逐渐减小 R_{fz} 的阻值，调整电枢电流为 I_{ed} 附近，再调节电位器 R_{w2} 使得转速出现明显的下降即可，此时 $I_{\text{ed}} R_{\text{b1}} K_{\beta} > U_w$，说明电流截止负反馈已经起作用。式中 K_{β} 为电位器 R_{w2} 的分压系数，U_w 为稳压管 D_w 的击穿电压。

用长余辉示波器观察并记录突加给定启动时电枢电流 I_d 和转速 n 的波形曲线。

5. 实验注意事项

(1) 系统接线完成后必须经由老师检查，方可通电。

(2) 系统开环运行时，不允许突加给定电压启动电机。

(3) 负载发电机工作于电动顺拉状态时，必须改用小量程电流表以便正确读数，此时测定特性曲线时可取 2~3 点数据即可。

(4) 系统每次启动时，必须缓慢地增加给定，以免产生过大的冲击电流。

6. 实验报告

(1) 怎样判别 $U_k = 0$ 时 $\alpha = 90°$，此时同步电源与双脉冲触发波形的相对位置如何？在测定开环机械特性过程中 U_d 与 α 变化否？在测定系统闭环静特性过程中 U_d 与 α 变化否？

(2) 电流截止负反馈的优、缺点如何？怎样确定电流截止负反馈的截止点位置？

(3) ST 接入与不接入时，给定电压 U_{gd} 的极性应如何确定？ST 的放大倍数 K_p 的大小对系统的动静态有何影响？

(4) 电流连续和断续时机械特性的特征如何？

(5) 试分析转速反馈接错后会发生什么现象？

(6) 记录用示波器观察到的波形，记录实验过程中出现的问题以及解决办法，回答思考题。

实验3 双闭环不可逆调速系统

1．实验目的

（1）了解双闭环不可逆调速系统的组成。

（2）掌握双闭环不可逆调速系统的调试步骤和方法，以及单元部件的参数整定。

2．实验原理

双闭环调速系统的特征是系统的电流和转速分别由两个调节器综合调节，由于调速系统调节的主要参量是转速，故转速环为主环放在外面，而电流环作为副环放在里面。这样就可以抑制电网电压扰动对转速的影响。系统实验原理图如图实验-4所示。

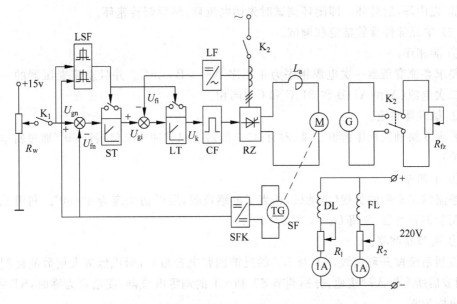

图实验-4 双闭环不可逆调速系统实验原理图

图中LSF为零速封锁器，当转速给定电压 U_{gn} 和转速反馈电压 U_{fn} 均为零时，零速封锁器使转速调节器 ST 和电流调节器 LT 锁零，以防止调节器零漂造成电机爬行。

系统工作时，电机首先加载额定励磁，改变转速给定电压 U_{gn} 即可方便地调节电动机转速。ST、LT 均设有限幅电路，ST 的输出作为 LT 的给定，利用 ST 的输出限幅达到限制启动电流的目的，LT 的输出作为移相的触发器的控制电压，利用 LT 的输出限幅达到限制 α_{min} 和 β_{min} 的目的。

当加入 U_{gn} 时，ST 即饱和输出，使电动机以限定的最大电流加速启动，直到电动机转速达到给定转速（即 $U_{gn} = U_{fn}$）并出现超调以后 ST 退出饱和最后稳定运行在略低于给定转速的相应数值上。

3．实验设备及仪器

（1）三相整流变压器

（2）平波电抗器

(3) 直流电动机发电机机组

(4) KZS-1 型可控硅直流调速实验装置

(5) 变阻器(串入励磁回路)

(6) 万用表

(7) 慢扫描双踪示波器

4. 实验内容及步骤

(1) 双闭环调速系统调试的基本原则。

① 先部件,后系统。即先将各个环节特性调节好,然后才能组成系统。

② 先开环,后闭环。即先使系统能正常开环运行,然后在确定电流和转速,组成闭环系统。

③ 先内环,后外环。即闭环调试时先调电流环,然后调转速环。

(2) 单元部件参数整定和调试。

① 测相序。

要求整流变压器一次电源相序为正相序 A—>B—>C。并且整流变压器的一次电源和二次电源(A 和 A1、B 和 B1、C 和 C1)同相。

② 触发器整定。

要求 6 块触发板锯齿波正常、对称,C 点的触发双脉冲相位差接近 60°(通过斜率调节器调节)。

③ 定初相。

整流输出所带的负载(电动机)相当于电感负载,所以初相应为 $\alpha = 90°$。利用总偏电位器调节偏置电压,使得 $U_k = 0$ 时 $\alpha = 90°$。

④ 调节器调零。

控制系统按开环接线,ST 及 LT 的反馈回路电容短接,形成低放大倍数的比例调节器,调节器所有输入端接地,分别调节 ST 和 LT 的调零电位器,使给定为零时,ST 和 LT 的输出均为零。

⑤ 调节器输出限幅值的整定。

由于调节器反馈回路中接有由场效应管组成的零速封锁支路。则考虑到场效应管充分夹断时,其栅极电压需要比源极电压低 6V 左右,这时整定 U_{sT} 的限幅值,$U_{STmax} = 7V$。整定 U_{LT} 的限幅值 $U_{LTmax} = 7V$。

(3) 电流反馈调试(电动机加额定励磁)。

由于系统不带负载,故电流反馈电压取 1~2V 为宜,同时判断反馈电压极性。

(4) 速度反馈调试(电动机加额定励磁)。

系统开环状态下,稍加一点给定,这时电机转速很慢,用表来判断一下测速发电机的输出极性,然后接好速度反馈单元输入连线,同时调整转速反馈环节 SF 的输出电压,使 U_{fn} 的最大值与开环给定最大值相等。

(5) 以上实验步骤调整结束之后,按照图实验-5 接线,构成双闭环调速系统。ST 按给定的参数接成 PI 调节器(参考值 $R = 2\mathrm{k}\Omega$,$C = 0.22\mu\mathrm{F}$),LT 按给定参数也接成 PI 调节器(参考值 $R = 1\mathrm{k}\Omega$,$C = 33\mu\mathrm{F}$)用示波器观察波形。

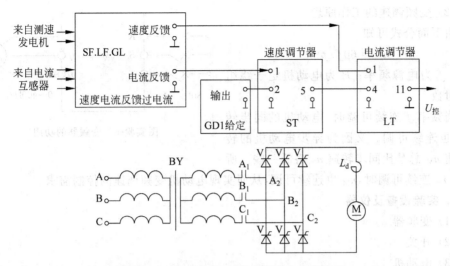

图实验-5　双闭环不可逆调速系统实验接线图

① 突加给定,转速反馈输出波形(启动转速波形)。

② 突加给定,电流反馈输出波形(启动电流波形)。

③ 调节 α 角,测量整流输出波形。

5. 实验注意事项

(1) 系统接线完成后必须经由老师检查,方可通电。

(2) 系统开环运行时,不允许突加给定电压启动电机。

6. 实验报告

(1) 实验目的,实验所用设备,实验步骤。

(2) 记录用示波器观察到的波形。

(3) 回答思考题,励磁电路没有接好,会产生什么后果?

实验 4　变频器端子功能和键盘面板介绍

1. 实验目的

(1) 通过对通用变频基本端子的介绍(本书变频器实验均以富士 FRN1.5G9S-4CE 机型为例),使学生对变频器端子的功能有一初步了解。

(2) 通过键盘面板操作及对应各功能键的说明,使学生了解掌握变频器功能数据的预置。

(3) 通过变频器对电动机进行简单调速控制,使学生对变频器调速有一感性认识,激发学生后继对变频器学习和使用的兴趣。

2. 实验原理

(1) 变频器的功用

变频器的功用是将频率固定的交流电变换成频率连续可调的三相交流电。如图实验-6 所示,变频器的输入端(R、S、T)接至频率固定的三相交流电源,输出端(U、V、W)输出的是频率在一定范围内连续可调的三相交流电,接至电动机。

（2）变频调速的工作原理

由下面公式可知

$$n_0 = 60f/p$$

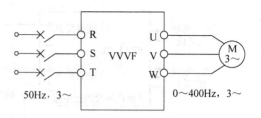

图实验-6　变频器的功用

式中：f 为电源频率；P 为电动机定子绕组磁极对数。

当频率 f 连续可调时，电动机的同步转速 n_0 也连续可调。又因为异步电动机的转子转速 n_M 总是比同步转速 n_0 略低一些。所以，当 n_0 连续可调时，n_M 也连续可调，从而实现电动机变频调速的控制需求。

3．实验设备及仪器

（1）变频器

（2）开关

（3）电动机

4．实验内容及步骤

变频器基本电路如图实验-7 所示。

（1）端子介绍。

① 主电路电源端子(R、S、T)。

交流电源通过断路器连接至主电路电源端子 R、S、T，电源连接不需考虑相序，一般情况下，交流电源通过电磁接触器连接至变频器，以防止有故障时扩大事故使变频器损坏。

② 变频器的输出端子(U、V、W)。

变频器输出端子 U、V、W 按正确相序接至三相交流电动机，如运行命令和电机的旋转方向不一致时，可在 U、V、W 三相中任意调换其中两相接线，实现要求的旋转方向。

③ DC 电抗器端子(P1、P(+))。

这两个端子用于连接 DC 电抗器，以改善电动机功率因数。出厂时，其上有短路导体，如果使用 DC 电抗器，应先取下短路导体。

④ 外部制动电阻端子(P(+)、DB)。

额定功率小于或等于 7.5kW 变频器有内装的制动电阻，该电阻连接于端子 P(+)和 DB 之间，如果内装制动电阻的热容量不够（例如频繁制动和制动转矩很大时），则需要连接较大容量的外部制动电阻，连接外部制动电阻时，需将 P(+)和 DB 上的内装制动电阻连接线取下，用绝缘胶带包好线端，再将外部制动电阻对应连接到 P(+)和 DB 端子上。

⑤ 接地端子(E(G))。

为了安全和减少噪音，接地端子必须接地。

⑥ 运行和停止命令端子(FWD、REV)。

FWD-CM 之间接通，正转运行，断开后，减速停止。

REV-CM 之间接通，反转运行，断开后，减速停止。

FWD-CM 与 REV-CM 之间同时接通时，不运行或减速停止。

⑦ 外部报警输入端子(THR)。

在变频器运行中，若 THR-CM 之间断开，变频器的输出切断，电动机自由停车，变频

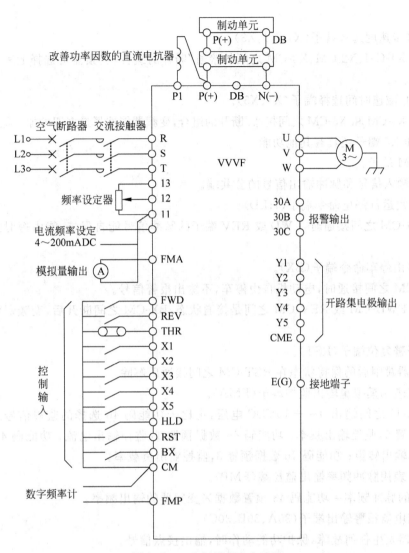

改善功率因数的直流电抗器

制动单元　P(+)　DB
制动单元

P1　P(+)　DB　N(−)

空气断路器　交流接触器

L1 ○　R
L2 ○　S
L3 ○　T

VVVF

频率设定器
13
12
11

电流频率设定
4～200mADC

模拟量输出 (A)　FMA

FWD
REV
THR
X1
X2
X3
X4
X5
HLD
RST
BX
CM

控
制
输
入

数字频率计　FMP

U
V　M 3～
W

30A
30B　报警输出
30C

Y1
Y2
Y3
Y4　开路集电极输出
Y5
CME

E(G)　接地端子

图实验-7　变频器基本电路图

器输出报警,这个信号在内部自保持,RST 端子有信号输入后复位。该端子用于制动电阻过热保护等功能。

⑧ 频率设定端子(11、12、13、C1)。

13 端子是模拟电压频率设定命令方式时电位器的电源,提供直流电压＋10V,最高电流 100mA。

12 端子是模拟电压频率设定命令方式时电压的输入端子,电压输入为：0～＋10VDC,以＋10V 输出最高频率,输入电阻 22kΩ。

C1 端子是模拟电流频率设定命令方式时电流输入端子,电流输入为：4～20mADC,以 20mA 输出最高频率。输入电阻 250Ω。

11 端子是频率设定命令选择时的公共端,是对于频率设定信号端子 12、13、C1 的公共端子。

⑨ 多步速度选择端子(X1、X2、X3)。

通过 X1-CM、X2-CM、X3-CM 之间的接通/断开的组合,变频器可选择七种不同输出频率运行。

⑩ 加/减速时间选择端子(X4、X5)。

通过 X4-CM 和 X5-CM 之间接通/断开的组合,变频器能选择最多四种加/减速时间。

X4 和 X5 端子还具有其他功能。

⑪ CM 端子。

接点输入信号和脉冲输出信号的公共端。

⑫ 3 线运行停止命令端子(HLD)。

HLD-CM 之间接通时,FWD 或 REV 端子的脉冲信号能自保持,能由短时接通的按钮操作。

⑬ 自由停车命令端子(BX)。

BX-CM 之间接通时,电动机自由停车,不输出报警信号。

如果 FWD-CM 或 REV-CM 之间是接通状态,BX-CM 之间断开后,变频器将再启动运行。

⑭ 报警复位端子(RST)。

变频器跳闸后的保持状态在 RST-CM 之间接通后解除。

⑮ 仪表用模拟量输出监控端子(FMA)。

FMA-11 之间输出 0～+10VDC 电压,正比于功能码 46 选择的监视信号。功能码 46 数据预置 0,监控输出频率;功能码 46 数据预置 1,监控输出电流;功能码 46 数据预置 2,监控输出转矩;功能码 46 数据预置 3,监控输出负载率。

⑯ 仪表用脉冲频率输出监控端(FMP)。

输出的脉冲频率=功能码 43 预置数据×变频器的输出频率。

⑰ 继电器报警输出端子(30A、30B、30C)。

变频器发生任何故障,保护功能动作时,输出接点信号。

30C-30B 之间为常闭接点;30C-30A 之间为常开接点。

⑱ 开路集电极输出端子(Y1～Y5)。

开路集电极输出端子的公共端是 CME,当功能码 47 预置不同数据时,可选择开路集电极端子不同的输出功能,以此来监控变频器运转中的各类状态信号。

(2) 键盘面板介绍。

① 键盘面板各部分名称如图实验-8 所示。

② 键盘面板各功能键。

- 》键:正常模式时,不管停止或运行状态,用于切换数字监视器或 LCD 图形监视器的显示内容(频率、电流、电压、转矩等)。

- ∧和∨键:选择功能码时,用于移动光标;设定数据时,∧键增加预置值,∨键减小预置值;正常模式时,∧键增加频率设定值,∨键减小频率设定值。

- STOP 键:停止运行键,仅在选择键盘面板操作时有效。

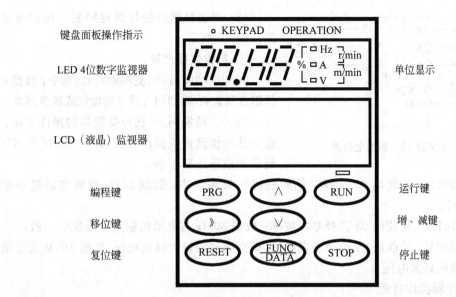

图实验-8　键盘面板

- RUN 键：启动运行键，仅在选择键盘面板操作时有效。
- PRG 键：正常模式或编程设定模式的选择键。
- FUNC/DATA 键：用于各功能数据的读出和写入。另外，在 LCD 监视器上设定数据时，用于在画面上读出和写入数据；用于存入改变后的预置频率值。
- RESET 键：在报警停止状态，用于复位到正常状态；编程设定模式时，使从数据更新模式转为功能选择模式；取消预置数据的写入。

③ 功能数据输入方法如图实验-9 所示。

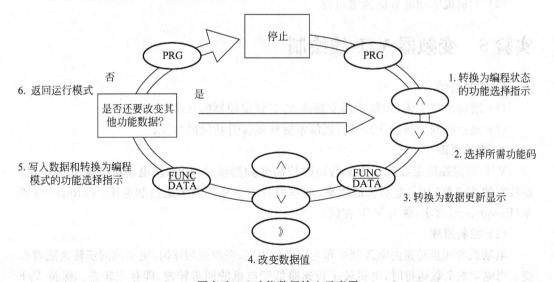

图实验-9　功能数据输入示意图

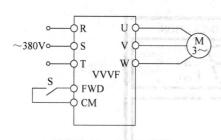

图实验-10　控制电路图

（3）电动机单向变频调速控制。控制电路如图实验-10所示。

① 功能数据预置

00.0　功能码00选择频率设定命令；数据0选择键盘预置频率，即用∧或∨键增加或减少频率。

01.0　功能码01选择变频器的操作方法；数据0选择键盘面板操作方法，即用RUN或STOP键启动或停止变频器。

02.50Hz　功能码02选择变频器输出的最高频率；数据50Hz控制电动机不超过50Hz运行。

03.50Hz　功能码03选择基本频率；数据50Hz与电动机额定电压配合一致。

04.380V　功能码04选择额定电压，即变频器的最大输出电压，数据380V是电动机所能承载的最大电压。

② 控制操作过程

接线和功能数据的输入完成后，接通开关S，允许变频器启动。按下RUN键，变频器启动运行。按∧键增加频率，使变频器输出频率增加，电动机转速升高；按∨键减小频率，使变频器输出频率减小，电动机转速下降。按下STOP键，电动机减速停止。

5. 实验注意事项

（1）电源输入端子R、S、T和输出端子U、V、W不要接错，以防止变频器受到损坏。

（2）需要更改接线时，即使已关断电源，也应等充电指示灯熄灭后，过段时间再接线。

6. 实验报告

（1）原理性分析阐述变频升速过程，并画出升速时转矩特性曲线。

（2）举例说明功能数据预置过程。

实验5　变频器 V/F 线绘制

1. 实验目的

（1）通过本节实验，理解掌握变频器V/F恒定控制的概念。

（2）通过绘制变频器V/F线，理解掌握转矩提升功能的含义。

2. 实验原理

V/F恒定控制是在改变频率的同时控制变频器输出电压，使电动机磁通保持一定，在较宽的调速范围内，电动机的效率、功率因数不下降。因为是控制电压（Voltage）与频率（Frequency）的比，称为V/F控制。

（1）控制原理

电动机的同步转速由电源频率和电机级数决定，在改变频率时，电机的同步转速随着改变。当电动机负载运行时，电机转子转速略低于电机的同步转速，即存在转差。保持V/F恒定控制是异步电动机变频调速的最基本控制方式，它在控制电动机的电源频率变化的同时控制变频器的输出电压，并使二者之比恒定，从而使电动机的磁通基本保持恒定。

（2）基本 V/F 设定

当频率由 f_1 调节为 f_X 时，输出电压 U_1 调节为 U_X，则称：

$$k_f = f_X/f_N \text{ 为调频比}$$

$$k_U = U_X/U_N \text{ 为调压比}$$

式中：f_N 为电动机的额定频率；U_N 为电动机的额定电压。那么 $k_U = k_f$ 时的 V/F 线称为基本 V/F 线。它表明了没有补偿时的电压 U_X 和频率 f_X 之间的关系。它是进行 V/F 控制的基准线。一般情况下，只要把基本频率设定为电动机的额定频率（变频器功能码 03 的数据预置为电动机的额定频率），则完成了基本 V/F 设定。

（3）转矩提升功能的含义

采用 V/F 恒定控制，在频率降低后，电动机的转矩有所下降，这是由于低速时的定子阻抗压降所占比重增大，电动机的电压和电动势近似相等的条件已不满足，这就会引起电机磁通的减少，势必造成电动机的电磁转矩下降。

针对 V/F 恒定控制下，电动机转速下降的情况，采取适当提高电动机的输入电压来抵偿定子的阻抗压降，从而保持磁通恒定，最终使电动机的转矩得到补偿，这种方法称为转矩补偿，又称电压补偿，或转矩提升。

变频器功能码 07 能够实现转矩提升控制。可选择自动转矩提升控制和手动转矩提升控制。功能码 07 的数据预置 0.0 选择自动转矩提升控制。自动转矩提升控制是按照补偿电动机定子阻抗压降，自动控制转矩的提升值。功能码 07 的数据预置 0.1～20.0 选择手动转矩提升控制。由于转矩补偿的实质是用提高电压的方法来补偿阻抗压降，而阻抗压降的大小与定子电流大小有关，定子电流的大小又与负载性质有关，因此，手动转矩提升值要按照负载的实际情况进行预置。

3. 实验设备及仪器

（1）变频器

（2）开关

（3）电动机

4. 实验内容及步骤

控制电路见图实验-10 所示。

（1）功能数据预置

00.0　功能码 00 选择频率设定命令；数据 0 选择键盘预置频率，即用 ∧ 或 ∨ 键增加或减少频率。

01.0　功能码 01 选择变频器的操作方法；数据 0 选择键盘面板操作方法，即用 RUN 或 STOP 键启动或停止变频器。

02.60Hz　功能码 02 选择变频器输出的最高频率；数据 60Hz 以便观察基频以上调速的情况。

03.50Hz　功能码 03 选择基本频率；数据 50Hz 与电动机额定电压配合一致，与电动机额定频率相等，设定基本 V/F 线。

04.380V　功能码 04 选择额定电压，即变频器的最大输出电压；数据 380V 是电动机所能承载的最大电压，且变频器的最大输出电压不可能高于变频器的电源电压。

07.0.0　功能码 07 选择转矩提升控制功能；数据 0.0 选择自动转矩提升控制。

(2) 控制操作过程

接线和功能数据的输入完成后，接通开关 S，按下 RUN 键运行变频器，通过 ∧ 或 ∨ 键调节变频器输出频率，使电动机在 0.5～60 Hz 范围内运行，用》键监视对应输出频率的输出电压，填写表实验-3，然后绘制出 V/F 线。

表　实验-3

f/Hz	0.5	1	2	3	4	5	6	7	10	12	15	20	25	30	35	40	45	50	52	55	58	60
U/V																						

5. 实验注意事项

在基频以上调速时，电动机运转时间不宜过长，否则电动机转速高于额定转速运转时间过长，容易造成电动机损坏。

6. 实验报告

(1) 写出实验过程，画出 V/F 线。

(2) 原理性分析阐述基频以下变频调速和基频以上变频调速方式的性质。

(3) 画出恒转矩调速和恒功率调速的机械特性。

实验 6　变频器频率设定命令功能及操作方法功能

1. 实验目的

(1) 掌握变频器频率设定命令功能和操作方法功能的含义。

(2) 会用频率设定命令功能和操作方法功能实现变频调速控制。

2. 实验原理

(1) 频率设定命令功能

频率设定命令功能指如何选择设定变频器的输出频率，实现变频器输出频率在一定范围内可调，从而达到电动机转速调节的目的。

频率设定命令的功能码是 00，可选择的频率设定命令功能有三种：

① 功能码 00 的数据预置 0：键盘面板频率设定命令功能(用 ∧/∨ 键增/减频率)。

② 功能码 00 的数据预置 1：模拟电压频率设定命令功能，即在 13、12 和 11 端子上接电位器，通过控制电位器来调节变频器输出频率，实现电动机转速控制。

③ 功能码 00 的数据预置 2：模拟电压加模拟电流频率设定命令功能，即在模拟电压输入端子 12 和公共端子 11 之间有 0～+10VDC 电压信号，模拟电流输入端子 C1 和公共端子 11 之间有 4～20mADC 电流信号时，变频器的输出频率是两者之和。

(2) 操作方法功能

操作方法指如何控制变频器启动运行和减速停止。

操作方法功能码是 01，可选择的操作方法有两种：

① 功能码 01 的数据预置 0：键盘面板操作方法，即用键盘面板上的 RUN 和 STOP

键运行和停止变频器。

② 功能码 01 的数据预置 1：外部端子操作方法，即用 FWD-CM 和 REV-CM 之间的接通和断开来运行和停止变频器。

3. 实验设备及仪器

（1）变频器

（2）电动机

（3）开关

（4）电位器

4. 实验内容及步骤

（1）控制电路如图实验-11 所示。

（2）用变频器控制实现图实验-12～图实验-15 运行示意图。

以图实验-14 为例分析：当 FWD-CM 接通后，变频器正转启动运行。当 REV-CM 接通后，变频器反转启动运行，说明要求选择外部端子操作方法，即功能码 01 的数据预置 1。从 30Hz 上升到 50Hz 的升频升速要求用 ∧ 键来完成，说明要求用键盘面板频率设定命令，即功能码 00 的数据预置 0。

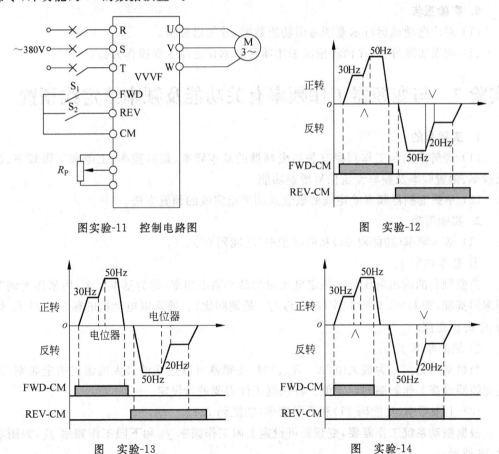

图实验-11　控制电路图

图　实验-12

图　实验-13

图　实验-14

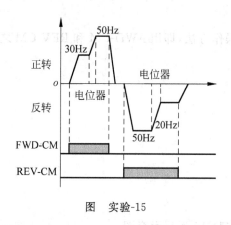

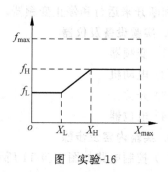

图　实验-15　　　　　　　　　　　　图　实验-16

5. 实验注意事项

从运行示意图上看出,变频器正转启动运行后,要求直接升速到30Hz运行,所以运行前,必须对输出频率进行预置,根据选择的频率设定命令功能,把输出频率预置30Hz。反转时,把输出频率预置50Hz。

6. 实验报告

(1) 对应电动机运行示意图写出功能数据,并加以分析。

(2) 联系实际分析,在何种情况采用哪种频率设定命令和操作方法。

实验 7　与变频器工作频率有关功能及频率给定线预置

1. 实验目的

(1) 理解掌握与工作频率有关的变频器的基本频率、最高频率、上限和下限频率、跳跃频率、偏置频率及频率设定信号增益功能。

(2) 掌握变频器频率给定线的概念及频率给定线的预置方法。

2. 实验原理

(1) 基本频率(功能码03)和最高频率(功能码02)。

① 基本频率 f_b。

当变频器的输出电压等于额定电压时的最小输出频率,称为基本频率,用来作为调节频率的基准,即 $k_f = 1$ 时的频率($k_f = f_X/f_N$ 是调频比)。通常以电动机的额定频率 f_N 作为 f_b 的设定值。

② 最高频率 f_{max}。

当频率给定信号为最大值($X = X_{max}$)时,变频器可以达到的最大的输出给定频率,这是变频器最高工作频率的设定值。将根据工作需要进行设定。

(2) 上限频率(功能码11)和下限频率(功能码12)。

根据拖动系统工作需要,变频器可设定上限工作频率 f_H 和下限工作频率 f_L,如图实验-16所示。

与 f_H 和 f_L 对应的给定信号分别是 X_H 和 X_L,则上限频率的定义是:当 $X \geqslant X_H$ 时,

$f_X = f_H$；下限频率的定义是，当 $X \leqslant X_L$ 时，$f_X = f_L$。

（3）跳跃频率：跳跃频率 1（功能码 53）；跳跃频率 2（功能码 54）；跳跃频率 3（功能码 55）；跳跃幅值（功能码 56）。

生产机械在运转时总有振动，振动频率和转速有关，无级调速时，有可能出现在某一转速或某几个转速下，机械的振动频率和它的固有的频率相一致而发生谐振的情形，这时振动将变得十分强烈，使机械不能正常工作，甚至损坏。为避免机械谐振的发生，必须使拖动系统跳过可能引起谐振的转速。与跳过谐振转速相对应的工作频率就是跳跃频率，用 f_J 表示。

变频器可预置 3 个跳跃频率：功能码 53 的数据预置跳跃频率 1；功能码 54 的数据预置跳跃频率 2；功能码 55 的数据预置跳跃频率 3。

使用跳跃频率时，不仅要预置跳跃频率，还需要预置跳跃幅值 Δf_J（$\Delta f_J = f_{J2} - f_{J1}$），由功能码 56 的数据预置跳跃幅值（频率值）。FRN1.5G9S-4CE 变频器在跳跃区采用升降异值法，即在升速过程中经过跳跃区时，工作频率为 f_{J1}，而在降速过程中经过跳跃区时，工作频率为 f_{J2}，如图实验-17 所示。

（4）偏置频率（功能码 13）。

当模拟设定频率信号 $X = 0$ 时，所对应的给定频率称为偏置频率，用 f_{BI} 表示。

偏置频率 f_{BI} 由功能码 13 直接预置。偏置频率是被加到模拟设定频率值上作为输出频率使用的，如图实验-18 所示。

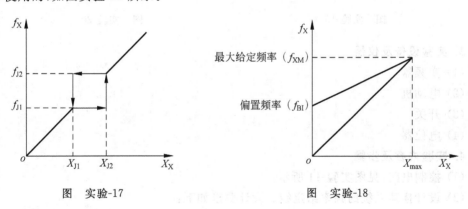

图　实验-17　　　　　　　　　　　图　实验-18

（5）频率设定信号增益（功能码 14）。

当模拟给定信号 $X = X_{max}$ 时，变频器对应的实际输出给定频率称为最大给定频率，用 f_{XM} 表示。最大给定频率 f_{XM} 是通过预置频率设定信号增益 G 来实现设定的。如图实验-19 所示。

频率设定信号增益 G 的定义是：最大给定频率 f_{XM} 与最高频率之比的百分数，即：

$$G = (f_{XM}/f_{max}) \times 100\%$$

从图实验-19 中可以看出，如果 $G > 100\%$，则 $f_{XM} > f_{max}$，这时的 f_{XM} 为假想值，其中 $f_{XM} > f_{max}$ 的部分，变频器的实际输出频率等于 f_{max}。如果 $G < 100\%$，则 $f_{XM} < f_{max}$，即当模拟输入信号 $X = X_{max}$ 时，最大给定频率也达不到最高频率。

(6) 频率给定线。

① 频率给定线。

由模拟输入信号进行频率给定时,变频器的给定频率 f_X 与给定信号 X 之间的关系曲线 $f_X = f(X)$,称为频率给定线。

② 基本频率给定线。

在给定信号 X 从 0 增大至最大值 X_{max} 的过程中,给定频率 f_X 线性的从 0 增大至 f_{max} 的频率给定线,称为基本频率给定线。其起点为($X = 0$,$f_X = 0$),终点为($X = X_{max}$,$f_X = f_{max}$)。

图实验-20 曲线①为基本频率给定线;曲线②为预置偏置频率,且 $G < 100\%$ 的频率给定线;曲线③为预置偏置频率,且 $G > 100\%$ 的频率给定线。

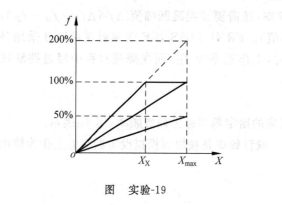

图　实验-19

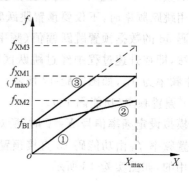

图　实验-20

3. 实验设备及仪器

(1) 变频器

(2) 电动机

(3) 开关

(4) 电位器

4. 实验内容及步骤

(1) 控制电路,见图实验-11 所示。

(2) 设计拖动系统的频率给定线。设计要求如下:

① 变频器的输出频率范围 5~45Hz。

② 变频器的上限频率预置 50Hz,下限频率预置 0Hz。

③ 最高频率预置 50Hz。

④ 该拖动系统在 20~22Hz,35~38Hz 运行时,电动机有振动。

5. 实验注意事项

(1) 设计拖动系统频率给定线时,需选择频率设定命令功能的模拟电压频率设定命令。

(2) 不要用自动开关控制变频器运行。

6. 实验报告

(1) 画出本实验设计的拖动系统的频率给定线,写出控制功能数据,并加以注释。

(2) 思考回答：若变频器端子 12-11 之间接受某仪器输出电压为 0～5V 时，变频器的实际输出频率范围为 0～48Hz（这时的最高频率预置是 50Hz），如何通过频率设定信号增益修正变频器的调速范围为 0～50Hz。

提示：这种情况之所以发生，是因为仪器输出的"5V"比变频器内的"5V"小，只相当于变频器内部电源的 4.8V。

实验 8 变频器控制电动机正反转运行

1. 实验目的

(1) 掌握变频器实现电动机正反转运行的继电控制电路。

(2) 了解掌握报警输出端子 30A、30B、30C 的功能，及报警复位端子 RST 的功能。

2. 实验原理

(1) 正反转控制

由继电器组成正反转控制电路：允许按钮控制变频器接通电源；正转按钮控制正转继电器给变频器 FWD 端子发送正转信号；反转按钮控制反转继电器给变频器 REV 端子发送反转信号；变频器有内部报警信号输出时，复位按钮控制变频器进行复位。

(2) 报警输出端子(30A、30B、30C)

报警输出端子在变频器发生任何故障时，保护功能动作，变频器停止工作，输出报警信号（报警输出端子 30C-30B 之间的常闭接点断开，端子 30C-30A 之间的常开接点闭合）。

(3) 报警复位端子(RST)

变频器报警跳闸后，端子 RST-CM 之间瞬间接通(≥0.1s)，能控制变频器报警复位。

3. 实验设备及仪器

(1) 变频器

(2) 电动机

(3) 按钮

(4) 电位器

(5) 接触器和继电器

4. 实验内容及步骤

(1) 电动机正反转控制电路如图实验-21 所示。

(2) 控制操作过程。

按下按钮 SB_2，接触器 KM 动作，变频器通电，允许正反转运行；

按下按钮 SB_4，正转继电器 KA_1 动作，控制电动机的正转运行；

按下按钮 SB_3，正转继电器 KA_1 复位，控制电动机的正转运行停止；

按下按钮 SB_6，反转继电器 KA_2 动作，控制电动机的反转运行；

按下按钮 SB_5，反转继电器 KA_2 复位，控制电动机的反转运行停止；

按下按钮 SB_1，接触器 KM 复位，变频器断电。

在正反转运行期间，继电器 KA_1、KA_2 的触点并联在动断按钮 SB_1 上，用以防止电动机在运行状态下通过 KM 直接停机，因为只有正转或反转停止后，继电器 KA_1 或 KA_2 的

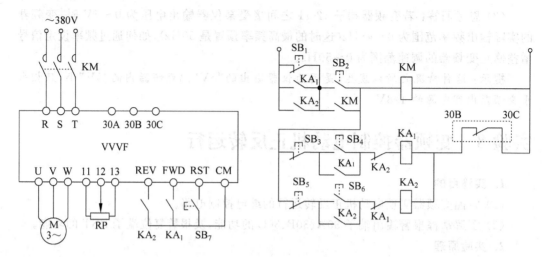

图实验-21　电动机正反转控制电路

触点才能复位,这时,动断按钮 SB$_1$ 才能起作用。

在控制过程中,若变频器报警保护动作,报警输出端子 30C-30B 之间断开,导致继电器 KA$_1$、KA$_2$ 均复位,变频器停止工作,电动机减速停止,分析解决故障原因,按下复位按钮 SB$_7$,使变频器报警复位。

5. 实验注意事项

(1) 若不能进行正反转运行,或某一方向不运行,用万用表检查是否电路有断路点,或报警输出端子是否接线错误。

(2) 并联到动断按钮 SB$_1$ 上的继电器 KA$_1$ 和 KA$_2$ 的触点不要与接到变频器 FWD 和 REV 端子上的触点共用。

6. 实验报告

分析阐述实验中出现的问题的原因,写出实验过程。

实验 9　变频器多步速度操作功能

1. 实验目的

(1) 掌握变频器多步速度操作功能,会用多步速度操作功能解决实际控制问题。

(2) 理解变频器加速时间和减速时间概念,会用外部输入端子控制变频器的加减速时间。

(3) 理解变频器加速/减速方式的含义。

2. 实验原理

多步速度操作功能的含义是指变频器通过多步速度控制端子(X1、X2、X3)的输入信号状态(ON/OFF)组合,调用在多步速度功能码中的 7 个不同频率,实现变频器的 7 挡输出频率控制。这样,就可以轻易地实现电动机变速切换的生产需求。

(1) 多步速度操作中,7 挡频率控制功能码如表实验-4 所示。

（2）输入端子（X1、X2、X3、X4、X5）的功能（功能码 32）。

输入端子（X1、X2、X3、X4、X5）的功能，由变频器功能码 32 预置，功能码 32 的四位数据的预置值，决定输入端子（X1、X2、X3、X4、X5）的功能。功能码 32 数据的预置范围为 0000～2222。

X1 和 X2 端子的功能由数据的第一位代码决定；X3 端子的功能由第二位代码决定；X4 端子的功能由第三位代码决定；X5 端子的功能由第四位代码决定。其对应功能如表实验-5 所示。

表　实验-4

功　能　码	对应步预置频率/Hz	功　能　码	对应步预置频率/Hz
20	1 步预置频率	24	5 步预置频率
21	2 步预置频率	25	6 步预置频率
22	3 步预置频率	26	7 步预置频率
23	4 步预置频率	—	—

表　实验-5

	数据0	数据1	数据2
1	选择多步速度	上升/下降控制（初始值＝0）	上升/下降控制（初始值＝原先值）
2			
3		从工频切换到变频器（50Hz）	从工频切换到变频器（60Hz）
4	选择加/减速时间	选择电流输入	直流制动命令
5		选择第 2V/F	允许改变功能数据

如表实验-5 所示，若功能码 32 的数据预置为 0000，则表示输入端子 X1、X2、X3 的功能是多步速度操作；端子 X4 和 X5 的功能是选择预置的加减速时间。

（3）端子 X1、X2、X3 对多步速度功能码预置频率的选择。

端子 X1、X2、X3 对多步速度功能码预置频率的选择，是通过 X1-CM、X2-CM、X3-CM 之间接通/断开（ON/OFF）的组合实现的，如表实验-6 所示。

表　实验-6

X3-CM	X2-CM	X1-CM	调用的步
OFF	OFF	OFF	键盘面板/外部端子设定
OFF	OFF	ON	1 步预置频率（功能码 20）
OFF	ON	OFF	2 步预置频率（功能码 21）
OFF	ON	ON	3 步预置频率（功能码 22）
ON	OFF	OFF	4 步预置频率（功能码 23）
ON	OFF	ON	5 步预置频率（功能码 24）
ON	ON	OFF	6 步预置频率（功能码 25）
ON	ON	ON	7 步预置频率（功能码 26）

表实验-6 中，所谓的键盘面板/外部端子设定，指用键盘面板的 ∧ 和 ∨ 键或模拟电压电流控制变频器的输出频率。

（4）加速时间和减速时间。

加速时间：指变频器从 0Hz 启动上升至最高频率 f_{max} 所需的时间。

减速时间：指变频器从最高频率 f_{max} 下降至 0Hz 所需的时间。

变频器提供 4 种不同的加/减速时间，由用户预置在加/减速功能码中，如表实验-7 所示。

表　实验-7

功　能　码	加/减速时间	功　能　码	加/减速时间
05	加速时间 1	35	加速时间 3
06	减速时间 1	36	减速时间 3
33	加速时间 2	37	加速时间 4
34	减速时间 2	38	减速时间 4

变频器变频切换运行时（非程序运行模式选择，后继实验介绍），加减速时间的选择是通过 X5-CM 和 X4-CM 之间的接通/断开的组合实现的，如表实验-8 所示。

表　实验-8

X5-CM	X4-CM	加/减速时间选择
OFF	OFF	加/减速时间 1
OFF	ON	加/减速时间 2
ON	OFF	加/减速时间 3
ON	ON	加/减速时间 4

（5）加速/减速方式（功能码 73）。

FRN1.5G9S-4CE 变频器提供 3 种加速/减速模式。

功能码 73 数据预置 0：线性加速/减速，即变频器升降速时，频率与时间是线性关系。

功能码 73 数据预置 1：S 曲线加速/减速，即为了减少加速/减速时的冲击，使变频器在启动时，或是到达预期频率时，或是减速开始和停止时，输出频率呈 S 曲线形平滑变化。

功能码 73 数据预置 2：非线性加速/减速。非线性加减速方式适用于风扇等变转矩负载的加速/减速控制。

3. 实验设备及仪器

（1）变频器

（2）电动机

（3）开关

（4）电位器

4. 实验内容及步骤

（1）控制电路如图实验-22 所示。

（2）完成图实验-23 所示运行示意图。

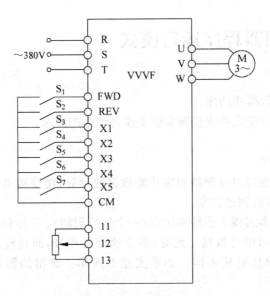

图实验-22　控制电路

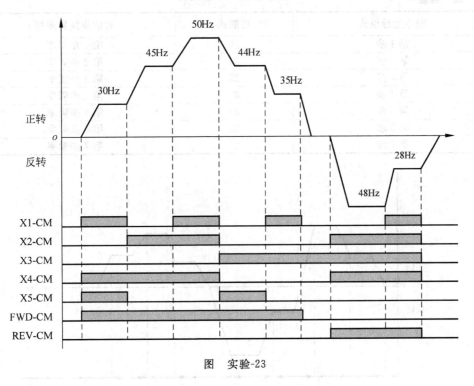

图　实验-23

5. 实验注意事项

　　在变频器运行前,应把输出频率预置为 0 Hz,否则在变频器启动运行后或多步速度控制操作过程中,在多步速度控制端子无输入信号时,变频器有输出频率。

6. 实验报告

　　对应图实验-23 运行示意图写出本次实验所需的控制功能及数据,并加以注释说明。

实验 10　变频器程序运行模式

1. 实验目的

(1) 掌握程序运行模式功能。

(2) 会用程序运行模式功能控制多级变速自动生产需求。

2. 实验原理

(1) 程序运行模式

程序运行模式是通过对变频器相应功能数据的预置,使变频器投入运行后能按照事先预置,自动地完成多级调速控制。

程序运行模式最多实现 7 步频率运行(一个运行周期)。7 步频率即是预置在多步速度操作功能码(20~26)中的数据。此时,多步速度的步号,即是程序运行模式的顺序步号,这点与多步速度操作有所不同。如表实验-9 所示。典型的程序运行模式示意图如图实验-24 所示。

表　实验-9

程序运行模式	功能码	对应步预置频率
第 1 步	20	第 1 步频率
第 2 步	21	第 2 步频率
第 3 步	22	第 3 步频率
第 4 步	23	第 4 步频率
第 5 步	24	第 5 步频率
第 6 步	25	第 6 步频率
第 7 步	26	第 7 步频率

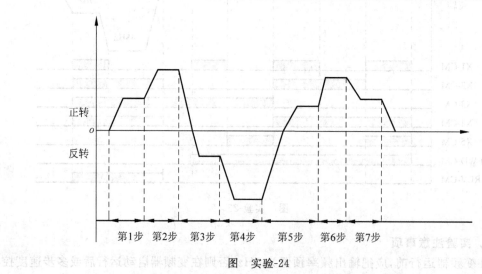

图　实验-24

从图实验-24 可以看出,程序运行模式不仅需要将每步的运行频率预置在功能码 20~26 中,还需要预置各程序步的运行时间、程序步间的加速/减速时间和程序步的运转方向。

程序运行模式程序步间的加速/减速时间,不是靠外部端子 X4 和 X5 决定的,而是用功能预置来选择预置的加速/减速时间实现的。

程序运行模式程序步运行时间、选择程序步间的加速/减速时间、程序步的运转方向,需预置在功能码 66~72 中,如表实验-10 所示。

表　实验-10

功能码	程序运行模式	运行时间;运转方向;加/减速时间		
66	第 1 步	运行时间:0.00~6000 秒		
67	第 2 步	代码	正转/反转	加/减速
		F1	正转	加/减速 1
68	第 3 步	F2	正转	加/减速 2
		F3	正转	加/减速 3
69	第 4 步	F4	正转	加/减速 4
70	第 5 步	R1	反转	加/减速 1
		R2	反转	加/减速 2
71	第 6 步	R3	反转	加/减速 3
72	第 7 步	R4	反转	加/减速 4

若加速/减速时间已经预置在加速/减速时间功能码中,程序运行模式即已完成预置。例如,功能数据预置为:

21.30Hz　程序运行模式第二程序步运行频率为 30Hz。

67.50s.R3　第二程序步运行时间为 50s;由第一程序步加速/减速到第二程序步时,选择加速/减速时间 3;反转。

(2) 程序运行模式操作

程序运行模式功能码 65 数据预置 0:非程序运行,即一般运行。

程序运行模式功能码 65 数据预置 1:程序运行一个循环结束停止。

程序运行模式功能码 65 数据预置 2:程序运行连续循环。

程序运行模式功能码 65 数据预置 3:程序运行一个循环后,按最后程序步频率的速度继续运行。

程序运行模式最后停止时,按功能码 06(减速时间 1)预置的减速时间停止。

程序运行模式在运行中执行强迫停止时,则按程序运行中预置的减速时间减速停止。

如果某步运行时间预置为 0.00,则程序运行时,跳过该步运行。

程序运行模式的启动和停止可使用 RUN 和 STOP 键,或使用 FWD 和 REV 端子(对应所预置的操作方法)。停止命令只是暂停命令,使变频器内部的定时器暂停计时,如再输入运行命令,则将按原来速度继续运行,如想真正停止程序运行模式的运行,按下 STOP 键或断开 FWD-CM/REV-CM 后,按下 RESET 键,即可停止程序运行模式。

3. 实验设备及仪器

(1) 变频器

(2) 电动机

(3) 开关

4. 实验内容及步骤

(1) 控制电路如图实验-25所示。

(2) 用程序运行模式实现某工业用洗衣机的脱水控制。运行示意图如图实验-26所示。

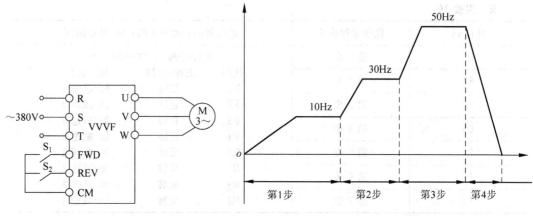

图实验-25　控制电路图　　　　　　图实验-26　工业洗衣机脱水运行示意图

① 程序步1。脱水刚开始时,因为被洗衣物都是湿的,负载较重,故首先进行慢速脱水,且升速也需较慢,功能数据要求预置如下:

- 工作频率预置10Hz
- 升速时间预置80s
- 工作时间预置140s

② 程序步2。经过慢速脱水后,衣物中的大部分水分已被甩掉,负载较轻,可升速至中速脱水,升速过程也可加快,功能数据要求预置如下:

- 工作频率预置30Hz
- 升速时间预置20s
- 工作时间预置50s

③ 程序步3。经过慢速快速脱水后,被洗衣物水分已经很少,负载很轻,可升速进入快速甩干,功能数据要求预置如下:

- 工作频率预置50Hz
- 升速时间预置5s
- 工作时间预置40s

④ 程序步4。脱水完毕,停机。功能数据预置如下:

- 工作频率预置0Hz
- 降速时间预置30s

该工业洗衣机均为正转方向运行。

(3) 实现图实验-27所示运行示意图。

设计要求:第1步运行时间30s;第2步运行时间45s;第3步运行时间50s;第4步运行时间35s;第5步运行时间45s;第6步运行时间20s;第7步运行时间25s。

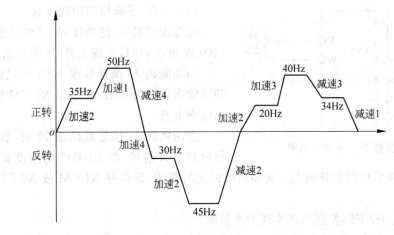

图　实验-27

5. 实验注意事项

加减速时间包含在程序步运行时间内,不要把加速/减速时间预置过长,以免加减速时间超过程序步运行时间,造成程序步丢失。

6. 实验报告

对应图实验-27 运行示意图,写出控制功能数据,并加以注释说明。

实验 11　变频器上升/下降控制功能

1. 实验目的

(1) 理解上升/下降控制功能的含义,掌握上升/下降控制功能的预置及操作。

(2) 会用上升/下降控制功能解决生活生产中的实际需求。

2. 实验原理

上升/下降控制:上升/下降控制是指由变频器的 X1 和 X2 端子信号来增加和减少输出频率。当 X1-CM 之间接通时(此时 X2-CM 之间应断开),变频器输出频率上升。当X1-CM 之间断开后,变频器保持断开前的输出频率运行;当 X2-CM 之间接通时(此时X1-CM 之间应断开),输出频率下降。当 X2-CM 之间断开后,变频器保持断开前的输出频率运行。当变频器预置上升/下降控制功能时,频率设定命令无效。电动机的运转方向由端子 FWD/REV 信号决定。

3. 实验设备及仪器

(1) 变频器

(2) 电动机

(3) 按钮

(4) 开关

4. 实验内容及步骤

控制电路如图实验-28 所示。

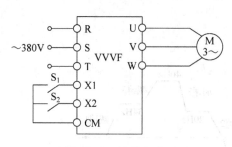

图实验-28   控制电路图

(1) 上升/下降控制功能预置。

根据表实验-5,把功能码 32 的数据预置为 1000 或 2000,即可实现上升/下降控制功能。

当功能码 32 预置数据 1000 时,启动后,变频器输出频率为 0Hz,只有当 X1-CM 接通后输出频率上升。

当功能码 32 预置数据 2000 时,启动后,即使没有上升信号,即 X1-CM 之间没有接通,变频器的输出频率仍然上升到上一次停机时的运行频率,即断开 X1-CM 或 X2-CM 前的运行频率。

(2) 用上升/下降控制功能实现两地控制。

在实际生产中,常需要在两个地点都能对同一台电动机进行升降速控制。用变频器的上升/下降控制功能,即可实现两地控制的生产需求。控制电路如图实验-29 所示。

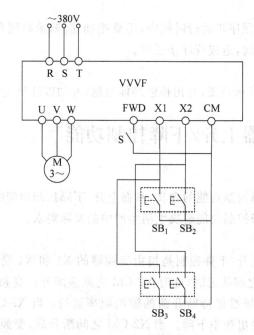

图   实验-29

图实验-29 中,SB₁ 和 SB₂ 是一组(一地)升降速按钮;SB₃ 和 SB₄ 是另一组(另一地)升降速按钮。把功能码 32 的数据预置 1000 或 2000,使 X1 和 X2 端子具有如下功能:

X1-CM 接通,输出频率上升;X1-CM 断开,输出频率保持;

X2-CM 接通,输出频率下降;X2-CM 断开,输出频率保持。

把操作方法功能码 01 数据预置 0,开关 S 接通,按 RUN 键,变频器启动运行。

按下按钮 SB₁ 或 SB₃,使输出频率上升,松开后输出频率保持;

按下按钮 SB₂ 或 SB₄,使输出频率下降,松开后输出频率保持。

电动机转速总是在原有转速的基础上实现升速和降速，从而很好地实现两地控制。

5. 实验注意事项

当功能码 32 数据预置 2000 时，若想每次启动都能使电动机由零速上调，需在上一次停机前，保持 X2-CM 接通，使输出频率下降为 0Hz 后，按下 STOP 键。

6. 实验报告

阐述用上升/下降控制功能实现双位控制变频调速恒压供水思路。

提示：运行前，水压力为 0，压力检测开关 1 接通，电动机启动升速，水压上升，当水压超过下限水压时，压力检测开关 1 断开，电动机保持当前转速；如果用水量增加，水压下降到低于下限水压，压力检测开关 1 接通，电动机再升速，水压上升，超过下限水压，压力检测开关 1 断开；当用水量减少，水压超过上限水压时，压力检测开关 2 接通，电动机减速，水压下降，直到水压低于上限水压时，压力检测开关 2 断开。

参考文献

[1] 陈伯时. 电力拖动自动控制系统(修订版)[M]. 北京：中央电视大学出版社,1999.

[2] 王君艳. 交流调速[M]. 北京：高等教育出版社,2003.

[3] 童福尧. 电力拖动自动控制系统习题例题集[M]. 北京：机械工业出版社,1992.

[4] 张明达. 电力拖动自动控制系统[M]. 北京：冶金工业出版社,1983.

[5] 范正翘. 电力传动与自动控制系统[M]. 北京：北京航空航天大学出版社,2004.

[6] 王耀德. 交直流电力拖动控制系统[M]. 北京. 机械工业出版社. 1994.

[7] 王会群,刘天赐. 电力拖动自动控制系统[M]. 北京：冶金工业出版社,1982.

[8] 郭庆鼎,王成元. 交流伺服系统[M]. 北京：机械工业出版社,1994.

[9] 刘竞成. 交流调速系统[M]. 上海：上海交通大学出版社,1984.

[10] 张燕宾. 变频调速应用实践[M]. 北京：机械工业出版社,2002.

[11] 马志源. 电力拖动控制系统[M]. 北京：科学出版社,2004.

[12] 佟纯厚. 近代交流调速[M]. 北京：冶金工业出版社,1995.

[13] 邓想珍. 赖寿宏. 异步电动机变频调速系统及其应用[M]. 武汉：华中理工大学出版社,1992.

[14] 史国生. 交直流调速系统[M]. 北京：化学工业出版社,2002.

[15] 陈伯时. 自动控制系统[M]. 北京：机械工业出版社,1981.

[16] 何建平,陆治国. 电气传动[M]. 重庆：重庆大学出版社,2002.

[17] 莫正康. 电力电子应用技术[M]. 3版. 北京：机械工业出版社,2000.

[18] 张燕宾. SPWM变频调速应用技术[M]. 北京：机械工业出版社,2002.

[19] 王兆安,黄俊. 电力电子技术[M]. 4版. 北京：机械工业出版社,2004.

[20] 顾绳谷. 电机及拖动基础[M]. 北京：机械工业出版社,1994.